U0038895

数控铣宏程序编程实例精讲

沈春根　徐晓翔　刘　义　主编

机 械 工 业 出 版 社

本书全部采用实例形式，针对数控铣削中的常见型面，首先介绍正方体、圆、多边形、键槽、内孔型腔和群孔等规则轮廓铣削的宏程序编程，再介绍非圆型面的椭圆、倾斜椭圆、正弦曲线和螺旋线等非圆型面轮廓铣削的宏程序编程，最后介绍各类圆角、斜角以及 G18 平面圆柱面和斜面等常见型面轮廓铣削的宏程序编程。

为便于读者学习，可联系 296447532@ qq. com 获取习题答案。

本书可以作为企业数控铣、加工中心操作人员的参考书，也可作为高职、中职等院校数控技术课程的实践教材。

图书在版编目（CIP）数据

数控铣宏程序编程实例精讲/沈春根，徐晓翔，刘义主编. —北京：机械工业出版社，2014.3（2024.8 重印）
ISBN 978-7-111-45798-5

Ⅰ.①数… Ⅱ.①沈…②徐…③刘… Ⅲ.①数控机床-铣床-程序设计 Ⅳ.①TG547

中国版本图书馆 CIP 数据核字（2014）第 026102 号

机械工业出版社（北京市百万庄大街 22 号 邮政编码 100037）
策划编辑：周国萍 责任编辑：周国萍 杨明远
版式设计：常天培 责任校对：肖 琳
封面设计：马精明 责任印制：单爱军
北京虎彩文化传播有限公司印刷
2024 年 8 月第 1 版第 9 次印刷
169mm×239mm·20.5 印张·397 千字
标准书号：ISBN 978-7-111-45798-5
定价：46.00 元

电话服务　　　　　　　　　　网络服务
客服电话：010-88361066　　机 工 官 网：www. cmpbook. com
　　　　　010-88379833　　机 工 官 博：weibo. com/cmp1952
　　　　　010-68326294　　金 书 网：www. golden-book. com
封底无防伪标均为盗版　　机工教育服务网：www. cmpedu. com

前　言

数控技术的快速发展和新产品的不断涌现，对从事或即将从事数控编程的专业人才提出了更高的要求，不仅要掌握数控机床操作和基本的手工编程技能，而且还要能够解决复杂型面零件或者超精密零件的数控加工问题，以便充分发挥数控系统的编程潜力，使数控设备产生最大效益。

掌握宏程序编程和自动编程（计算机辅助编程）技术是步入高级编程员序列的必备条件，而对于初学者来说，学习宏程序和学习其他高级语言一样——比较抽象，需要通过大量的案例学习和实践操作后才能掌握其精髓。那么选择一本通俗易懂、由浅入深的宏程序编程案例书籍，无疑为快速入门提供了临摹练习的素材。

本书编者在 2012 年推出了《数控车宏程序编程实例精讲》，该书和市面上同类书籍最大的区别是：以最简单型面加工的宏程序编程案例入手，详解编程思路、刀路规划、流程框图和操作步骤，循序渐进，加工零件的编程难度逐渐加大，最终引导初学者能够运用宏程序编程解决非圆型面的加工。该书得到了很多读者的认可，并对书的编写特色和效果给予了肯定，为此，编者精心推出了《数控车宏程序编程实例精讲》的姊妹篇——《数控铣宏程序编程实例精讲》，希望给数控加工行业的编程学习者和爱好者提高编程实战技能助一臂之力。

本书主要内容

第 1 章介绍了数控铣宏程序编程的入门知识，主要包括宏程序变量的定义、控制流向的语句和程序设计的逻辑，以及一个完整的数控铣宏程序编制案例。

第 2 章介绍了数控铣宏程序编程的基本应用，主要包括铣削正方形凸台、圆轮廓、正多边形、圆周槽和四棱台 5 个宏程序应用实例。

第 3 章介绍了数控铣宏程序编程的型腔加工，主要包括铣削键槽、内孔、长方形型腔和圆周凹槽 4 个宏程序应用实例。

第 4 章介绍了数控铣宏程序编程的群孔加工，主要包括加工直线排孔、圆周钻孔、角度排孔和矩阵孔 4 个宏程序应用实例。

第 5 章介绍了数控铣宏程序的非圆型面加工，主要包括铣削整椭圆轮廓、1/2 椭圆轮廓、倾斜椭圆、椭圆型腔和正弦曲线轮廓 5 个宏程序应用实例。

第 6 章介绍了数控铣宏程序的螺纹加工，主要包括铣削单头外螺纹、多头外螺纹、内螺纹和圆锥内螺纹 4 个宏程序应用实例。

第 7 章介绍了数控铣宏程序的倒角、倒圆加工，主要包括铣削圆锥内孔、孔口倒 1/4 圆角、孔口倒 45°角和矩形内腔倒圆 4 个宏程序应用实例。

第 8 章介绍了数控铣宏程序的圆柱面、斜面加工，主要包括铣削 G18 平面圆柱面、1/4 圆弧轮廓、45°斜面和 1/4 椭圆面 4 个宏程序应用实例。

本书编排特点

注重工艺路线和编程思路相结合、逻辑算法和刀路规划相结合、操作步骤和内容提示相结合、单型面编程和综合实例相结合。实例类型基本上覆盖了数控铣削中常见的加工型面，实例中程序的语句均有说明、比较和总结。

本书读者对象

本书适合数控铣、加工中心操作人员和高职、中职等院校数控技术专业学生。

本书学习方法建议

学习数控 CNC 编程基本知识 → 上机实践 → 学习宏程序基本概念 → 对照本书实例进行学习和模仿 → 程序仿真和验证 → 上机实践 → 加工实物 → 总结。

本书编写人员

本书由沈春根、徐晓翔和刘义主编，戴永前、汪健、吴玉华、林有余、周丽萍、王亚元、范燕萍、朱和军、陈俊、孙奎洲、黄冬英、史建军、徐雪、歐欢、王秋、杨磊、陈建、钱广东、王彬彬、甘建红和许玉方等人参与了编写工作，全书由沈春根统稿。本书在编写过程中借鉴了国内外同行有关宏程序编程技术的成果，在此一并表示感谢。

由于编者水平有限，加之时间仓促，书中不足和错误之处恳请读者斧正，并提出宝贵建议，便于一起提高数控加工编程技术水平，更欢迎来信进行交流和探讨（邮箱：liuyicslg@126. com）。

编　者

目 录

V

数控铣宏程序编程的入门知识

本章内容提要

　　本章主要介绍宏程序编程的基本知识，包括变量的定义、控制流向的语句（语法）以及宏程序编程的算法（流程框图的绘制）等内容。其中变量的定义是编写宏程序的基础；语法（即控制流向的语句）是编写宏程序的工具；算法是编写宏程序的核心和灵魂。最后通过讲解一个简单的入门实例：应用宏程序编写零件平面铣削的程序，介绍宏程序编写的具体步骤和主要方法，为后续复杂工件的宏程序编程应用打下基础。

1.1　宏程序编程的基础——变量的定义

1.1.1　变量的概述

　　FANUC 数控系统中变量的定义是用"#"和后面指定的变量号表示的，其中变量号可以是数值，也可以是表达式，甚至可以是其他的变量，如#100、# [3 ∗ 2 − 1]…。

1.1.2　变量的赋值

　　定义了变量号之后，数控系统会临时开辟一个内存字节来存放该变量，但该变量没有任何意义，只是向系统要一个空的内存，必须对该变量进行赋值后才能实现运算功能。

　　赋值的格式为：变量 = 表达式。其中"="为赋值运算符，其作用是把赋值运算符右边的值赋给左边的变量。

　　两点说明：

1）例如：#100 = 2 是把数值 2 赋给#100 号变量，以后在程序中出现#100 号变量就代表数值 2。当然变量的值在程序中也可以任意修改，如#100 = 3，就是将#100 修改为数值 3。

注意： 赋值运算符两边的内容不能互换。如#100 = #101 + #102，如果误写成#101 + #102 = #100，意义就会截然不同。在宏程序编程中，这类赋值方式和计算机编程高级语句（如 C 语言）是一致的。

2）变量既可以参与运算，也可以相互进行赋值运算。

例如：#100 = 1；　　　　　（把 1 赋给#100 号变量）

　　　#101 = 2；　　　　　（把 2 赋给#101 号变量）

　　　#103 = #100 + #101；（把#100 号变量的值加上#101 号变量的值赋给#103号变量）

　　　#104 = #103；　　　　（把变量#103 号变量的值赋给#104 号变量）

注意： 在#104 = #103 这个赋值语句中，#103 必须有明确的值，如果#103 没有确定的值，那么把#103 赋给#104 是没有任何意义的。

1.1.3　变量的使用

1）变量号可以用变量代替。如#［#100］号变量，设#100 = #101，则整个变量就等于#101 号变量。

2）#100 = 0 和#0 号变量的区别：#100 = 0 是把 0 赋给#100 号变量，此时#100号变量就等于 0，有实际意义；#0 为空变量，是永远不能被赋值的。

3）在地址后面指定变量号即可以引用变量值。当使用表达式指定变量时，把表达式用［］括起来表明进行［］内的运算。如果要改变表达式的符号，应把符号放在表达式的前面。建议在编制宏程序时变量（而不是规定）最好用［］括起来，以免产生歧义。例如：

G01 X［2 * #100 + 1］F#101；　　　（#101 是进给量的值）

G01 Z －［#100］F#101；　　　　　（#100 是地址符 Z 的值）

4）变量可以用于条件判断的比较，例如：

IF［#100 GT #101］GOTO 20；

在条件判断语句中使用变量，增加了程序的灵活性。

5）在 FANUC 系统中，可以使用系统宏变量来设置坐标系的值。例如：G54坐标系中三个数值分别为 100、200、300，就可以用以下的变量替换：

#5221 = 100；

#5222 = 200；

#5223 = 300；

当工件的坐标系发生改变时，只需要修改#5221、#5222、#5223 的值即可。

这种用法适合程序执行前的程序保护，防止坐标系中的值被误修改而导致加工错误。

6）有些场合不允许使用变量。例如：

定义程序名：O#100。

GOTO #100;   （#100 是跳转标号）

7）在实际编程中，每个变量要单独写一行，不能把多个变量写在同一行，否则系统会出现报警。例如：

正确的写法	错误写法
……	……
#100 = 10;	#100 = 10;#101 = 2;#102 = 0;
#101 = 2;	……
#102 = 0;	
……	

1.1.4 变量的类型

变量根据变量号中数字的范围，可以分为四种类型，具体见表 1-1。

表 1-1 变量的类型及功能

变量号	变量类型	功　　能
#0	空变量	该变量总是空的，没有值赋给该变量
#1 ~ #33	局部变量	局部变量只能用在宏程序中存储数据，例如：运算断电时，局部变量被初始化为空，调用宏程序时，自变量对局部变量进行赋值
#100 ~ #199	公共变量	在不同的宏程序中意义相同，当断电时，变量#100 ~ #199 初始化为空
#500 ~ #999		变量#500 ~ #999 数据保存，即使断电也不丢失
#1000 以上	系统变量	系统变量用于读和写 CNC 的各种数据，如刀具的当前位置和补偿值等

在实际编程中，可以使用变量号在公共变量范围中的变量（即#100 ~ #199 变量之内），这些变量是厂家提供给用户自由使用的；系统变量号中的变量出于厂家对系统的保护，是不可以随便写入数据改变其值。关于 FANUC 0i 更多的系统变量、接口系统变量、采用系统变量读入和改写刀具补偿值、改写工件零点的偏置等变量的说明，读者可以参考北京 FANUC 公司提供的 FANUC 0i 操作和参数说明书。

1.1.5　变量的算术运算和逻辑运算

表 1-2 所示为变量的算术运算和逻辑运算，应用时有如下几点说明：

表 1-2　变量的算术运算和逻辑运算一览表

功　能	格　式	备　注
定义置换	#i = #i	
加法	#i = #i + #k	
减法	#i = #i − #k	
乘法	#i = #i * #k	
除法	#i = #i/#k	
正弦	#i = SIN［#j］	
反正弦	#i = ASIN［#j］	三角函数和反三角函数的数值均以度（°）为单位来指定。
余弦	#i = COS［#j］	例如：90°30′应写成 90.5°
反余弦	#i = ACOS［#j］	
正切	#i = TAN［#j］	
反正切	#i = ATAN［#j］	
平方根	#i = SQRT［#j］	
绝对值	#i = ABS［#j］	
舍入	#i = ROUND［#j］	
指数函数	#i = EXP［#j］	按四舍五入取整进行运算的
（自然对数）	#i = LN［#j］	
上取整	#i = FIX［#j］	
下取整	#i = FUP［#j］	
与	#I AND #j	
或	#I OR #j	逻辑运算是按位进行运算的，按照二进制数据运算
异或	#I XOR #j	
从 BCD 转为 BIN	#I = BIN #j	用于与 PMC 信号交换（BIN 为二进制；BCD 为十进制）
从 BIN 转为 BCD	#I = BCD #j	

1）以上只是罗列了变量算术运算和逻辑运算的基本功能。在实际宏程序编制中，也不是每个功能及其格式都需用到，记住常用的一些功能，例如：定义置换、加减乘除、SQRT［　］、SIN［　］、COS［　］等，其他的在实际编程中需要时查询即可。

2）注意运算的优先次序。

函数→乘和除运算（ *、/、AND）→加和减运算（ +、−、OR、XOR）。

该类运算是按从高到低的顺序执行的。

3）方括号的嵌套。方括号［］用于改变运算的次序，方括号最多可以使用五级，包括函数内部使用的括号；圆括号（）则用于注释程序的含义。例如：

#100 = SQRT［1 － ［#101 ＊ #101］/［#103 ＊ #103］］；　　　（3 重括号）

4）关于上取整函数 FIX 和下取整函数 FUP，在实际应用时要注意使用后值的变化。应用 FIX 函数时，绝对值比原来的绝对值大；反之为下取整（建议在实际编程中尽量避免使用这些函数，以免产生零件精度和尺寸的误差）。

5）有关由于函数计算的误差而引起零件精度的问题，可以参考北京 FANUC 公司提供的 FANUC 0i 操作说明数和参数说明书，在此不再赘述。

1.2　宏程序编程的工具——控制流向的语句

FANUC 系统提供的跳转语句和循环语句在程序设计者和数控系统之间搭建了沟通的桥梁，使宏程序编程得以实现。其中，跳转语句可以改变程序的流向，使用得当可以让程序变得简洁易读，反之则会使程序变得杂乱无章。

1.2.1　语句的分类

1. 无条件跳转指令（也称绝对跳转指令）

格式：GOTO n（n 为标号，n 的范围为：1～99999，不在这个范围内，系统会自动报警，报警号 No. 128）。

语义：跳转到标号为 n 的程序段。

例如：

……

N20…；

……

GOTO 20；　　　　　　　（跳转到 N20 处执行该段内容）

……

注意：使用该跳转语句时，必须要有跳转语句使程序跳转到 GOTO 20 后面程序段处执行后面的程序，否则会执行无限循环（死循环），在程序设计中要尽量避免使用该类语句。

一般用法是：GOTO 语句和 IF［条件表达式］GOTO n（［　］中为条件判断语句）配合使用，实现程序适合精加工场合，在后面通过实例来说明这一用法。

2. 条件转移语句

格式：IF［条件表达式］GOTO n；　　　　（n 为程序的标号）

语义：指定表达式满足时，转移到标有顺序号 n 的程序段执行；指定的条件表达式不满足，则执行下一个程序段。

例如：

……

N20…；

……

IF［条件表达式］GOTO 20；

如果［］中表达式成立，则跳转到程序号为 20 处执行，否则执行下一个程序段，其流程框图如图 1-1 所示。

注意：在 FANUC 系统输入时，IF 和［条件表达式］之间必须有空格隔开，［条件表达式］和 GOTO 20 之间必须有空格来隔开。其中条件表达式必须包含运算符（见后面详细说明）。运算符插在两个变量中间或变量和常量之间，必须加［］。

3. 条件赋值语句

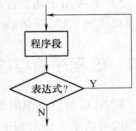

图 1-1　条件转移语句的流程框图

格式：IF［条件表达式］THEN　语句；

语义：条件表达式满足时，执行 THEN 后面的语句；如果不满足，顺序执行 IF 程序段的下一条语句，则该语句相当于对变量的有条件赋值。

例如：

……

IF［条件表达式］THEN　#100 = 0；

……

如果［　］中表达式描述的条件成立，则执行#100 = 0 的语句，否则执行下一个程序段。

注意：IF 语句可以嵌套 IF 语句，如下所示：

……

N10…；

N20…；

IF［条件表达式］GOTO 20；

……

……

IF［条件表达式］GOTO 10；

……

……

IF 语句也可以互相交叉，如下所示：

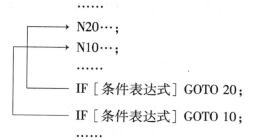

　　……
　　N20…；
　　N10…；
　　……
　　IF［条件表达式］GOTO 20；
　　IF［条件表达式］GOTO 10；
　　……

这和后面的 WHILE 语句有所不同，在实际应用中要注意区别，否则达不到程序设计预期的目标。

4. 循环语句（WHILE 语句）

格式：WHILE［条件表达式］DO m；

　　　　循环体；

　　　　END m；（m 为取值的标号）

语义：在 WHILE 后面指定了一个条件表达式，当条件表达式值为 TRUE 时，则执行 WHILE 到 END 之间的循环体的程序段；当条件表达式的值为 FALSE 时，则执行 END 后面的程序段。循环语句流程框图如图 1-2 所示。

关于 WHILE 语句的几点说明如下：

1）DO m 和 END m 必须成对使用，而且 DO m 必须在 END m 之前使用，是用识别号 m 来寻找和 DO 相配对的 END 语句，下面是错误的用法：

WHILE［条件表达式］DO 1；

循环体；

END 2；

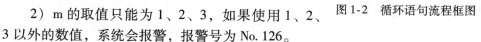

图 1-2　循环语句流程框图

2）m 的取值只能为 1、2、3，如果使用 1、2、3 以外的数值，系统会报警，报警号为 No. 126。

3）［ ］中的语句为条件表达式，循环的次数根据条件表达式来决定，如果条件表达式的值永远为 True 时，则会无限次执行循环体，即出现死循环的现象。在进行程序设计时，要先设计好算法，避免出现死循环的现象。

例如：

WHILE［1 GT 0］DO 1；

循环体；

END 1；

因为 1 永远大于 0，所以此语句会无限次地执行循环体中的程序段。

4）条件判断语句（IF［条件表达式］GOTO n）和循环语句（WHILE）的

区别：两者的区别在于判断的先后顺序不同，本质没有太大区别，但在实际应用中要注意它们微小的区别。一般能用 IF［条件表达式］GOTO n 的语句都可以用循环语句（WHILE）来替代。

例如：

……	……
#100 = 100；	#100 = 100；
N20 #100 = #100 – 10；	WHILE［#100 GT 20］DO 1；
……	#100 = #100 – 10；
程序段；	程序段；
IF［#100 GT 20］GOTO 20；	END 1；
……	……

这两个程序的运行结果完全一样。关于两个语句处理的时间，以前的教材中认为循环语句（WHILE）比 IF［条件表达式］GOTO n 处理得快些。事实上，它们只是循环搜索方式不一样，随着数控系统功能的增强、计算机 CPU 处理速度越来越快，这些处理时间已微不足道了。

再看下面的程序：

……	……
#100 = 20；	#100 = 20；
N20 #100 = #100 – 10；	WHILE［#100 GT 20］DO 1；
……	#100 = #100 – 10；
程序段；	程序段；
IF［#100 GT 20］GOTO 20；	END 1；
……	……

通过这两个简单程序的比较，不难发现它们的不同点，在实际使用的时候要理解和区分（初学者容易在这出错），应用不当会影响加工零件的尺寸精度。

5）关于 WHILE 语句的嵌套。WHILE 语句提供嵌套的功能，包括以下几种类型：

① 两层嵌套如下所示：

```
        ……
→   WHILE［条件表达式 1］  DO 1；
        ……
→   WHILE［条件表达式 2］  DO 2；
    程序段；
    END 2；
        ……
    END 1；
```

② FANUC 系统提供的嵌套最多为三层嵌套，如下所示：

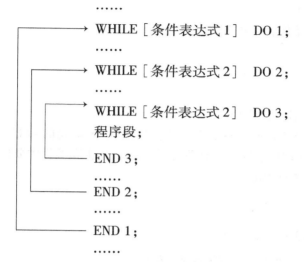

……
WHILE［条件表达式1］　DO 1；
……
WHILE［条件表达式2］　DO 2；
……
WHILE［条件表达式2］　DO 3；
程序段；
END 3；
……
END 2；
……
END 1；
……

③ 嵌套不能互相交叉，这和 IF［条件表达式1］GOTO n 之间的嵌套有区别。

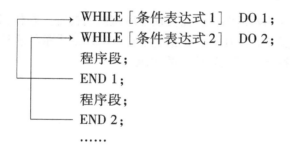

……
WHILE［条件表达式1］　DO 1；
WHILE［条件表达式2］　DO 2；
程序段；
END 1；
程序段；
END 2；
……

注意：上面语句的交叉嵌套是错误的。

④ IF［条件表达式1］GOTO n 和 WHILE［条件表达式2］DO m…END m 组合可实现更为强大的功能，格式如下：

WHILE［条件表达式2］DO m；

程序段；

IF［条件表达式1］GOTO n；

END m；

……

Nn…；

这里的 IF［条件表达式1］GOTO n，相当于计算机编程 C 语言中 Break 语句的功能，这就避免了语句会出现无限次执行下去的情况。

⑤ 条件转移语句不能转移到循环的里面，这样会导致死循环，在程序设计中一定要避免此类情况发生。

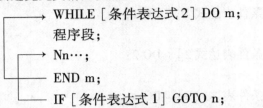

WHILE ［条件表达式 2］ DO m；

程序段；

Nn…；

END m；

IF ［条件表达式 1］ GOTO n；

最后说明一点：在 SINUMERIK 系统中没有提供 WHILE 语句的功能，因此不能用该语句进行 SINUMERIK 系统 R 参数程序的编制，在实际编程中要以机床提供的操作手册和参数说明书为准。

1.2.2 运算符的描述

运算符的表示方式和表达的意义见表 1-3。

表 1-3 运算符的表达方式

运算符	EQ	NE	GT	GE	LT	LE
作用	=	≠	>	≥	<	≤

运算符和表达式组合成条件判断语句，从而实现程序流向的控制。在任何一个条件判断语句 IF ［条件表达式 1］ GOTO n 和循环语句（WHILE ［条件表达式 2］ DO m…END m）中，运算符都起了比较重要的作用。

例如：

#100 = 100；

N20 #100 = #100 − 10；

程序段 1；

IF ［#100 GT 20］ GOTO 20；

程序段 2；

该程序段中 GT 的作用就是让#100 变量和 20 进行比较，从而决定程序执行的流向。

运算符进行运算的值为逻辑运算的结果，其值只有 0 和 1（即 FALSE 和 TRUE）两种情况。如果比较的结果为 1，即条件表达式成立（TRUE），则跳转到程序号为 20 的程序段，然后顺序执行下面的程序段 1，直到表达式的值出现 0（FALSE）的情况，则转去执行程序段 2 的程序。

注意：GE 和 GT、LE 和 LT 是不同类型的运算符，在实际编程中要注意它们的区别，以 GE 和 GT 为例说明它们的不同点：

程序 1：#100 = 100；　　　　　　　程序 2：#100 = 100；

　　　N20 #100 = #100 − 10；　　　　　　N20 #100 = #100 − 10；

　　　程序段 1；　　　　　　　　　　　程序段 1；

　　　IF［#100 GT 20］GOTO 20；　　　IF［#100 GE 20］GOTO 20；

　　　程序段 2；　　　　　　　　　　　程序段 2；

　　　……　　　　　　　　　　　　　　……

程序 1 执行了 8 次，而程序 2 则执行了 9 次。通过这两个简单程序的比较，不难发现它们的不同点，在实际使用时要加以区分。最后提醒一下：SINUMER-IK 系统和 FANUC 系统提供的运算符是有区别的。

1.3　宏程序编程的灵魂——程序设计的逻辑

算法的概念是在计算机高级编程语言（如 C 语言）中提出来的。本章在此不讨论计算机编程语言的算法，只简单讨论宏程序编程的逻辑设计。

宏程序编程和普通的 G 代码编程在本质上的区别是：宏程序引进了变量，变量之间可以进行运算，它是用控制流向的语句去改变程序的流向，而普通的 G 代码只是顺序执行，灵活性比宏程序要差。

编制一个高质量的宏程序代码，事先要有合理的逻辑设计，然后依据逻辑设计的要求表达出该程序流程框图，再根据流程框图，用宏变量和控制流向的语句编制出数控系统能识别的代码（即数控 CNC 程序）。

1.3.1　算法的概述

算法（Algorithm）就是指操作步骤，数据（变量）则是操作的对象，操作的目的就是对操作数据（变量）进行加工以达到期望的效果，并且运用到数控铣宏程序编程中实现对工件的加工。

不是只有计算的问题才会有算法，实际上，为解决一个具体问题而采取的方法和步骤就是算法。算法具有优劣之分，解决同样的问题，有的算法只需要较少的步骤，而有的算法则需要较多的步骤，不合理的算法就需要改进。在保证算法正确的情况下，选择高效、简练的算法，才能保证解决问题的质量，提高解决问题的效率。

本书所述的宏程序编程在数控铣削加工中的逻辑以及程序流程框图的方案设计和具体规划，实际上就是实现程序运行所需要的算法。

1.3.2　用流程框图表示一个数控铣的逻辑设计（算法）

算法离不开流程框图的设计和编排，有了流程框图，然后结合数控系统能识别的语言，才可以写出数控系统加工的宏程序。进行流程的设计，离不开表达程序设计过程的示意图，即流程框图，一个程序的流程框图都是由图 1-3 所示的基本流程图符号所构成的。

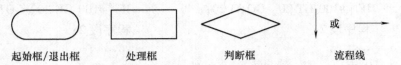

起始框/退出框　　　　处理框　　　　判断框　　　　流程线

图 1-3　常见的基本流程框图类型及其含义

图 1-4 所示为一个表达基本逻辑判断功能的流程框图。

高级语言中的流程图符号类型远不止这些，表示一个算法的流程框图包括顺序结构、选择结构、循环结构以及后来美国学者 I. Nassi 和 B. Shneiderman 提出来的 N-S 流程框图（一个数控加工宏程序的算法不需要那么复杂的流程框图结构）。

1.3.3　一个简单算法实例的编写过程

本章先以图 1-5 所示零件圆周均布钻孔为例，说明设计一个数控加工宏程序算法的主要思路。

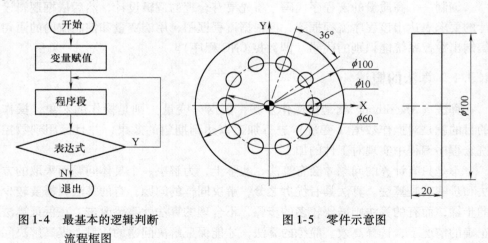

图 1-4　最基本的逻辑判断　　　　　　　图 1-5　零件示意图
　　　　流程框图

1. 实例问题的提出

此例零件直径为 100mm，厚度为 20mm，端面上共有 10 个直径为 10mm 均匀分布在直径为 60mm 圆周上的通孔，材料为铸铁，应如何编写本实例的程序算法呢？

2. 实例思路的分析

可以依次考虑以下几个问题：

① 分析零件图以及毛坯图，确定合理的装夹方式（采用外圆底面定位和外圆夹紧）。

② 选择合理的刀具。

③ 确定钻孔的加工顺序和工艺路线。

④ 考虑钻孔时的转速以及进给量。

⑤ 钻 1 个孔应采取什么样的步骤，是先采用中心钻定位，还是直接采用直径为 10mm 的钻头钻孔呢？

⑥ 钻孔过程中是采取一次性钻至要求的深度，还是分几次钻至要求的深度呢？即是考虑选择 G81 还是选择 G83 的问题。

⑦ 钻完一个孔后应该怎样计算和确定下一个孔的位置（相互间的位置关系）？

其实考虑这些问题的时候，就是在设计圆周上均匀分布孔钻孔程序的算法。其中对①至⑦问题的思考，是在普通机床的加工、采取普通数控程序编制以及采用 CAM 软件编程时都需要考虑的问题。但是采用宏程序编程序时，还要进一步考虑和确定各孔之间的位置关系、各孔加工顺序等因素，可见宏程序编程更注重逻辑的使用和算法的设计。

其中①至⑥的问题本书不作讨论，主要针对问题⑦，下面提出了 4 种算法。

算法 1：直接计算每个 ϕ10mm 通孔圆心点的坐标值（两个方向），计算量较大。

算法 2：采用 CAD 软件来绘制图形，然后找出各个圆心点的坐标值（这也有局限性，要求必须会使用 CAD 软件）。

算法 3：利用机床自带能计算三角函数的功能，让机床数控系统根据指定的公式和基本尺寸，自行计算出各个圆心点的坐标值。

算法 4：可以利用极坐标（G16）的功能并结合宏编程，来实现孔与孔之间位置的计算。

以上 4 种算法都可以解决各孔之间位置关系的问题，但第 1 种算法不可取，前 3 种算法编出的程序又只能算是普通程序，在此着重讨论第 4 种算法，结合 G16 功能进行宏编程。

编程思路归纳如下：由图 1-5 分析可知，两孔之间相隔角度均为 36°，且均匀分布在圆周上，这正好满足宏程序编程的一大特点：有规律可循。因此，优先考虑宏程序编程，指定角度的增量为变量#100，可以设#100 = 0，#100 = #100 + 36，用 IF［#100 LT 360］GOTO n 来实现角度的变化；同时由于各个孔均匀分布在同一圆周上，就可以采用 G16 极坐标指令功能。

将上述的思路采用流程框图来表达，可以画出图 1-6 所示编制宏程序的流程框图。

　　除上述的思路外，还可以采用另外一种思路：设一个变量#101代表钻孔的数量，相当于计数器的功能，即每钻完一个孔，判断没有加工的个数是否为0。如果为0就退出循环，否则重新定位孔的位置，开始新一轮的钻孔循环，直到未加工孔的个数为0，退出循环意味零件加工完毕，这样规划宏程序的流程框图如图1-7所示。

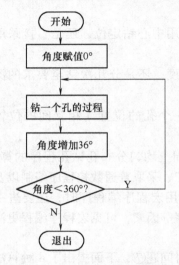

图1-6　编制宏程序的流程框图

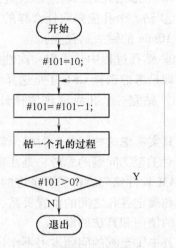

图1-7　宏程序编程的流程框图
（另外一种思路）

　　由上可以看出不同的算法和思路，编写宏程序代码有所不同，程序的复杂程度也不一样（在此仅讨论该题的算法，关于具体的宏程序代码，本节不列出，在后面实例中会给出完整的宏程序代码）。

　　在编制宏程序时，一个好的算法是非常重要的，学习宏程序的关键不是学习如何定义变量，也不是学习控制流向的语句（语法），而是学习算法。根据算法，再合理设置相关的变量，正确选择控制流向的语句，才能写出高质量且能被数控系统识别的宏程序代码，从而提高加工零件的质量和效率。

　　变量是基础，控制流向的语句（语法）是工具，算法才是灵魂。因而在学习过程中，不能一味地记忆代码，而忽视了算法的训练和积累。另外，每一种数控系统宏编程的语句和变量都不尽相同，也是不断发展的，因此实际编程中，编程人员应当以数控机床厂家提供的操作手册和参数说明书为准。

1.4　一个完整的数控铣宏程序编制案例

　　上面的内容讲解了数控宏程序编程的变量、控制流向的语句（语法）以及编写一个高质量宏程序的算法设计等基础知识，在此将宏程序编制的主要步骤归纳为以下几点：

①分析零件。

②设计算法。

③结合变量和控制流向的语句编制宏程序代码。

④在数控机床上进行宏程序代码的调试。

这 4 个步骤缺一不可，其中步骤②和步骤④极为关键，一个程序的算法决定这个程序的优劣，同时高质量的程序不是编写出来的，而是调试出来的。

下面演示一个完整数控铣削宏程序的编制过程，分别采用宏程序、G 代码以及自动编程软件写出图 1-8 所示零件铣削加工程序的代码，要求铣削深度为 5mm，材质为铝合金。

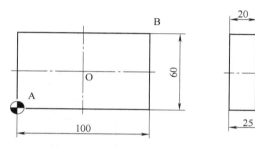

图 1-8　加工零件示意图

（1）先对零件图样进行分析，该案例要求铣削一个长方体的大平面，长度方向（X 轴）尺寸为 100mm，宽度方向（Y 轴）尺寸为 60mm，毛坯高度为 25mm，铣削深度为 5mm，主要步骤如下：

第一步：确定加工机床。本实例选用 FANUC 系统的数控铣床进行零件的加工。

第二步：选择刀具。该实例铣削平面若选用直径为 120mm 的面铣刀，其加工的效率最高，理论上只需进行一次行走即可完成铣削。但是不采用 ϕ120mm 的面铣刀，而采用 ϕ12mm 的平底铣刀来完成铣削任务。

第三步：确定编程原点（包括坐标系的坐标轴方向）。数控铣编程原点的选择，相比数控车要灵活得多。本实例可以选择长方体的上表面中心（O 点上方 5mm）为编程原点，也可以以长方体左下角的上平面端点（A 点上方 5mm 处）为编程原点，还可以确定在别处（如 B 点上方 5mm 处）。**编程原点选择的原则为：一是方便数值的计算；二是方便实际操作中工件坐标系的确定。**本实例编程原点确定在左下角的上表面端点处。

第四步：确定转速和进给量。根据机床参数、效率要求和工件材料等条件确定转速为 600r/min，进给量为 100mm/min。

第五步：顺铣和逆铣的选择。

（2）算法和流程控制的设计。

第一步：由于刀具直径为 12mm，为减小铣削力需要考虑适合的步距，在此为避免全刃宽度切削，每次控制的步距确定为 10mm，切削刀路方式采用平行往复式切削。

第二步：为了方便计算，从 A 点进刀，X 轴采用增量（G91）编程的方式。

第三步：为了减少程序量，引进变量#100 作为长方体的宽度，利用控制流向的语句来精简程序（采用宏程序编程），Y 轴采用绝对（G90）编程方式。

第四步：结合以上所述，规划出本实例程序设计的流程框图，如图 1-9 所示。

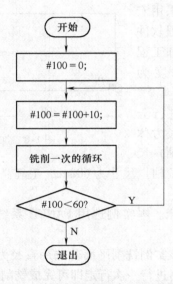

图 1-9　本实例程序设计的流程框图

第五步：根据算法的设计和分析，需要规划的切削刀具路径（简称刀路）轨迹如图 1-10 所示。

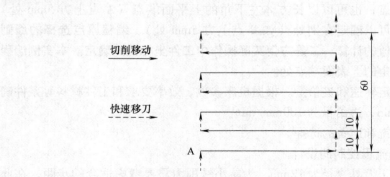

图 1-10　刀具路径轨迹示意图

16

（3）结合变量和控制流向语句，编制本实例的宏程序代码及其注释如下：

O1001；	（程序号）
G17 G21 G40 G49 G54 G69 G80 G90；	（机床初始化代码）
T1 M06；	（调用 1 号刀，即 φ12mm 的平底刀）
G0 G90 G54 X0 Y0；	（刀具快速移动到编程原点）
G43 Z20 H01；	（Z 向快速移动到离工件表面 20mm 处，并调用长度 1 号补偿）
#100 = 0；	（设置#100 号变量的值，用来控制 Y 向距离）
#101 = 120；	（设置#101 号变量的值，用来控制 X 向距离）
M03 S600；	（主轴正转，转速为 600r/min）
M08；	（打开切削液）
G00 X – 10；	（移到 X – 10 位置，即进刀起始位置）
G01 Z – 5 F100；	（Z 向移动到 – 5mm 的位置，Z 向铣削位置）
G90；	（采用绝对值方式编程）
N20 G0 Y[#100]；	（Y 向移动到铣削位置）
G91；	（采用增量编程方式）
G01 X[#101] F100；	（X 向铣削）
G90；	（采用绝对值方式编程）
#101 = – #101；	（#101 号变量重新赋值并改变进刀方向来实现 X 轴左右往复铣削）
#100 = #100 + 10；	（#100 号变量自增 10mm，即 Y 向每次移动距离）
IF [#100 LE 60] GOTO 20；	（判断语句，判断 Y 向是否铣削完毕，没有铣削完毕就跳转到标号为 20 的程序段执行，否则执行下一程序段）
G91 G28 Z0；	（Z 轴退刀到参考点，即采用通用型退刀）
G91 G28 Y0；	（Y 轴退刀到参考点）
M05；	（主轴停止）
M09；	（关闭切削液）
M30；	（程序结束，并返回到程序头）

本实例编程要点的提示：

1）G91 和 G90 转换问题。在此程序中采用的是往复式切削刀路模式，从坐标系原点出发，第一次 X 是远离坐标原点（向正方向移动），增量是正值；第二次切削 X 向是逼近坐标系原点的移动，增量是负值。由此类推发现：奇次切削是远离坐标原点的运动，而偶次切削是逼近坐标原点的运动。

2）#100 = -#101 的问题。由于奇次切削是远离坐标原点的运动，而偶次切削是逼近坐标原点的运动，所以每次切削完毕后#101 要重新赋值为 -#101。

3）本实例程序中的 IF［#100 LE 60］GOTO 20 语句，还可以用以下循环语句来替代。

```
O1002；
G17 G21 G40 G49 G54 G80 G90；
T1 M06；                          （调用 1 号刀，即 φ12mm 的平底刀）
G0 X0 Y0；                        （刀具快速移动到编程原点）
G43 Z20 H01；                     （Z 向快速移动到离工件表面 20mm 处，并调
                                   用长度 1 号补偿）
#100 = 0；                        （设置#100 号变量的值，用来控制 Y 向距离）
#101 = 120；                      （设置#101 号变量的值，用来控制 X 向距离）
M03 S600；                        （主轴正转，转速为 600r/min）
M08；
G00 X - 10；                      （移到 X - 10 位置，即进刀起始位置）
G01 Z - 5 F100；                  （Z 向移动到 - 5mm 的位置，即 Z 向铣削
                                   位置）
WHILE［#100 LE 60］DO 1；         （循环语句，判断#100 是否小于或等于 60，若
                                   是则在 WHILE 和 END 1 之间循环，否则
                                   就跳出循环，执行循环后面的语句）
G90；                             （采用绝对值方式编程）
G0 Y［#100］；                    （Y 向移动到铣削位置）
G91；                             （采用增量方式编程）
G01 X［#101］F100；              （X 向铣削）
G90；                             （转化为采用绝对值编程方式编程）
#101 = - #101；                   （#101 号变量重新赋值并改变进刀方向来实
                                   现 X 轴左右往复铣削）
#100 = #100 + 10；                （#100 号变量自增 10mm，Y 向每次移动
                                   距离）
END 1；
```

G91 G28 Z0；　　　　　　　　　　（Z轴退刀到参考点）

G91 G28 Y0；　　　　　　　　　　（Y轴退刀到参考点）

M05；

M09；

M30；

请读者比较这两个程序中变量的设置方法以及运用条件表达式上的微小区别，变换不同思路就可以用不同的程序来表达，如此反复练习，既可以提高逻辑思维的能力，也可以加深对宏程序编程思路、方法和技巧的理解。

（4）采用 G 代码调用子程序编程的方法，编写的程序代码如下：

O1003；

G17 G21 G40 G49 G54 G80 G90；

T1 M06；　　　　　　　　　　　（调用 1 号刀，即 φ12mm 的平底刀）

G0 X0 Y0；　　　　　　　　　　（刀具快速移动到编程原点）

G43 Z20 H01；　　　　　　　　　（Z 向快速移动到离工件表面 20mm 处，并调用长度 1 号补偿）

M03 S600；　　　　　　　　　　（主轴正转，转速为 600r/min）

M08；

G00 X – 10；　　　　　　　　　（快速移到 X – 10 位置，即进刀起始位置）

G01 Z – 5 F100；　　　　　　　　（Z 向移动到 – 5mm 的位置，即 Z 向的铣削位置）

M98 P31004；　　　　　　　　　（调用子程序，程序号为 O1004，调用的次数为 3 次）

G90；　　　　　　　　　　　　（转换为绝对值方式编程）

G91 G28 Z0；　　　　　　　　　（Z 轴退刀到参考点）

G91 G28 Y0；　　　　　　　　　（Y 轴退刀到参考点）

M05；

M09；

M30；

O1004；

G91；　　　　　　　　　　　　（转换为增量方式编程）

G0 Y10；　　　　　　　　　　　（Y 向移动到铣削位置）

G01 X120 F100；　　　　　　　　（X 向铣削）

Y10；　　　　　　　　　　　　（Y 向移动 10mm）

G01 X – 120；　　　　　　　　　（X 向铣削）

G90；   （采用绝对值方式编程）

M99；   （子程序调用一次完毕，返回主程序）

（5）以下程序是利用 UG NX CAM 自动编程生成的加工程序：

```
%
O1005
N0010 G40 G54 G17 G90
N0020 G91 G28 Z0.0
N0030 T1 M06
N0040 G0 G90 X112. Y57. S600 M03
N0050 G43 Z30. H00
N0060 Z3
N0070 G1 Z0.0 F100. M08
N0080 X106
N0090 X - 6
N0100 Y48
N0110 X106
N0120 Y39
N0130 X - 6
N0140 Y30
N0150 X106
N0160 Y21
N0170 X - 6
N0180 Y12
N0190 X106
N0200 Y3
N0210 X - 6
N0220 X - 12
N0230 Z3
N0240 G0 Z30
N0250 G91 G28 Z0
N0260 G91 G28 Y0
N0270 M05
N0280 M09
N0290 M30
```

可以看出：自动编程生成的程序量相对较大，如果零件加工型面更加复杂，默认后处理方式生成的程序量还要大。

即使采用调用子程序来编写代码，由程序 O1003 中的代码可知，每一层铣削就调用 3 次 O1004 中的程序。而采用宏程序编程时，只要增加一个深度方向的变量#102 和一个判断语句即可，规划的程序流程框图如图 1-11 所示。

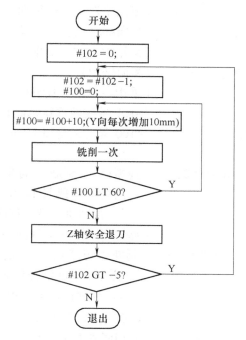

图 1-11 增加深度方向变量后的流程框图

（6）根据流程框图 1-11 编制的宏程序代码及其注释如下：

O1006；

G17 G21 G40 G49 G54 G80 G90；

T1 M06； （调用 1 号刀具，即 φ12mm 的平底刀）

G90 G0 G54 X0 Y0； （刀具快速移动到编程原点）

G43 Z20 H01； （快速移动到离工件表面 20mm 处，并调用长度 1 号补偿）

#101 = 120； （设置#101 号变量的值，用来控制 X 向距离）

#102 = 0； （控制 Z 方向深度变量）

M03 S600； （主轴正转，转速为 600r/min）

M08；

N10 G90； （采用绝对值方式编程）

G00 X－10 Y0； （快速移到 X－10、Y0 的位置，即进刀的起始

	（位置）
#102 = #102 − 1；	（Z 方向每次铣削 1mm）
#100 = 0；	（设置#100 号变量的值,用来控制 Y 向距离）
G01 Z［#102］F100；	（Z 向移动到#102 位置）
G90；	（采用绝对值方式编程）
N20 G0 Y［#100］；	（Y 向移动到铣削位置）
G91；	（采用增量方式编程）
G01 X［#101］F100；	（X 向铣削）
G90；	（采用绝对值方式编程）
#101 = − #101；	（#101 号变量重新赋值）
#100 = #100 + 10；	（#100 号变量自增 10mm,即 Y 向每次移动距离）
IF［#100 LE 60］GOTO 20；	（判断语句,判断 Y 向是否铣削完毕,没有铣削完毕就跳转到标号为 20 的程序段执行,否则执行下一程序段）
G90 G0 Z5；	（每铣削完毕一层后,退刀到安全平面）
IF［#102 GT − 5］GOTO 10；	（判断语句,判断 Z 向是否铣削深度为 5mm,没有完毕就跳转到标号为 10 的程序段执行,否则执行下一程序段）
G91 G28 Z0；	（Z 轴退刀到参考点）
G91 G28 Y0；	（Y 轴回到参考点）
M05；	
M09；	
M30；	

编程要点提示：

1）此程序双重嵌套,难度相对较大（该程序是与用 G 代码调用子程序编程以及软件自动编程进行比较）。

2）此程序在深度 Z 方向设置了一个变量#102,可以实现多重刀路的切削,代码紧凑、逻辑缜密,体现宏程序编程在解决有规律的多重刀路中的强大优势。

1.5 本章小结

1）本章主要介绍宏程序编程的基础知识、变量、语句以及算法。其中变量是基础,离开了变量,宏程序编程将无从谈起；而语句是编程者和机床进行沟通的桥梁；算法则是宏程序编程的灵魂,变量和语句只是实现算法的表现形式。显然，初学者需要大量的编制宏程序以及通过上机调试练习，才能理解和掌握宏程序应用的思路、方法和技巧。

2）本章引进了计算机编程算法及其概念，介绍了编制程序流程框图的一些基础知识，宏程序编程思路通过流程框图来表达，其目的是让读者能更好地理解程序设计的逻辑关系。

3）本章介绍了一个简单实例，分别采用宏程序和用 G 代码调用子程序的方式编程，并与 UG NX CAM 自动编程生成的程序进行了对比，读者需要理解它们用法之间的区别。

1.6 本章习题

（1）分析下面宏程序代码（提示：不必考虑省略程序的内容），找出其中的错误并改正：

……

#100 = 10；#101 = 20；#103 = 30；

WHILE［#100 LT #103］DO4；

#100 = #100 + 2；

N20…

END 4；

……

IF［#103 GT #101］GOTO 20；

……

M30；

（2）根据图 1-12 所示零件，加工出凸台，选择刀具，确定编程坐标系的原点，画出表示算法的流程框图，编制数控铣削的宏程序代码，零件材料为 45 钢。

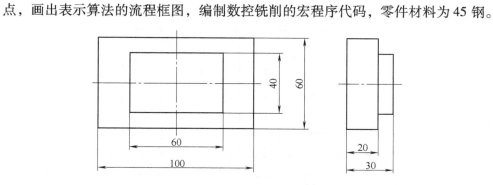

图 1-12 习题零件图

第2章

数控铣宏程序的基本应用

本章内容提要

　　第 1 章详细介绍了数控铣宏程序的基本知识。本章将在此基础上介绍几个更为详细的入门实例。例如：铣削矩形、圆、正多边形、圆周槽、四棱台以及外圆锥等轮廓和型面加工编程。这些实例的加工内容虽然简单，逻辑和算法也不复杂，但体现了宏程序编程的基本方法和思路，为学习非圆型面和复杂型面的宏程序编程打下基础。

2.1 实例 2-1：铣削正方形凸台的宏程序应用实例

2.1.1 零件图以及加工内容

　　加工零件如图 2-1 所示，毛坯为 100mm×100mm×30mm 的长方体，需要在其上加工出 60mm×60mm×10mm 的凸台，材料为 45 钢，试编写数控铣加工宏程序代码。

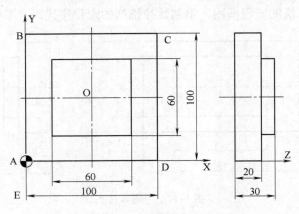

图 2-1　加工零件图

2.1.2 零件图的分析

该实例要求铣削成形一个正方形的凸台，在 X 向和 Y 向的单侧铣削量为 20mm，Z 向的铣削量为 10mm，加工和编程之前需要考虑以下内容：

（1）机床的选择：选择 FANUC 系统数控铣床。

（2）装夹方式：该零件的装夹方式有机用虎钳或者螺栓、压板（批量生产需要制作专用夹具）。本实例采用机用虎钳装夹零件，加工面高出钳口 15mm 左右，用百分表校正毛坯。

（3）刀具的选择：

① 采用 ϕ100mm 面铣刀（1 号刀）。

② 采用 ϕ12mm 的立铣刀（2 号刀）。

（4）安装寻边器，确定零件的 Z 向编程零点为毛坯上表面，存入 G54 零件坐标系。

（5）量具的选择：

① 0 ~ 150mm 的游标卡尺。

② 0 ~ 150mm 的游标深度卡尺。

（6）编程原点的选择：编程原点既可以选择长方体上表面的中心（O 点的位置），也可以选择图 2-1 中所示 A 点的位置。在本实例中分别以 A 点、O 点为编程原点，给出不同的宏程序代码（其目的是为了让读者进行比较，在实际编程中能根据图样和加工要求合理选择编程原点）。

（7）铣削深度为 10mm，采用的铣削方式为分层铣削，采用的切削模式为跟随轮廓形状，采用的步距为 10mm。

（8）转速和进给量的确定：

① 粗铣转速为 1500r/min，进给量为 400mm/min。

② 精铣转速为 2000r/min，进给量为 250mm/min。

表 2-1 所示为铣削正方形凸台工序卡。

表 2-1　铣削正方形凸台工序卡

工　序	主要内容	设备	刀　　具	切 削 用 量		
				转速 / (r/min)	进给量 / (mm/min)	背吃刀量 / mm
1	铣削平面	数控铣床	ϕ100mm 面铣刀	650	100	2
2	粗铣轮廓	数控铣床	ϕ12mm 立铣刀	1500	400	2
3	精铣轮廓	数控铣床	ϕ12mm 立铣刀	2000	250	2

说明：铣削平面宏程序编程在第 1 章中已详细介绍了，一个完整的加工过程应该包括铣削平面的工序，这点以后不做提示和说明了。

2.1.3 算法以及程序流程框图的设计

1. 算法的设计

（1）为了简化编程，选择编程原点为图 2-1 中所示的 A 点，轮廓加工时采用的走刀路线为 A→B→C→D→A→E，E 点处于毛坯的外侧，为进刀和退刀之处。

（2）为了简化编程，采用增量方式（G91）编程。

（3）变量设置：采用#103 号变量控制 Z 方向深度的变化，#100 号变量控制正方形的边长，#101 号变量控制毛坯余量的变化。

（4）本实例编程的思路：

① 规划轮廓精加工的刀路轨迹并编写程序。

② 在精加工轮廓程序的基础上，利用 #103 号变量实现分层铣削。

③ 在实现分层的基础上再结合#101 号变量，实现去除余量的分层轮廓粗铣加工。

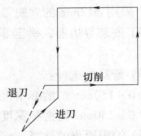

图 2-2 精铣轮廓的刀路
轨迹示意图

2. 程序流程框图设计

根据上述算法的设计思路，规划精加工刀路轨迹如图 2-2 所示，规划 Z 方向（深度方向）的分层（共 5 层）铣削刀路轨迹如图 2-3 所示，规划的程序流程框图如图 2-4 所示。

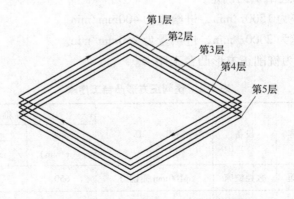

图 2-3 分层铣削正方形凸台刀路轨迹示意图

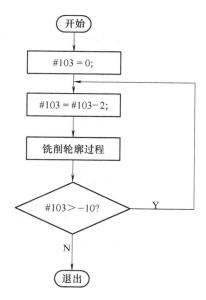

图2-4　分层铣削正方形凸台的程序流程框图

3. 根据算法以及流程框图编写加工的精铣宏程序代码

程序 1：精加工轮廓程序

O2001；

G15 G17 G21 G40 G49 G54 G80 G90；

T2 M06；

M03 S2000；

G90 G0 G54 X0 Y0；

G43 Z20 H02；

#100 = 60；　　　　　　　　　　（#100 号变量赋值,即正方形的边长）

G01 X – 10 Y – 10 F250；　　　　（X、Y 轴以直线进给方式移动到 X – 10、
　　　　　　　　　　　　　　　　　　Y – 10位置）

G0 Z0. 5；

G01 Z – 10 F150；　　　　　　　（Z 向进刀铣削深度位置）

G41 G01 X0 Y – 10 F150 D02；　（建立刀具半径补偿）

M08；

G91；　　　　　　　　　　　　　（转换为增量方式编程）

G01 Y10 F250；　　　　　　　　（直线进给,铣削运动到 X0、Y0 的位置,即
　　　　　　　　　　　　　　　　　　A 点）

G01 Y[#100]；　　　　　　　　（直线进给,铣削运动到 X0、Y60 的位置,即

B 点）

G01 X［#100］；　　　　　（直线进给，铣削运动到 X60、Y60 的位置，即 C 点）

#100 = - #100；　　　　　（#100 号变量重新赋值）

G01 Y［#100］；　　　　　（直线进给，铣削运动到 X60、Y0 的位置，即 D 点）

G01 X［#100］；　　　　　（直线进给，铣削运动到 X0、Y0 的位置，即 A 点）

G01 X - 10；　　　　　　　（直线进给，铣削运动到 X - 10、Y0 的位置，即 E 点）

G90；　　　　　　　　　　（转换为绝对值方式编程）

G40 G01 X - 20 Y - 20 F500；（取消刀具半径补偿）

G91 G28 Z0；

M09；

G91 G28 Y0；

M05；

M30；

实例 2-1 程序 1 编程要点提示：

（1）关于刀具半径补偿建立和取消的补充说明：

1）G41 表示刀具半径的左补偿，即沿着刀具进给的方向看，刀具中心在加工零件轮廓的左侧；G42 表示刀具半径的右补偿，即沿着刀具进给的方向看，刀具中心在加工零件轮廓的右侧。

在本程序中 G41 G01 X0 Y - 10 F150 D02 的语句后面的 D02 不能省略，如果 G41 G01 X0 Y - 10 F150 省略了 D 的值，即使在程序中有 G41 或 G42 指令，刀具半径补偿也无法建立。G41 和 G42 是可以互用的，即如果用 G41 而 D 的值不小心输为刀具半径的负值，就相当于使用 G42，反之也成立。

2）从无刀具半径补偿进入刀具半径补偿状态，或撤销刀具半径补偿时，刀具必须移动一段距离且移动的距离要大于刀具的半径，否则刀具会沿运动的直径方向偏移一个刀具的半径值，从而造成过切情况，在腔体内铣削时就会发生碰撞。

3）在执行 G41、G42、G40 指令时，其移动指令只能用 G01 或 G0，而不能用 G02 或 G03 以及别的 G 指令，否则系统会触发报警。

4）为了保证切削轮廓的完整性、平滑性，在外轮廓加工过程中切入或退出零件时，应采用线性过渡或圆弧过渡的方式切入或退出零件（如本程序中的 G91 G01 Y10 F250 语句的作用）。内轮廓（型腔）的加工，应该采用圆弧的方式切入或退出零件。

5）在应用子程序的调用或宏程序进行分层切削时，刀具半径补偿的建立和取消应该在子程序中完成，即每调用一次子程序时，刀具半径补偿的方式为：用 G41 或 G42 建立刀具半径补偿→走过渡段（线性过渡或圆弧过渡）→进行轮廓的加工→走过渡段（线性过渡或圆弧过渡）→用 G40 指令取消刀具半径补偿。

6）使用 G17 平面时，刀具半径补偿的切入点应该选择在零件轮廓的最外围，且应当采用线性或圆弧过渡。加工圆形型面轮廓时，应该选择在圆弧象限点的位置。

7）在刀具半径补偿的切削程序中（即从 G41/G42 开始的程序段到 G40 结束的程序段之间），FANUC 系统处理 2 个或更多刀具非移动指令时（如暂停、M99、子程序名等），刀具将产生过切现象。

（2）关于语句 #100 = − #100 的几点说明：

1）#100 = − #100 的含义是使 #100 号变量取 #100 号变量的负值。例如：#100 = 10，机床读入 #100 = − #100 时，#100 = − 10。

2）应用的主要范围：取负赋值语句在数控铣宏程序编程中的应用要比在数控车宏程序编程中的应用频繁，特别是在以中心为编程原点时，经常需要进行机床移动方向和数值取反的转换操作。

以程序 O2001 为例：程序中的 #100 = − #100 语句，因为执行完 G91 G01 X［#100］铣削直线进给运动到 X60、Y60 的位置，即 C 点时，X、Y 轴的移动量要由原来的正方向移动（在程序中采用的是增量编程的方式，增量变量有绝对值编程不具有的优势：增量数值正负的改变，可以控制机床移动方向的改变）转化为向负方向的移动，且移动量是相等的，因此为了简化编程需要通过 #100 = − #100 语句来转换移动方向。

3）本实例也可以不采用刀具半径补偿，而采用刀心轨迹编程。在实际编程中设一个变量控制刀具半径的值，来增加程序的通用性。

程序 2：分层铣削正方形凸台的程序

对本实例采用调用子程序的方式进行程序编制，程序如下：

O2002；

G17 G21 G40 G49 G54 G80 G90；

T2 M06；

M03 S2000；

G0 G54 X0 Y0；

G43 Z20 H02；　　　　　　（Z 轴带上长度补偿快速移动到 Z20 位置）

G0 X − 20 Y − 20；　　　　　（X、Y 轴以快速进给方式移动到 X − 20、

Y - 20位置）

M08；

G0 Z0.5；

G01 Z0 F150；　　　　　　　　（Z轴到达零件的上表面）

M98 P52003；　　　　　　　　（调用子程序，调用次数为5，子程序号为2003）

G91 G28 Z0；　　　　　　　　（Z轴回参考点，退刀）

M09；

G91 G28 Y0；

M05；

M30；

……

O2003；　　　　　　　　　　（子程序号）

G91 G01 Z - 2 F150；　　　　　（Z向进刀2mm）

G90；　　　　　　　　　　　（转换为绝对值方式编程）

#100 = 60；　　　　　　　　　（#100号变量赋值，正方形的边长）

G41 G01 X0 Y - 10 F250 D02；　（建立刀具半径补偿）

G91；　　　　　　　　　　　（转换为增量方式编程）

G01 Y10；　　　　　　　　　（直线进给，铣削运动到X0、Y0的位置，即A点）

G01 Y[#100]；　　　　　　　（直线进给，铣削运动到X0、Y60的位置，即B点）

G01 X[#100]；　　　　　　　（直线进给，铣削运动到X60、Y60的位置，即C点）

#100 = - #100；　　　　　　　（#100号变量重新赋值，改变进刀方向）

G01 Y[#100]；　　　　　　　（直线进给，铣削运动到X60、Y0的位置，即D点）

G01 X[#100]；　　　　　　　（直线进给，铣削运动到X0、Y0的位置，即A点，回到退刀点）

G91 G01 X - 10；　　　　　　（直线进给，铣削运动到X - 10、Y0的位置，即E点）

G90；　　　　　　　　　　　（转换为绝对值方式编程）

G40 G01 X - 20 Y - 20 F500；　（取消刀具半径补偿）

M99；

实例 2-1 程序 2 编程要点提示：

（1）关于 FANUC 数控系统子程序调用的问题：

1）子程序应用的范围：在实际编制零件加工程序时，如果某程序段重复且有规律地出现时，可以把这些程序段按照一定的格式编写成独立的程序，然后像主程序一样将它们作为单独的程序输入到机床的存储器中。在机床加工到这些相同的轨迹时，可以在主程序中调用这些程序（即子程序），子程序调用结束后，返回到主程序中，继续执行后面的程序段。

2）子程序调用的格式：子程序调用的格式为 M98 PΔΔΔ××××，ΔΔΔ 为重复调用的次数（最多 999 次，如果省略则为 1 次），××××为调用子程序的程序号。例如：M98 P60010 表示调用的子程序号的程序为 0010，调用的次数为 6 次；M98 P0010 表示调用的子程序的程序号为 0010，调用的次数为 1 次。每调用 1 次子程序，则需要返回到主程序；如果子程序没有调用完毕，再继续执行下一次调用子程序，否则执行下一程序段。

3）关于子程序书写的格式：子程序的编写和一般程序基本相同，只是子程序用 M99（子程序结束并返回到主程序）结束。例如：

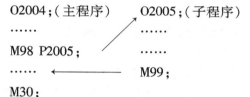

O2004；（主程序）　　O2005；（子程序）

……　　　　　　　　……

M98 P2005；　　　　　……

……　　　　　　　　M99；

M30；

注意：M99 不一定要单独写一行，也可以写成 G91 G28 Z0 M99。

4）关于子程序嵌套的问题：不但主程序中可以调用子程序，子程序也可以调用二级子程序，在 FANUC 0i 系统中最多可以嵌套 4 层子程序，如图 2-5 所示。

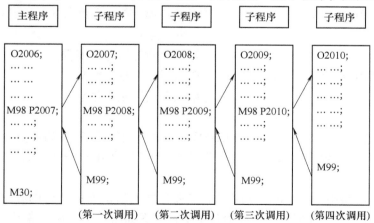

图 2-5　子程序嵌套示意图

31

采用子程序嵌套进行编程，要衔接好它们之间的顺序关系。

下面对 O2003 子程序稍加改变：

O2011；

G91 G01 Z－2 F150；　　　　　　（Z 向进刀 2mm）

M98 P2012；　　　　　　　　　　（调用子程序，调用次数为 1，程序号为 2012）

M99；

……

O2012；　　　　　　　　　　　　（子程序号）

#100 ＝ 60；　　　　　　　　　　（#100 号变量赋值，正方形的边长）

G90；　　　　　　　　　　　　　（转换为绝对值方式编程）

G41 G01 X0 Y－10 F150 D02；　　（建立刀具半径补偿）

G91；　　　　　　　　　　　　　（转换为增量方式编程）

G01 Y10 F250；　　　　　　　　　（直线进给，铣削运动到 X0、Y0 的位置，即　　　　　　　　　　　　　　　　　　　　A 点）

G01 Y［#100］；　　　　　　　　（直线进给，铣削运动到 X0、Y60 的位置，即　　　　　　　　　　　　　　　　　　　　B 点）

G01 X［#100］；　　　　　　　　（直线进给，铣削运动到 X60、Y60 的位置，即　　　　　　　　　　　　　　　　　　　　C 点）

#100 ＝－#100；　　　　　　　　（#100 号变量重新赋值）

G01 Y［#100］；　　　　　　　　（直线进给，铣削运动到 X60、Y0 的位置，即　　　　　　　　　　　　　　　　　　　　D 点）

G01 X［#100］；　　　　　　　　（直线进给，铣削运动到 X0、Y0 的位置，即　　　　　　　　　　　　　　　　　　　　A 点）

G91 G01 X－10；　　　　　　　　（直线进给，铣削运动到 X－10、Y0 的位置，　　　　　　　　　　　　　　　　　　　　即 E 点）

G90；　　　　　　　　　　　　　（转换为绝对值方式编程）

G40 G01 X－20 Y－20 F500；　　（取消刀具半径补偿）

M99；　　　　　　　　　　　　　（结束并返回主程序）

……

请读者自行分析上述程序和 O2003 程序的区别。最后强调一点：在使用子程序以及调用子程序嵌套时，要特别注意调用程序和被调用程序之间的衔接问题。

（2）设置#103 号变量控制深度来实现分层铣削正方形凸台的程序。该思路的刀路轨迹如图 2-3 所示，程序设计的流程框图如图 2-4 所示，编制的宏程序代码如下：

O2013；

G17 G21 G40 G49 G54 G80 G90；

T2 M06；

M03 S2000；

G0 X0 Y0；

G43 Z20 H02；　　　　　　　　　（Z 轴带上长度补偿快速移动到 Z20 位置）

G01 X – 20 Y – 20 F500；　　　　（X、Y 轴以直线进给方式移动到 X – 20、Y –
　　　　　　　　　　　　　　　　　　20 位置）

G0 Z0. 5；　　　　　　　　　　　（Z 轴到达零件的上表面）

#103 = 0；　　　　　　　　　　　（设置#103 号变量的初始值为 0,用来控制
　　　　　　　　　　　　　　　　　　凸台铣削的深度变化）

N10 #103 = #103 – 2；　　　　　　（#103 号变量进行每次自减 2mm）

G90 G01 Z[#103] F150；　　　　　（Z 轴进刀,到达铣削位置）

G41 G01 X0 Y – 10 F250 D02；　　（建立刀具半径补偿）

M08；

G91；　　　　　　　　　　　　　　（转换为增量方式编程）

#100 = 60；　　　　　　　　　　　（#100 号变量赋值,正方形的边长）

G01 Y10；　　　　　　　　　　　　（直线进给,铣削运动到 X0、Y0 的位置,即
　　　　　　　　　　　　　　　　　　A 点）

G01 Y[#100]；　　　　　　　　　　（直线进给,铣削运动到 X0、Y60 的位置,即
　　　　　　　　　　　　　　　　　　B 点）

G01 X[#100]；　　　　　　　　　　（直线进给,铣削运动到 X60、Y60 的位置,即
　　　　　　　　　　　　　　　　　　C 点）

#100 = – #100；　　　　　　　　　（#100 号变量重新赋值）

G01 Y[#100]；　　　　　　　　　　（直线进给,铣削运动到 X60、Y0 的位置,即
　　　　　　　　　　　　　　　　　　D 点）

G01 X[#100]；　　　　　　　　　　（直线进给,铣削运动到 X0、Y0 的位置,即
　　　　　　　　　　　　　　　　　　A 点）

G01 X – 10 Y – 10；　　　　　　　（直线进给,铣削运动到 X – 10、Y – 10 的位
　　　　　　　　　　　　　　　　　　置,即 E 点）

G90；　　　　　　　　　　　　　　（转换为绝对值方式编程）

G40 G01 X – 20 Y – 20 F500；　　（取消刀具半径补偿）

IF [#103 GT – 10] GOTO 10；　　（条件判断语句,若#103 号变量的值大于
　　　　　　　　　　　　　　　　　　– 10,则跳转到标号为 10 的程序段处执
　　　　　　　　　　　　　　　　　　行,否则执行下一程序段）

```
G91 G28 Z0;
G91 G28 Y0;
M09;
M05;
M30;
```

O2013 程序编程要点提示：

1）本程序合理设置了#103 号变量，用来控制 Z 向铣削深度的变化，相当于子程序调用功能。

2）#103 = #103 − 2 是控制每层铣削的深度为 2mm，和 IF［#103 GT − 10］GOTO 10 语句结合就控制了整个轮廓分层铣削的过程。

3）数控铣削宏程序编程和子程序编程的比较：

① 从使用范围来比较：子程序和宏程序两者既可以应用于相同轨迹的零件程序的编制，也可以简化编程。

子程序的使用范围：在实际进行零件编程时，重复且有规律出现的程序段，优先考虑使用子程序编程以简化编程。

宏程序编程的范围：包含但不仅限于重复且有规律出现的程序段，既可以实现与普通 G 代码、固定循环、子程序等相同的功能，也具备它们无法实现的功能，如非圆型面的加工等，甚至可以实现多轴的联动加工。

② 从改变程序执行流向来比较。子程序和宏程序都可以改变程序执行的流向。子程序改变程序的流向是顺序执行的，而且必须返回到调用它的程序段的下一程序段进行顺序执行；宏程序使用条件判断语句或者无条件跳转语句以及循环语句，可以任意控制程序执行的流向，而且不必返回到跳转指令前程序段的下一程序段进行顺序执行。例如：

```
O2014;          ↗ O2015;        O2016;
……               ……            ……
M98 P32015;      ……            N10…;
……          ←   M99;           GOTO 20;
……                              N30 …;
M30;                             IF［条件表达式 1］GOTO 10;
                                 ……
                                 N20 …;
                                 IF［条件表达式 2］GOTO 30;
                                 ……
```

先分析 O2014 程序的执行情况：机床顺序执行到 M98 P32015 时，由于 M98

是子程序调用的指令，因此该程序不会再顺序执行 M98 P32015 下一程序段的代码，而是改变了程序执行的流向，转而顺序执行程序号为 O2015 中的程序代码。顺序执行到 O2015 的 M99 指令时，由于 M99 指令功能是返回到调用该子程序的主程序中执行相应的程序代码，而根据调用子程序语句 M98 P32015 可知其调用的次数为 3，因此机床会重复执行上述的步骤，直到子程序调用完毕，机床则顺序执行 M98 P32015 程序段的下一程序段。以上所述就是子程序控制程序执行流向的过程。

再来分析程序为 O2016 程序的执行情况：机床顺序执行到 GOTO 20 时，由于 GOTO 20 是无条件跳转语句，因此会跳转到标号为 20 的程序段处，顺序执行 N20 后面的程序段。执行到 IF ［条件表达式 2］GOTO 30 时，由于 IF ［条件表达式 2］GOTO 30 是条件判断语句，当条件表达式 2 的值为 TRUE 时，则跳转到标号为 30 的程序段处顺序执行；当条件表达式 2 的值为 FALSE 时，机床执行 IF ［条件表达式 2］GOTO 30 下一个程序段的程序。在此假设表达式的值为 TRUE，会跳转到标号为 30 的程序段处，顺序执行 N30 后面的程序段。执行到 IF ［条件表达式 1］GOTO 10 时，执行过程和语句 IF ［条件表达式 2］GOTO 30 的执行过程一样，请读者自行分析，在此不再赘述。

由以上的分析可以看出：宏程序控制程序执行流向与子程序控制程序执行流向相比要灵活得多，也复杂得多。

③ 从程序调用结构来比较：

子程序需要主程序中的调用指令 M98 才能产生作用，而且调用结束后要采用 M99 指令返回到相应的主程序中。

宏程序也有相应的调用指令，模态调用格式为：G65 P＜p＞L＜l＞＜自变量赋值＞；

其中，＜p＞为要调用的程序号；＜l＞为重复的次数（默认值为 1）；＜自变量赋值＞为传递到宏程序的数据。

关于 FANUC 0i 宏程序调用方面的说明，可以参考 FANUC 0i 操作手册和参数说明书，在此不再赘述。

程序 3：编程原点设在上表面中心的精加工宏程序

将本实例的编程原点设在零件上表面中心处，即 O 点上，采用铣削非圆型面的思路来编写正方形凸台宏程序代码如下：

```
O2017；
G17 G21 G40 G49 G54 G80 G90；
T2 M06；
G0 G90 G54 X0 Y0；
M03 S2000；
```

G0 X0 Y0；

G43 G0 Z20 H02；

G00 X－50 Y－50；　　　　　　　（快速移到 X－50、Y－50 位置的起刀点）

G0 Z0.5；

G01 Z0；　　　　　　　　　　　（Z 轴移动到零件的上表面 Z0 位置）

#103＝0；　　　　　　　　　　（#103 号变量赋值，用来控制每次铣削深度）

N50 #103＝#103－2；　　　　　　（#103 号变量每次减去 2mm）

G01 Z［#103］F500；　　　　　　（Z 轴到达铣削位置）

M08；

G41 G01 X－30 Y－40 D2；　　　（建立刀具半径补偿）

#100＝－30；　　　　　　　　　（正方形凸台第一条边长的 1/2，取负值）

#102＝－30；　　　　　　　　　（正方形凸台第二条边长的 1/2，取负值）

#101＝0.5；　　　　　　　　　　（步距，即每次的变化量）

G01 Y－30 F150；　　　　　　　（铣削到 Y－30，图 2-1 中 A 点）

N10 #100＝#100＋#101；　　　　（#100 号变量加上步距值）

G01 Y［#100］F250；　　　　　　（铣削）

IF［#100 LT 30］GOTO 10；　　　（条件判断语句，若#100 号变量的值小于 30，则
　　　　　　　　　　　　　　　　　转到标号为 10 的程序段处执行，否则执行
　　　　　　　　　　　　　　　　　下一程序段）

N20 #102＝#102＋#101；　　　　（#102 号变量加上步距值）

G01 X［#102］；　　　　　　　　（铣削）

IF［#102 LT 30］GOTO 20；　　　（条件判断语句，若#102 号变量的值小于 30，则
　　　　　　　　　　　　　　　　　跳转到标号为 20 的程序段处执行，否则执
　　　　　　　　　　　　　　　　　行下一程序段）

N30 #100＝#100－#101；　　　　（#100 号变量减去步距值）

G01 Y［#100］；　　　　　　　　（铣削）

IF［#100 GT －30］GOTO 30；　　（条件判断语句，若#100 号变量的值大于
　　　　　　　　　　　　　　　　　－30，则跳转到标号为 30 的程序段处执
　　　　　　　　　　　　　　　　　行，否则执行下一程序段）

N40 #102＝#102－#101；　　　　（#102 号变量减去步距值）

G01 X［#102］；　　　　　　　　（铣削）

IF［#102 GT －30］GOTO 40；　　（条件判断语句，若#102 号变量的值大于
　　　　　　　　　　　　　　　　　－30，则跳转到标号为 40 的程序段处执
　　　　　　　　　　　　　　　　　行，否则执行下一程序段）

G01 X－40；　　　　　　　　　　（铣削）

G40 G01 X – 50 Y – 50 F500；（取消刀具半径补偿）

G90 G0 Z10；　　　　　（Z 轴抬刀）

IF［#103 GT – 10］GOTO 50；（条件判断语句,若#103 号变量值大于 – 10,则
　　　　　　　　　　　　跳转到标号为 50 的程序段处执行,否则执
　　　　　　　　　　　　行下一程序段）

G91 G28 Z0；

G91 G28 Y0；

M05；

M09；

M30；

实例 2-1 程序 3 编程要点提示：

1）本程序中采用拟合法铣削正方形凸台。拟合法采用的是无限逼近思想,主要是利用曲线拟合进行非圆型面零件加工程序的编制,也可以用于规则型面的加工。拟合法的核心思想是：把整个零件的轮廓分成无数个近似于零件轮廓的线段,然后把这无数个线段连接起来,就形成了整个零件的轮廓。

2）在实际编程中,采用拟合法要建立合适的数学模型,根据数学模型找出其中内在的联系,用合理的变量表示出来,再采用 G01 直线插补指令来铣削零件的轮廓。

3）在本程序中,针对正方形凸台轮廓设置一个变量控制铣削过程即可,设置#100 = – 30、#102 = – 30 的目的是为了方便编程,其中 A 点的坐标值为（ – 30 ， – 30）。

4）设置#101 =0.5 控制步距大小。步距大小决定了加工的效率与表面轮廓加工的精度。建议粗加工中采用相对较大的步距,在精加工中采用相对较小的步距。

5）采用#103 号变量控制每层铣削的深度,通过赋值语句#103 = #103 – 2 和条件语句 IF［#103 GT – 10］GOTO 50 实现分层铣削。

程序 O2001、O2002、O2012、O2017 的程序代码不能应用于轮廓粗加工,只能应用于粗加工后精加工轮廓。下面通过设置一个变量来控制毛坯余量的变化,从而实现轮廓的粗加工,其刀路轨迹的规划如图 2-6 所示。

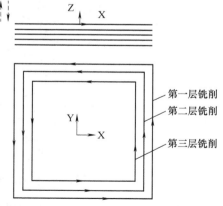

图 2-6　粗铣加工的刀路
轨迹示意图

以上分析了精加工轮廓的算法和分层铣削的算法，这样能否可以实现如图2-6所示的刀路轨迹算法呢？还需要进一步考虑以下问题：

1）分析图2-6所示刀路轨迹的特点，可以看出：该刀路轨迹是有规律地向长度和宽度方向等距偏置而成的。可见，实现这两个方向等距偏置可以从实现深度方向的分层铣削中获得启发。

2）可设置一个变量#104来控制毛坯的余量变化，通过毛坯余量的自减语句 #104 = #104 – 10 和条件语句 IF［#104 GT 0］GOTO n 来实现刀路轨迹的等距偏置。通过该思路所实现程序的流程设计如图2-7所示。

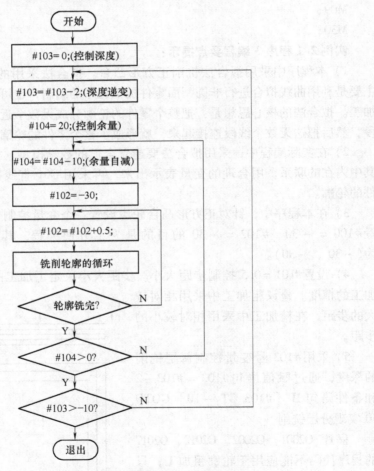

图2-7　粗加工程序设计算法流程框图

程序 4：编程原点设在上表面中心的粗加工宏程序

本程序编程原点设在零件上表面中心，即 O 点上，编制的宏程序代码如下：

O2018；

G17 G21 G40 G49 G54 G80 G90；

T2 M06；

G0 G90 G54 X0 Y0；

G43 G0 Z20 H02；　　　　　　　　（Z 轴带上长度补偿，快速移动到零件上表面 Z20 位置）

M03 S1500；

G00 X－70 Y－60 F400；　　　　　（X、Y 轴移动到 X－70、Y－60 位置）

G0 Z0.5；

G01 Z0；　　　　　　　　　　　　（Z 轴移动到零件的上表面 Z0 位置）

#103＝0；　　　　　　　　　　　　（#103 号变量赋值，用来控制每次铣削深度）

N50　#103＝#103－2；　　　　　　（#103 号变量每次减去 2mm）

G01 Z[#103] F400；　　　　　　　（Z 轴到达铣削位置）

M08；

#104＝20　　　　　　　　　　　　（毛坯余量）

#110＝1；　　　　　　　　　　　　（设置#110 号变量，控制余量递减次数）

N60 G41 G01 X－51 D2；　　　　　（建立刀具半径补偿）

#100＝－30；　　　　　　　　　　（正方形凸台第一条边长的 1/2，取负值）

#102＝－30；　　　　　　　　　　（正方形凸台第二条边长的 1/2，取负值）

#101＝0.5；　　　　　　　　　　　（步距，即每次的变化量）

N100 #104＝#104－10；　　　　　　（毛坯余量自减步距）

G01 X[－30－#104] F400；　　　　（进刀）

IF [#104 GT [20－#110＊10]]

　GOTO 100；　　　　　　　　　　（条件判断语句，若#104 号变量的值大于[20－#110＊10]的值，则跳转到标号为 100 的程序段处执行，否则执行下一程序段）

G01 Y－50 F400；　　　　　　　　（铣削到 Y－50 位置）

N10 #100＝#100＋#101；　　　　　（#100 号变量加上步距值）

G01 Y[#100＋#104] F400；　　　　（Y 方向铣削）

IF [#100 LT 30] GOTO 10；　　　　（条件判断语句，若#100 号变量的值小于 30，则跳转到标号为 10 的程序段处执行，否则执行下一程序段）

N20 #102＝#102＋#101；　　　　　（#102 号变量加上步距值）

G01 X[#102 + #104]；　　　　　　（铣削）

IF［#102 LT 30］GOTO 20；　　　（条件判断语句,若#102 号变量的值小于
　　　　　　　　　　　　　　　　　　30,则跳转到标号为 20 的程序段处执
　　　　　　　　　　　　　　　　　　行,否则执行下一程序段）

N30 #100 = #100 − #101；　　　　　（#100 号变量减去步距值）

G01 Y［#100 − #104］；　　　　　（铣削）

IF［#100 GT − 30］GOTO 30；　　（条件判断语句,若#100 号变量的值大于
　　　　　　　　　　　　　　　　　　− 30,则跳转到标号为 30 的程序段处执
　　　　　　　　　　　　　　　　　　行,否则执行下一程序段）

N40 #102 = #102 − #101；　　　　　（#102 号变量减去步距值）

G01 X［#102 − #104］；　　　　　（X 方向铣削）

IF［#102 GT − 30］GOTO 40；　　（条件判断语句,若#102 号变量的值大于
　　　　　　　　　　　　　　　　　　− 30,则跳转到标号为 40 的程序段处执
　　　　　　　　　　　　　　　　　　行,否则执行下一程序段）

G01 X − 60；　　　　　　　　　　（X 方向铣削）

G40 G01 X − 70 Y − 60 F400；　　（取消刀具半径补偿）

#110 = #110 + 1；　　　　　　　　（#110 号变量依次增加 1）

IF［#104 GT 0］GOTO 60；　　　　（条件判断语句,若#104 号变量的值大于 0,
　　　　　　　　　　　　　　　　　　则跳转到标号为 60 的程序段处执行,否
　　　　　　　　　　　　　　　　　　则执行下一程序段）

IF［#103 GT − 10］GOTO 50；　　（条件判断语句,若#103 号变量的值大于
　　　　　　　　　　　　　　　　　　− 10,则跳转到标号为 50 的程序段处执
　　　　　　　　　　　　　　　　　　行,否则执行下一程序段）

G91 G28 Z0；

G91 G28 Y0；

M05；

M09；

M30；

实例 2-1 程序 4 编程要点提示：

1）该程序为正方形凸台的粗加工轮廓,上述方法适用于毛坯的粗加工。

2）编程原点在正方形凸台上表面的中心。要注意 X、Y 方向的改变决定了毛坯余量以及步距表达式的变化。在数控铣编程中,起刀点设置的不同,表达式也会有所变化,下面结合本例来详细说明这一问题。

该程序中起刀点设置在 A 点,由于采用刀路等距偏置方法,偏置后的起刀点应该为 X − 70、Y − 60 的位置,进刀的表达式为 G01 X［− 30 − #104］F400,而

不是 G01 X［-30 +70］F400，从 A 点到 B 点的铣削、从 B 点到 C 点的铣削，铣削的表达式应为 G01 Y［#100 + #104］F400，步距增量为#100 = #100 + #101；从 C 点铣削到 D 点、D 点到 A 点的铣削，步距增量发生了变化，步距增量为#100 = #100 - #101，铣削表达式为 G01 Y［#100 - #104］F400。

　　原因在于从 A 点到 B 点、B 点到 C 点的位移量是正值，而从 C 点到 D 点、D 点到 A 点的位移量是负值。

　　3）该程序是在前面程序的基础上变化而来的，在此说明宏程序编程的基本要点：在涉及变量、逻辑关系、循环语句嵌套等复杂程序时，先编写出最重要的循环语句，然后再通过增加控制变量来层层递进。下面结合本实例程序来说明这一点。

　　在本实例程序中，铣削正方形凸台精加工轮廓的宏程序是最为重要的，在此基础上增加了#103 号变量控制铣削的深度，实现了 Z 方向的分层铣削。在分层铣削基础上增加了#104 号变量控制毛坯的余量，实现了刀路在 X、Y 方向的等距偏置编程。

　　4）该程序涉及的变量和逻辑关系相对复杂，对于 IF 语句的嵌套等基本编程技能操作时，需要在实际编程练习中不断加以理解。

2.1.4　本节小结

　　（1）本节通过一个铣削正方形凸台宏程序编程的应用实例，详细介绍了刀具半径补偿的建立和取消以及子程序应用等相关知识，这些知识是数控铣编程的难点所在，通过具体的实例有助于理解这些知识点。

　　（2）铣削正方形凸台宏程序编程也是数控铣入门程序之一，需要在实践中理解和消化，通过举一反三的练习，可以解决同类轮廓加工宏程序编程问题，也为非圆型面宏程序编程打下基础。

2.1.5　本节习题

　　（1）尝试用循环语句（WHILE）改写本节中的所有程序，并和实例的程序代码进行比较，找出异同点。

　　（2）编程题。根据图 2-8 所示零件编写加工凹腔的加工程序。

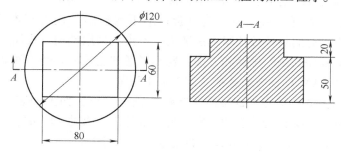

图 2-8　习题零件图

① 要求采用宏程序编程。

② 考虑装夹方式。

③ 考虑不同进刀方式。

④ 编写代码之前写出算法以及程序设计流程框图。

2.2 实例 2-2：铣削圆的宏程序应用实例

2.2.1 零件图以及加工内容

加工零件如图 2-9 所示，要求铣削圆柱形凸台直径为 100mm，凸台高度为 10mm，毛坯如图 2-10 所示，毛坯直径为 150mm，毛坯高为 60mm，材料为 45 钢。要求用宏程序编制该圆凸台加工代码。

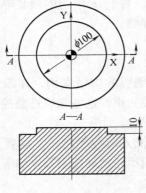

图 2-9 加工零件图

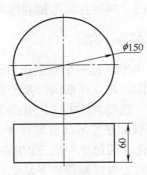

图 2-10 零件毛坯图

2.2.2 零件图的分析

该零件要求在圆柱体毛坯上铣削出一个直径为 100mm、高度为 10mm 圆柱形凸台，加工和编程之前需要考虑以下方面：

（1）机床的选择：从该零件图分析，采用数控车是较为理想的加工方式，但实际加工中，有的零件数控车无法装夹，不得不采用铣削方式加工。在此，仅介绍数控铣宏程序的编制思路和方法，暂不考虑加工效率和经济效益等因素，在本实例中选择 FANUC 系统的数控铣床来加工该零件。

（2）装夹方式：该零件加工需要在数控铣床工作台面上安装一个自定心卡盘，采用自定心卡盘夹持毛坯的一端，另一端伸出卡盘约 40mm 左右。

（3）刀具的选择：采用 φ12mm 的立铣刀（2 号刀）。

（4）安装寻边器，找正零件中心，存入 G54 零件坐标系。

（5）量具的选择：

① 0 ~ 150mm 游标卡尺。

② 0 ~ 150mm 游标深度卡尺。

（6）编程原点的选择：X、Y 向编程原点选择为圆中心，Z 向零点在毛坯上表面。

（7）由于铣削深度为 10mm，材质为 45 钢，采用在深度方向进行分层铣削；铣削模式为跟随轮廓形状；铣削每层深度为 2mm。

（8）转速和进给量的确定：

① 粗铣转速为 650r/min，进给量为 150mm/min。

② 精铣的转速为 800r/min，进给量为 100mm/min。

铣削圆柱台的工序卡见表 2-2。

表 2-2　铣削圆柱台的工序卡

工序	主要内容	设　备	刀　具	切削用量		
				转速 /（r/min）	进给量 /（mm/min）	背吃刀量 /mm
1	铣削平面	数控铣床	φ100 面铣刀	650	100	2
2	粗铣轮廓	数控铣床	φ12 立铣刀	650	150	2
3	精铣轮廓	数控铣床	φ12 立铣刀	800	100	2

2.2.3　算法以及程序流程框图的设计

1. 算法的设计

（1）为了简化编程，从圆的 + X 向（即 X50、Y0 处为起始点），然后顺（逆）时针铣削整个圆弧轮廓。

（2）考虑采用刀具半径补偿来减少程序的计算量；考虑刀具切入的安全，可以采用 1/4 圆弧过渡进刀方式切入零件，退刀也采用 1/4 圆弧过渡退出零件。

（3）可以采用传统的 G03 或 G02 方式铣削圆弧的轮廓，也可以采用直线拟合方式。采用直线拟合法逼近的方式，需要合理构建三角函数数学模型，如图 2-11 所示得到 X = R * COS（α）、Y = R * SIN（α），其中 R 为圆的半径值，找出变量之间的关系，用 G01 进行拟合，具体的编程思路如图 2-12 所示。

（4）变量的设置：#103 号变量控制深度方向

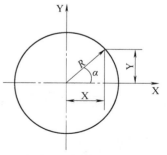

图 2-11　基于圆的三角函数
数学模型示意图

的变化；#100 号变量控制圆的半径；#101 号变量控制毛坯余量的变化。先编写轮廓精加工程序；在精加工程序的基础上，利用#103 号变量实现分层铣削；在实现分层铣削基础上再结合#101 号变量，实现去除余量的分层轮廓粗铣加工。

第 1 章已经详细介绍铣削平面的宏程序编程，本实例不再给出分析过程以及相关代码，具体请参考 1.4 节所叙的相关内容。

2. 程序流程框图设计

根据上述分析，规划的精加工刀路轨迹如图 2-13 所示，规划的分层铣削刀路轨迹如图 2-14 所示，分层铣削过程的程序流程框图如图 2-15 所示。

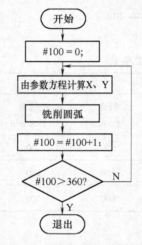

图 2-12　铣削圆台流程框图

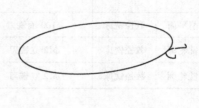

图 2-13　精加工刀路轨迹示意图

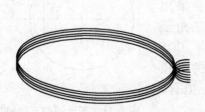

图 2-14　分层铣削刀路轨迹示意图

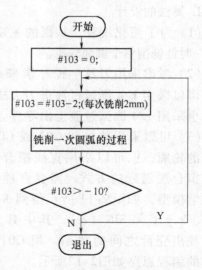

图 2-15　分层铣削程序的流程框图

3. 根据算法以及流程框图编写加工的精铣宏程序代码

O2019；

G15 G17 G21 G40 G49 G54 G80 G90；

T2 M06；

M03 S800；

G0 X0 Y0；

G43 Z20 H02；

#100 = 50；　　　　　　　　　　　　（#100 号变量赋值，圆半径值）

G0 Z0.5；

G01 X70 Y5 F500；　　　　　　　　　（X、Y 轴以直线进给方式移动到 X70、Y5 位置）

G01 Z - 10 F100；　　　　　　　　　　（Z 向进刀铣削深度位置）

G41 G01 X［#100 + 5］Y5 F100 D2；（建立刀具半径补偿）

M08；

G03 X［#100］Y0 R5；　　　　　　　（采用 1/4 圆弧过渡切入零件）

G02 I［- #100］；　　　　　　　　　　（铣削圆弧）

G03 X［#100 + 5］Y - 5 R5；　　　　（采用 1/4 圆弧过渡退出零件）

G40 G01 X70 Y5 F500；　　　　　　　（取消刀具半径补偿）

G91 G28 Z0；　　　　　　　　　　　　（Z 轴回参考点，退刀）

M09；

G91 G28 Y0；

M05；

M30；

O2019 程序编程要点提示：

（1）关于 G02、G03 圆弧插补指令的补充说明：G02 是在指定平面内进行顺时针插补的指令，G03 则是在指定平面内进行逆时针插补。关于顺时针、逆时针的判断原则是：从第三轴的正方向向负方向看，顺时针用 G02 逆时针用 G03。

（2）关于进刀方式的问题，涉及铣削加工的工艺问题，在此补充说明几点：

1）铣削平面零件时，一般采用立铣刀的侧刃进行切削。为了减少接刀的痕迹，保证加工零件表面质量，要充分考虑刀具切入和退出时对零件表面的影响。

2）铣削外表面的轮廓时，切入和退出点一般选择在零件轮廓曲线的延长线上，而不应该沿零件轮廓法向直接切入零件，以避免产生刀痕，如图 2-16 所示。

3）在铣削内轮廓时，由于零件的轮廓曲线无法延长，所以不能从外表面切入零件和退出零件,而采用圆弧过渡切入和退出方式,如图 2-17 所示,当实在无法沿零件曲线的切向切入、切出时,铣刀只有沿法线方向切入和退出零件,在这种情况下,切入、切出点应选在零件轮廓两条棱边的交点上,而且在进给过程中要避免停顿。

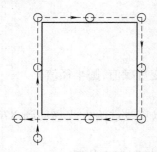

图 2-16 外轮廓切入、退出
零件方式

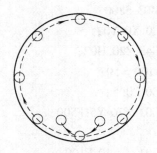

图 2-17 内轮廓切入、退出
零件方式

程序 O2019 采用圆弧切入和退出零件的进退刀方式来保证零件表面质量,例如:

G03 X[#100] Y0 R5,该语句是采用 1/4 圆弧过渡切入零件;

G03 X[#100 + 5] Y − 5 R5,该语句是采用 1/4 圆弧过渡退出零件。

采用图 2-11 建立数学模型的算法来实现铣削圆的宏程序代码如下:

O2020;	(程序号)
G17 G21 G40 G49 G54 G80 G90;	(机床初始化代码)
T2 M06;	(调用 2 号刀具)
M03 S800;	
G0 X0 Y0;	(快速移动到编程原点,检查坐标系建立的准确性)
G43 Z20 H02;	(Z 轴带上长度补偿快速移动到 Z20 位置)
G01 X70 Y − 5 F500;	(X、Y 轴以直线进给方式移动到 X70、Y − 5 位置)
G0 Z0.5;	
G42 G01 X55 Y − 5 F100 D2;	(建立刀具半径补偿)
G01 Z − 10 F100;	(Z 向进刀铣削深度位置)
G01 X50;	(X 轴直线进刀)
#100 = 0;	(角度变量赋初值)
#103 = 50;	(圆的半径)

N10 #101 = #103 * COS[#100]；　　　（圆上各点 X 值）

#102 = #103 * SIN[#100]；　　　　　（圆上各点 Y 值）

M08；　　　　　　　　　　　　　　（打开切削液）

G01 X[#101] Y[#102] F100；　　　　（铣削圆弧轮廓）

#100 = #100 + 1；　　　　　　　　　（角度每循环一次增加 1°）

IF [#100 LE 360] GOTO 10；　　　　（条件判断语句，若#100 号变量的值小于

　　　　　　　　　　　　　　　　　　或等于 360，则跳转到标号为 10 的程

　　　　　　　　　　　　　　　　　　序段处执行，否则执行下一程序段）

G01 X55；　　　　　　　　　　　　（直线退刀）

G40 G01 X70 Y0 F500；　　　　　　（取消刀具半径补偿）

G91 G28 Z0；　　　　　　　　　　　（Z 轴回参考点）

G91 G28 Y0；　　　　　　　　　　　（Y 轴回参考点）

M09；　　　　　　　　　　　　　　（关闭切削液）

M05；　　　　　　　　　　　　　　（主轴停止）

M30；　　　　　　　　　　　　　　（程序结束并返回到程序头）

O2020 程序编程要点提示：

（1）关于数学模型建立的问题。

数控加工采用宏程序编程时，往往需要根据零件图来构建数学模型，基于数学模型结合数学知识（如三角函数、线性方程、解析几何等相关知识）找出变量之间的关系。

数学模型建立是否合理，往往决定了程序设计算法的优劣，如图 2-11 所示建立的基于圆三角函数关系模型，解题思路有以下两种：

1）根据圆的标准方程：圆的标准方程为 $(X - X_0)^2 + (Y - Y_0)^2 = R^2$，其中 (X_0, Y_0) 为圆心的坐标，R 为圆的半径。

在本实例中圆心的坐标为 (0, 0)，该圆的方程为 $X^2 + Y^2 = R^2$，设置#100 变量表示圆弧上各点 X 值，#101 号变量为圆弧上各点 Y 值，#100 号变量和#101 号变量之间的关系满足圆方程的表达式。

读者也可以根据上述分析，设计算法并写出程序设计的流程框图，编制宏程序代码。

2）根据圆的参数方程，圆心在 (X_0, Y_0) 处的参数方程为：

$$\begin{cases} X = X_0 + R * COS\alpha \\ Y = Y_0 + R * SIN\alpha \end{cases}　　（其中 \alpha 为参数，R 为圆半径）$$

在本实例中圆心坐标为 (0, 0)，R 为常量，数值是 50，设置#100 号变量为角度变量，赋初始值为 0°，铣削的是整个圆弧轮廓，可见角度变化为0° ~ 360°。

圆弧上各点 X 值和 Y 值，可以根据圆的参数方程计算出，如本程序中用语句#101 = 50 * COS［#100］表示圆上各点 X 值，用#102 = 50 * SIN［#100］表示圆上各点的 Y 值；利用 G01 直线插补指令 G01 X［#101］Y［#102］F150 铣削一小段圆弧，通过角度从 0°~360°的变化，以及语句#100 = #100 + 1 和 IF［#100 LE 360］GOTO 10 来控制整个圆弧的铣削过程。

（2）本实例中采用圆的参数方程表达式来建立数学模型，可以通过控制角度的变化，实现任意圆弧段的切削。如起始角度为 0°，终止角度为 180°，铣削出半圆。

圆弧加工的精度取决于角度增量的大小，角度增量越小，精度越高。如采用圆的标准方程来计算圆弧上 X、Y 各点坐标，计算量相对会大。如果铣削的不是整个圆弧轮廓，不如采用圆参数方程控制方便，因此，建议（而不是规定）在编制此类数控铣宏程序时应优先考虑用圆的参数方程来构建数学模型。

（3）该实例程序没有实现分层铣削圆弧轮廓，也没有实现粗铣圆弧轮廓，适用于圆弧轮廓的精加工。

关于该实例分层铣削圆弧宏程序代码的编写，可以参考图 2-14 分层铣削圆弧轮廓刀路图以及图 2-15 分层铣削刀路程序流程框图的设计，也可以参考实例2-1 中的 O2012 宏程序代码。

整个圆弧轮廓粗加工宏程序编制的思路：在圆弧精加工轮廓和分层铣削方法的基础上，在圆弧 X 向增加一个变量来控制每一层铣削毛坯余量的变化，规划刀路轨迹如图 2-18 所示，程序设计的流程如图 2-19 所示。

第三次　第二次　第四次　第一次

图 2-18　分层粗铣刀路示意图

粗铣圆弧余量的计算方法为：粗加工余量 =（毛坯的尺寸 – 零件轮廓的尺寸）/步距。为了防止得出的结果有小数或除不尽，机床运算会自动保留有效位，这样会产生计算的误差，需要采用 FIX 函数即上取整函数来保证计算精度，从而保证零件尺寸精度。

本实例中从毛坯图形分析，毛坯为直径 150mm、长度 60mm 的圆柱体，刀具是直径为 12mm 的立铣刀，为了避免全刃切削，步距采用固定值 10mm，加工余量计算如图 2-20 所示。

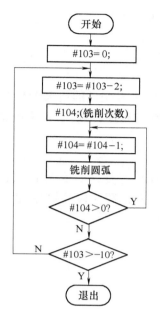

图 2-19 分层粗铣流程框图

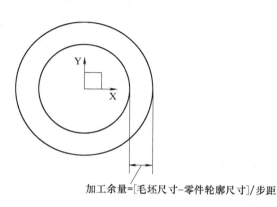

加工余量=[毛坯尺寸-零件轮廓尺寸]/步距

图 2-20 余量计算示意图

根据以上分析编制宏程序代码如下：

O2021；

G17 G21 G40 G49 G54 G80 G90；

T2 M06；

G0 X0 Y0；

G43 Z20 H02；

M03 S1200；

M08；

G01 X80 Y6 F300；

G0 Z0.5；

#103 =0；   （深度赋初始值）

N10 #103 = #103 - 2；   （每层铣削深度递减 2mm）

G01 Z[#103] F300；   （Z 轴进刀到铣削位置）

G41 G01 X70 Y6 D01；   （建立刀具半径补偿）

#104 = FIX[[75 - 50]/10]；   （计算铣削次数）

N20 #104 = #104 - 1；   （铣削次数循环一次,铣削次数就减少 1）

#105 =50 + #104 * 10；   （计算铣削半径值）

G01 X[#105 + 6]；   （ X 向每次进给到靠近铣削位置）

```
G03 X［#105］Y0 R6；        （采用圆弧过渡切入轮廓）
G02 I－［#105］；           （铣削圆弧）
G03 X［#105＋6］Y－6 R6；   （圆弧过渡退出零件）
G01 Y6；                    （Y轴进给）
IF［#104 GT 0］GOTO 20；    （条件判断语句，若#104号变量的值大于0，则
                            跳转到标号为20的程序段处执行，否则执
                            行下一程序段）
G0 Z20；                    （Z轴抬刀）
IF［#103 GT－10］GOTO 10； （条件判断语句，若#103号变量的值大于－10，
                            则跳转到标号为10的程序段处执行，否则
                            执行下一程序段）
G91 G28 Z0；
G91 G28 Y0；
M05；
M09；
M30；
```

O2021 程序编程要点提示：

（1）此程序是基于图2-11所示的数学模型，实现了分层铣削圆弧的粗加工，适用于毛坯的粗加工，该程序留有5mm的精铣余量。

（2）本程序通过将精加工轮廓的刀路轨迹进行等距偏移，来实现粗铣轮廓，每层平移的总量就是该层零件毛坯的尺寸减去零件轮廓的差值，在本实例中每层偏移的总量相等。如果每次偏移的总量不相等（如球体的粗加工、椭圆球体的加工等），则相对复杂得多，在此不再深究。

（3）补充说明FIX和FUP函数的用法和处理过程：无条件舍去小数部分，称为上取整函数；小数部分进位到整数部分为下取整函数（这和数学上四舍五入的规定是不完全相同的），在此要特别注意对负数的处理。例如：设变量#100＝1.2和#101＝－1.2；FIX［#100］＝1；FIX［#101］＝－1；FUP［#100］＝2；FUP［#101］＝－2；

2.2.4 本节小结

本节通过一个铣削圆的宏程序应用实例，着重介绍了宏程序编程中数学模型建立的重要性，以及将精加工轮廓进行偏置形成粗加工刀路的计算方法。

2.2.5 本节习题

（1）利用圆的标准方程表达式，改写本节中所有的宏程序代码，要求建立合理的数学模型和设计算法以及画出程序设计的流程框图。

（2）尝试用循环语句（WHILE）改写本节中所有的宏程序代码并进行比较，找出它们使用的不同点。

（3）编程题：编写如图 2-21 所示零件凸台的宏程序代码，材料为 45 钢。提示：凸台四个过渡圆角的编程，可采用多种方法解决（如 G03 、G02 指令，也可用 G01 进行拟合）。

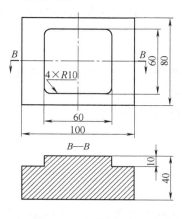

图 2-21　习题零件图

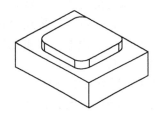

图 2-22　零件三维图

2.3　实例 2-3：铣削正多边形宏程序应用实例

正多边形是指多边形的边数大于 4 的 N 边形，其中 N 要能整除 360，且每条棱边的边长均相等，下面以正五边形为例来详细介绍此类零件的宏程序编程过程。

2.3.1　零件图以及加工内容

如图 2-23 所示加工零件，铣削正五边形凸台，毛坯形状为直径 100mm 的圆

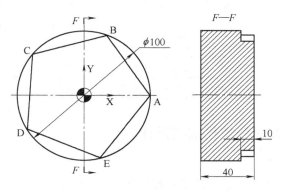

图 2-23　零件图

钢，高度40mm，材料45钢，编制铣削正五边形凸台的宏程序代码。

2.3.2 零件图的分析

该零件要求在毛坯上铣削出正五边形的凸台，深度为10mm，加工和编程之前需要考虑以下方面：

（1）本实例如果采用G代码手工编程，需要计算五边形五个顶点的坐标，计算量相对较大，而宏程序编程是较好的之一。

（2）机床的选择：FANUC系统数控铣床。

（3）装夹方式：该零件加工需要在机床工作台上安装一个自定心卡盘，采用自定心卡盘夹持毛坯的一端，另一端伸出卡盘约20mm左右。

（4）刀具的选择：采用直径为12mm的立铣刀（2号刀）。

（5）安装寻边器，找正毛坯的中心位置。

（6）量具的选择：

① 0~150mm的游标卡尺。

② 0~150mm的游标深度卡尺。

（7）编程原点的选择：X、Y向编程原点选择在圆的中心，Z向编程零点为毛坯上表面，存入G54零件坐标系。

（8）铣削方式为分层铣削，铣削模式为跟随轮廓形状，铣削步距为10mm。

（9）转速和进给量的确定：

① 粗铣的转速为650r/min，进给量为150mm/min。

② 精铣的转速为800r/min，进给量为100mm/min。

铣削正五边形的工序卡见表2-3。

表2-3 铣削正五边形的工序卡

工序	主要内容	设 备	刀 具	切 削 用 量		
				转速 / (r/min)	进给量 / (mm/min)	背吃刀量 /mm
1	铣削平面	数控铣床	φ100mm 面铣刀	650	100	2
2	粗铣轮廓	数控铣床	φ12mm 立铣刀	650	150	2
3	精铣轮廓	数控铣床	φ12mm 立铣刀	800	100	2

2.3.3 算法以及程序流程框图设计

1. 算法的设计

（1）为了简化编程，采用的进给路线为：A→B→C→D→E→A，规划的进给刀路轨迹如图2-24所示。

（2）变量设置：#100 号变量控制角度的变化；#101 号变量控制五边形上各点 X 坐标值；#102 号变量控五边形上各点 Y 坐标值；#104 号变量控制五边形的边数。

（3）建立如图 2-25 所示的数学模型，利用三角函数公式计算出#101 号变量、#102 号变量和#100 号变量之间的对应关系。

（4）#104 号变量控制五边形的边数，每铣削一条边后，判断五边形边数是否为零，如果为 0，则结束铣削循环，如果不为 0 则继续执行铣削循环，直到五边形边数为 0 为止。

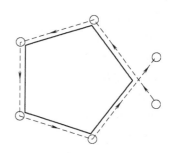

图 2-24　铣削五边形刀路轨迹图

（5）也可以用#100 号变量作为结束循环的判定条件，如果#100 > 360，则结束整个程序的循环；如果#100≤360，继续执行程序的循环，直到#100 > 360 为止。

（6）可以利用极坐标系 G16、G15 指令来简化编程。

2. 根据算法画出程序设计的流程框图

根据以上算法设计和分析，规划流程框图设计如图 2-26 所示。

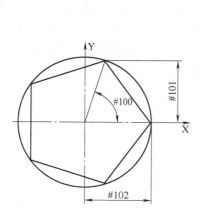

图 2-25　五边形数学模型示意图

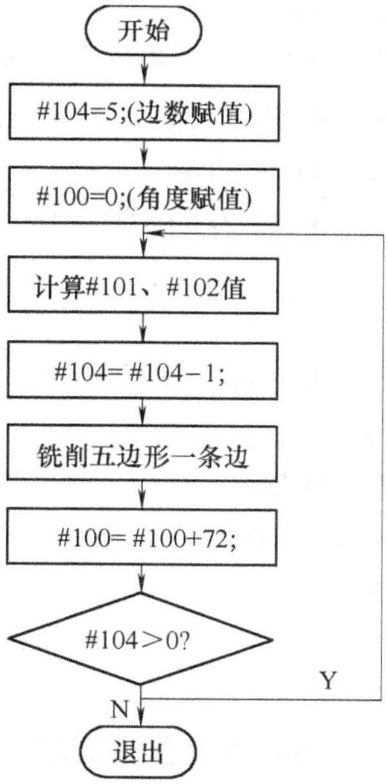

图 2-26　铣削五边形程序设计流程框图

3. 根据算法以及流程框图编写加工的精铣宏程序代码

O2022；

G17 G21 G40 G49 G54 G80 G90；

```
T2 M06;
G0 X0 Y0;
G43 Z20 H02;                          （Z 轴带上长度补偿快速移动到 Z20 位置）
M03 S650;
M08;
G0 X70 Y－5;
G0 Z0.5;
G01 Z－10 F100;                        （Z 轴到达铣削深度）
#104 = 5;                             （正五边形的边数）
#100 = 0;                             （角度赋初始值）
#105 = 6;                             （刀具半径）
G0 X55;                               （X 轴快速进刀）
N10 #101 = ［50 + ［#105］］*
    COS［#100］;                        （计算正五边形上各点 X 值）
#102 = ［50 + ［#105］］*
    SIN［#100］;                        （计算正五边形上各点 Y 值）
G01 X［#101］Y［#102］F100;              （铣削正五边形的一条边）
#104 = #104 － 1;
#100 = #100 + 72;
IF［#104 GE 0］GOTO 10;                （条件判断语句,若#104 号变量的值大于
                                       或等于 0,则跳转到标号为 10 的程序
                                       段处执行,否则执行下一程序段）
G40 X70 Y5;                           （取消刀具半径补偿）
G0 Z30;
G91 G28 Z0;
G91 G28 Y0;
M05;
M09;
M30;
```

O2022 程序编程要点提示:

(1) 关于正多边形的数学模型的问题:

正多边形是由一定数目的直线首尾相连组成的最普通的几何元素,其中每条边均相等,相邻两条边之间的夹角也相等。因此,编制正多边形宏程序时,可以利用它们内角以及补角相等这一原理,来建立模型并简化编程。

正多边形内角和计算公式: $S = (N-2) * 180$,其中 S 为多边形的内角和,

N 为正多边形的边数。

　　每个角的度数 A = S/N，A 的补角 B = 180 - A。在铣削正多边形内轮廓时，需要用 A 来建立变量之间的关系；在铣削正多边形外轮廓时，需要用 B 来建立变量之间的关系。如本实例中就是采用补角 B 来建立变量关系的。

　　（2）本实例中多边形的一个顶点与 X 轴重合不是巧合，这仅仅是为了方便叙述。若遇到不重合的情况，可以采用 G68、G69 等指令来简化编程。

　　（3）本实例中，应用#104 号变量来作为判断的条件，因为边和角的关系是对应的，也可应用#100 号变量角度来作为判断的条件。

　　语句#104 = 5 赋初始值 5 是正五边形的边数，通过铣削完毕一棱边后，#104 的值减 1，和条件语句 IF［#104 GE 0］GOTO 10 控制整个循环的过程。当五条棱边全部铣削完毕时，循环就结束。

　　（4）#101 和#102 变量的值是通过#100 变量值变化而来的，从而实现铣削不同的棱边。

　　（5）当边数 N 过多时，采用宏程序编程，可以大大简化程序。当 N 趋于无限大时，显然此时正多边形的轮廓就非常逼近圆的轮廓，可以参考 2.2 节铣削圆的宏程序应用实例。

　　采用角度作为判别条件控制循环过程的宏程序代码如下：

```
O2023 ;                      （程序号）
G17 G21 G40 G49 G54 G80 G90 ;
T2 M06 ;
G0 X0 Y0 ;
G43 Z20 H02 ;                （Z 轴带上长度补偿快速移动到 Z20 位置）
M03 S800 ;
M08 ;
G0 X70 ;
G0 Z0. 5 ;
G01 Z - 10 F150 ;            （Z 轴到达铣削深度）
#100 = 0 ;                   （角度赋初始值）
#105 = 6 ;                   （刀具半径）
G0 X55 ;
N10 #101 = ［50 + ［#105］］
   *COS［#100］;             （计算正五边形上各点 X 值）
#102 = ［50 + ［#105］］
   *SIN［#100］;             （计算正五边形上各点 Y 值）
G01 X［#101］Y［#102］F100 ; （铣削正五边形的一条边）
```

```
#100 = #100 + 72;
IF [#100 LE 360] GOTO 10;        (条件判断语句,若#100 号变量的值小于或
                                  等于360,则跳转到标号为 10 的程序段
                                  处执行,否则执行下一程序段)
G40 G0 X70 Y5;
G0 Z30;
G0 X0 Y0;
G91 G28 Z0;
G91 G28 Y0;
M05;
M09;
M30;
```

O2023 程序编程要点提示:

该程序和 O2022 编程思路和算法几乎一样,不同之处是采用不同的#100 角度变量来控制铣削的过程。

下面采用极坐标 G16 实现宏程序代码的编制,建立如图 2-27 所示的数学模型,具体的编程思路如下:

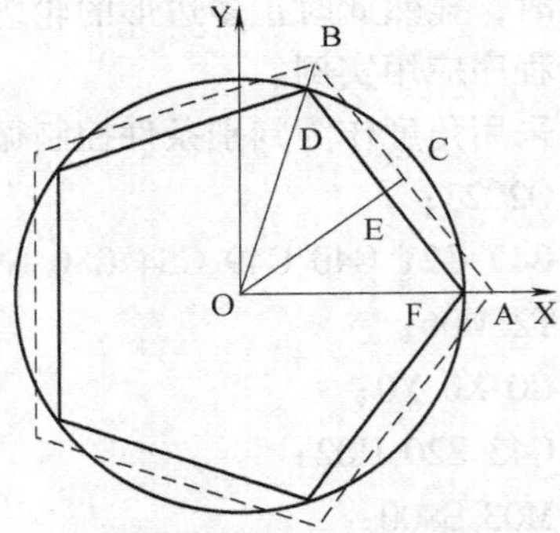

从 A 点出发,逆时针铣削正五边形的轮廓,如图 2-27 虚线所示正五边形的轮廓线。采用极坐标编程,关键要知道极半径大小和角度。其中角度很容易计算,下面介绍极半径 OA 的详细分析过程,如图 2-27 所示。

图 2-27 采用极坐标编程建立数学模型

在直角三角形 OEF 中,已知 OF = 50,

$\angle EOF = 360/10 = 36$,可以得出:$OE = OF * COS (\angle EOF)$,$OC = OE + EC$;在直角三角形 OCA 中可以得出 $OA = OC/ COS (\angle EOF)$,即为极半径值。

程序设计的流程框图可以参考图 2-26 所示程序设计流程,代码如下:

```
O2024;                           (程序号)
G17 G21 G40 G49 G54 G80 G90;
T2 M06;
G0 G90 G54 X0 Y0;
G43 Z20 H02;                     (Z 轴带上长度补偿快速移动到 Z20
                                  位置)
M03 S800;
```

56

M08；

G0 Z0.5；

G01 Z－10 F100；　　　　　　　　（Z 轴进给到铣削深度）

G16；　　　　　　　　　　　　　（极坐标编程方式生效）

#104＝0；　　　　　　　　　　　（角度变量赋初始值）

#105＝6；

#100＝360／10；　　　　　　　　（计算任意条边所对夹角的一半）

#101＝50 ＊ COS［#100］

　　＋#105；　　　　　　　　　（计算图 2-27 中 OC 的值）

#102＝#101／COS［#100］；　　　（计算图 2-27 中 OA 的值，极坐标的极半径的值）

N10 G01 X［#102］Y［#104］F100；（采用极坐标编程，直线进给到轮廓加工的起始点，A 点，逆时针铣削正五边形轮廓）

#104＝#104＋72；

IF［#104 LE 360］GOTO 10；　　　（条件判断语句，若#104 号变量的值小于或等于 360，则跳转到标号为 10 的程序段处执行，否则执行下一程序段）

G0 Z30；

G15；　　　　　　　　　　　　　（极坐标编程方式取消）

G91 G28 Z0；

G91 G28 Y0；

M05；

M09；

M30；

O2024 程序编程要点提示：

（1）极坐标从数学角度分析就是点的运动轨迹，在数学中的定义为：在平面内选择一个定点 O，一条射线 OM 称为极轴，再选一个定长度线段和一个沿正方向（通常取逆时针方向）角度 β，假设在这个平面内有任意一点 M 和点 O 的连线，随着角度 β 变化而产生的运动轨迹，就是有序数对（OM、β）点的集合，其中点 O 就是极点，OM 就是极半径，β 就是极角，如图 2-28 建立的坐标系就是极坐标系。

极坐标系较为方便地描述了点的运动轨迹变化，因此较多地应用到数控加工编程中，特别是圆周钻孔以及正多边形铣削中，应用得比较广泛。

（2）常见格式：

G16；　　　（极坐标系指令生效）

G15；　　　（取消极坐标系编程）

注意：G16 和 G15 必须成对使用。

在使用极坐标系时需要指定平面，当选择 G17、G18、G19 平面时，采用所选平面第一轴来指定极坐标的极半径，用所选平面的第二轴来指定极角，极坐标的零度方向为第一轴的正方向，逆时针方向为角度变化的正方向。

极坐标系编程时，通常以零件坐标系原点作为极坐标原点，在编程时一般采用绝对值编程（G90），如图 2-29 所示，也可以采用增量编程（G91）。

举一简单实例：

G17；　　　　　　　（选择 XY 平面作为加工平面）

G0 X50 Y0；　　　　（XY 轴快移到 X50、Y0 的位置）

G16；　　　　　　　（极坐标系生效）

G01 X30 Y30；　　　（X30 表示极半径，Y30 表示极角）

G01 X30 Y60；　　　（X30 表示极半径，Y60 表示极角）

G15；　　　　　　　（取消极坐标编程，恢复直角坐标系）

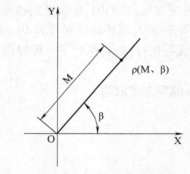

图 2-28　极坐标系示意图

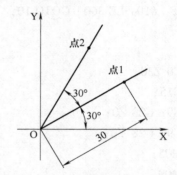

图 2-29　以零件原点为极坐标系的原点

分层铣削的宏程序代码如下：

O2025；

G17 G21 G40 G49 G54 G80 G90；

T2 M06；

G0 G90 G54 X0 Y0；

G43 Z20 H02；　　　　　　（Z 轴带上长度补偿快速移动到 Z20 位置）

M03 S2000；

M08；

G0 X70；

G0 Z0.5；

#106 = 0；　　　　　　　　　　　　（控制深度）

N50 #106 = #106 - 2；　　　　　　　（每次递减铣削深度2mm）

G01 Z［#106］F100；　　　　　　　（Z轴到达铣削的深度）

#104 = 5；　　　　　　　　　　　　（正五边形的边数）

#105 = 6；　　　　　　　　　　　　（刀具半径）

#100 = 0；　　　　　　　　　　　　（角度赋初始值）

G0 X56 Y0；

N10 #101 = ［50 + ［#105］］
　　＊COS［#100］；　　　　　　（计算正五边形上各点X值）

#102 = ［50 + ［#105］］
　　＊SIN［#100］；　　　　　　（计算正五边形上各点Y值）

G01 X［#101］Y［#102］F100；　（铣削正五边形的一条边）

#104 = #104 - 1；　　　　　　　　（#104号变量依次减去1）

#100 = #100 + 72；　　　　　　　（#100号变量依次增加72，（角度增加72°））

IF［#104 GE 0］GOTO 10；　　　（条件判断语句，若#104号变量的值大于或
　　　　　　　　　　　　　　　　等于0,则跳转到标号为10的程序段处
　　　　　　　　　　　　　　　　执行,否则执行下一程序段）

G40 G0 X70 Y5；　　　　　　　　（取消刀具半径补偿）

G0 Z30；

IF［#106 GE - 10］GOTO 50；　（条件判断语句，若#106号变量的值大于或
　　　　　　　　　　　　　　　　等于 - 10,则跳转到标号为50的程序段
　　　　　　　　　　　　　　　　处执行,否则执行下一程序段）

G91 G28 Z0；

G91 G28 Y0；

M05；

M09；

M30；

2.3.4　本节小结

本节通过正五边形轮廓的铣削宏程序编程应用实例，分别介绍了用多边形的边数、角度作为控制结束循环过程的条件，来进行铣削宏程序编制。

2.3.5　本节习题

（1）结合极坐标系并采用分层铣削，编写采用边数作为控制结束条件铣削正

五边形的宏程序代码。

（2）结合本节实例，试比较采用极坐标系编程与直角坐标系编程，宏程序代码有什么不同之处。

（3）编程题：编写如图 2-30 所示零件，铣削六边形凸台的宏程序代码，材料为 45 钢，图 2-31 所示为其三维模型示意图。要求：

① 分别采用角度和边作为控制结束条件，以及采用极坐标系进行编程。

② 采用分层铣削。

③ 合理建立数学模型，写出算法，画出程序设计流程框图。

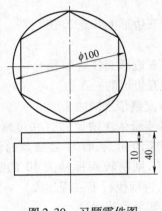

图 2-30　习题零件图

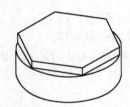

图 2-31　三维零件图

2.4　实例 2-4：铣削圆周槽的宏程序应用实例

2.4.1　零件图以及加工内容

加工零件如图 2-32 所示，要求铣削圆周均匀分布 6 个深度为 10mm、宽度为 10mm 圆周通槽，材料为铸钢，试编写其加工的宏程序代码。

2.4.2　零件图的分析

该零件的毛坯及其尺寸如图 2-33 所示，在上表面凸台上铣削 6 个均匀分布在圆周上的通槽，加工和编程之前需要考虑以下方面：

（1）该实例是铣削圆周槽，如果采用 G 代码手工编程，需要计算每个槽起始点坐标和终止点坐标，计算量相对较大，而采用宏程序编程是较好的方式之一。

（2）机床的选择：FANUC 系统数控铣床。

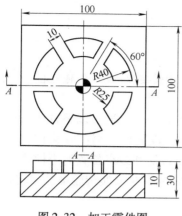

图 2-32　加工零件图

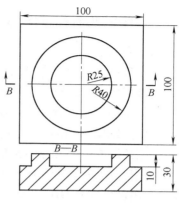

图 2-33　毛坯图

（3）装夹方式：本实例采用机用虎钳（机用虎钳需要用百分表找正）来夹持毛坯的一端，另一端伸出卡盘约 20mm 左右。

（4）刀具的选择：采用直径为 10mm 的立铣刀（2 号刀）。

（5）安装寻边器，找正零件中心。

（6）量具的选择：

① 采用 0～150mm 的游标卡尺。

② 采用 0～150mm 的游标深度卡尺。

（7）编程原点的选择：X、Y 向编程原点选择在圆的中心，Z 向零点为毛坯的上表面，存入 G54 零件坐标系。

（8）本零件采用分层铣削的方式，每层铣削深度为 2mm。

（9）转速和进给量的确定：

① 粗铣的转速为 650r/min，进给量为 150mm/min。

② 精铣的转速为 800r/min，进给量为 100mm/min。

铣削圆周槽的工序卡见表 2-4。

表 2-4　铣削圆周槽的工序卡

工序	主要内容	设 备	刀 具	切 削 用 量		
				转速 /（r/min）	进给量 /（mm/min）	背吃刀量 /mm
1	铣削平面	数控铣床	φ100mm 面铣刀	650	100	2
2	粗铣轮廓	数控铣床	φ10mm 立铣刀	650	150	2
3	精铣轮廓	数控铣床	φ10mm 立铣刀	800	100	2

2.4.3 算法以及流程框图的设计

1. 算法的设计

（1）该零件槽尺寸完全相同，可以将铣削槽轮廓编制成一个独立程序，然后通过调用该程序来实现整个零件的加工。

（2）关于槽起始位置和终点位置的坐标值计算，可以通过以下方法来实现：

1）构建如图2-34所示的三角函数数学模型，设置#100号变量来控制角度的变化，利用角度的变化和三角函数计算槽的起点位置和终点位置的坐标值。

2）利用 FANUC 数控系统中旋转指令 G68 以及 G69 来实现轮廓的旋转。

3）利用极坐标系 G16 以及 G15 来编程。

（3）设置#101号变量来控制槽的数量作为循环结束条件，即每铣完一个槽，#101号变量减1，当#101大于0时，跳转到铣槽子程序继续铣削下一个槽，直到#101号变量值为0，结束循环。

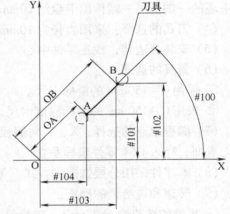

（4）也可以设置#101号变量初始值为0来控制铣削槽的深度，作为循环结束的条件，即Z向到达一定的深度（#101号变量的值），依次铣削6个槽的轮廓，#101减去每次的进刀量（2mm），当#101号变量到达 −10mm，跳转到铣削槽的子程序，直到#101号变量的值为 −10，结束循环。

（5）也可以采用子程序嵌套的方式来完成圆周槽的铣削加工。

根据图 2-34 建立的数学模型可知，任意一个槽起点位置的坐标如点

图 2-34 构建数学模型示意图

A 所示，终点位置如点 B 所示，根据三角函数关系可知：

#104 =（OA − 刀具半径）* COS（#100）以及 #101 =（OA − 刀具半径）* SIN（#100），得到点 A 的坐标值，也是槽起点的坐标值。

#103 =（OB + 刀具半径）* COS（#100）以及 #102 =（OB + 刀具半径）* SIN（#100），得到点 B 的坐标值，也是槽终点的坐标值。

2. 程序流程框图设计

根据以上零件图以及算法的分析，加工的流程框图有以下两种方式：按照区域优化加工原则，依次一个一个铣削圆周槽，如图2-35所示；按照层优先原则，一层一层分层铣削圆周槽，如图2-36所示。

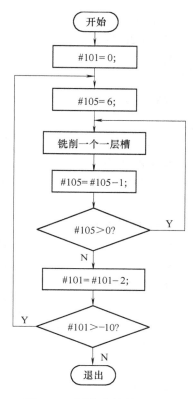

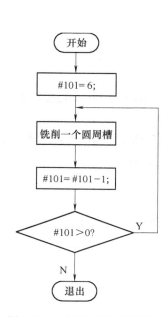

图 2-35　区域优先铣削圆周槽
　　　　　流程框图

图 2-36　层优先铣削圆周槽
　　　　　流程框图

3. 根据算法以及流程框图编写加工的宏程序代码

程序 1：采用区域优先加工原则，调用子程序嵌套的方法编写加工代码

O2026；

G17 G21 G40 G49 G54 G80 G90；

T2 M06；

G0 X0 Y0；

G43 Z20 H02；

M03 S800；

M08；

G0 Z0.5；

G01 Z0 F100；

#100 = 0　　　　　　　（设#100 号变量值为 0）

M98 P62027；　　　　　（调用程序号为 O2027，调用的次数为 6）

G91 G28 Z0;

G91 G28 Y0;

M05;

M09;

M30;

……

O2027;　　　　　　　　　（一级子程序名）

G01 Z0 F300;

G68 X0 Y0 R#100;　　　　（坐标系旋转,旋转中心为 X0、Y0,旋转角度为#
　　　　　　　　　　　　　100 号变量）

M98 P52028;　　　　　　　（调用子程序号为 O2028,调用的次数为 5 次）

G90;　　　　　　　　　　　（转换为绝对值方式编程）

G69;　　　　　　　　　　　（坐标系旋转取消）

#100 = #100 + 60;

M99;　　　　　　　　　　　（调用子程序结束,并返回主程序）

……

O2028;　　　　　　　　　　（二级子程序名）

G91;

G0 Z - 2;

M98 P2029;　　　　　　　　（调用子程序,子程序号为 O2029,调用次数为 1）

G90;

M99;　　　　　　　　　　　（调用子程序结束并返回一级子程序）

……

O2029;　　　　　　　　　　（三级子程序名）

G90;

G01 X18 F500;　　　　　　（X 轴移动到 X18 位置）

G01 X47 F100;　　　　　　（铣削槽）

G91 G0 Z20;　　　　　　　（Z 轴抬刀）

G90 G0 X18;　　　　　　　（X 轴进给）

G91 G0 Z - 20;　　　　　　（Z 轴进刀）

G90;

M99;　　　　　　　　　　　（调用子程序结束并返回二级子程序）

……

实例 2-4 程序 1 编程要点提示：

（1）本程序是采用子程序嵌套的方式来实现圆周槽的铣削，关于子程序的叙述可以参考 2.1 节程序 O2002 的编程要点提示。

（2）在含有多重子程序嵌套编程时，要注意子程序嵌套调用的顺序。在本实例中，主程序 O2026 调用一级子程序 O2027，一级子程序 O2027 调用二级子程序 O2028，二级子程序 O2028 调用三级子程序 O2029，调用的顺序不可颠倒。

（3）利用坐标系旋转 G68 以及 G69 指令可以简化编程，在 G17 平面内的格式为：

G68 X ＿ Y＿ R＿ ；

程序段；

G69；

G68 指令为旋转坐标系生效，G69 指令为取消旋转坐标系，恢复直角坐标系。和极坐标系 G16、G15 一样，G68 和 G69 必须成对使用，在程序中用 G68 指定旋转坐标系后，必须用 G69 取消旋转坐标系，否则会执行不正确的移动。

X＿ Y＿ ：坐标系旋转中心的绝对值坐标；R＿ ：旋转角度，该角度一般取 0°～360°之间的正值。旋转角度零度方向为第一坐标轴的正方向，逆时针方向为角度变化的正方向，顺时针方向为角度变化的负方向。

例如：G68 X0 Y0 R10，表示坐标系以（0，0）作为旋转的中心，逆时针旋转 10°。

旋转坐标系适用于：在不同位置有重复出现的形状或结构时，可利用旋转坐标系指令旋转某一坐标系，通过指定的角度建立一个新的坐标系，以达到简化编程的目的。

采用坐标系旋转指令时，要注意确定旋转的中心和旋转的角度。在多重旋转时，要注意先取消前面的旋转，否则旋转中心的坐标值以及旋转角度会相互叠加，将会产生意想不到的轨迹运动。

使用旋转坐标系而必须使用刀具半径补偿时，刀具半径补偿一般在坐标系旋转后（G68 生效时）建立，在 G69 生效前取消。

坐标系旋转取消指令（G69）以后的第一个移动指令必须采用（G90）绝对值编程，如果采用（G91）增量编程，将不执行正确的移动。

（4）在调用完三级子程序后，Z 轴位置为 –10mm，在进行第二次以及以后调用一级子程序时，需要将 Z 轴抬刀到 Z0 的位置，如二级子程序 O2026 中的 G0 Z0 为必不可少的。

（5）本实例中，调用子程序中，G90 和 G91 要及时转换使用。

（6）本实例采用是刀心编程，因此在计算坐标时，需要考虑刀具的半径值，也可以设置一个变量如#105 号变量，来控制刀具的半径值。

程序2：利用三角函数来计算每个槽的起始坐标和终点坐标，按层优先铣削圆周槽

```
O2030；
G15 G17 G21 G40 G49 G54 G80 G90；
T2 M06；
G0 G54 G90 X0 Y0；
G43 Z20 H02；
M03 S800；
M08；
#110=0；                     （Z轴起始位置,控制深度变化）
N10 G0 Z0.5；
#110=#110-2；                （#110号变量每次循环后减去2mm）
#100=0；                     （设置#100号变量,控制角度的变化并赋初始
                              值0）
N20 G0 Z[#110]；             （Z轴进刀到铣削的位置）
#105=25；                    （内圆的半径赋值为25mm）
#106=40；                    （外圆的半径赋值为40mm）
#107=6；                     （刀具的半径赋值为6mm）
#104=[#105-#107]
   *COS[#100]；              （铣削槽起始位置的X值）
#101=[#105-#107]
   *SIN[#100]；              （铣削槽起始位置的Z值）
#103=[#106+#107]
   *COS[#100]；              （铣削槽终点位置的X值）
#102=[#106+#107]
   *SIN[#100]；              （铣削槽终点位置的Z值）
G01 X[#104] Y[#101] F100；   （进给到槽的起始位置）
G01 X[#103] Y[#102]；        （铣削槽）
G0 Z20；                     （Z轴抬刀到Z20位置）
G90 G0 X0 Y0；               （X、Y快速移动到X0、Y0位置）
#100=#100+60；               （角度每次增加60°）
IF [#100 LT 360] GOTO 20；   （条件判断语句,若#100号变量的值小于360则
                              跳转到标号为20的程序段处执行,否则执
                              行下一程序段）
```

IF［#110 GT – 10］GOTO 10；（条件判断语句，若#110 号变量的值大于 – 10 则跳转到标号为 10 的程序段处执行，否则执行下一程序段）

G91 G28 Z0；

G91 G28 Y0；

M05；

M09；

M30；

实例 2-4 程序 2 编程要点提示：

（1）本程序是根据图 2-34 构建数学模型和利用三角函数公式，计算每个槽的起始位置和终点位置的坐标值来铣削圆周槽的。

（2）#100 号变量是控制角度的变换，并赋初始值为 0，通过数学表达式和语句#104 =［#105 – #107］*COS［#100］和#101 =［#105 – #107］*SIN［#100］，计算第一个槽（X 和 Y 轴正方向）起始位置的坐标值，然后通过#100 = #100 + 60 角度的递增变化，分别计算出其余各个圆周槽的起始位置坐标值。

（3）语句#103 =［#106 + #107］*COS［#100］和#102 =［#106 + #107］*SIN［#100］的含义和作用参考（2）。

（4）#110 号变量控制铣削槽深度的变化，通过#110 = #110 – 2 实现槽的分层铣削。本程序采用一层一层的方式铣削圆周槽，具体步骤：

1）第一次铣削深度为 2mm，即第一个槽铣削 2mm 后，Z 轴抬刀至安全高度，X、Y、Z 轴再移到第二槽的加工起始位置，准备进行下一个槽的铣削加工。

2）等 6 个槽全部铣削 2mm 后，Z 轴再进刀一定的深度，进行第二次深度的铣削。

3）如此循环，直到铣削的深度为 10mm，并且 6 个槽全部铣削完毕后结束程序循环。

（5）IF［#100 LT 360］GOTO 20 和#100 = #100 + 60 判断铣削槽的个数是否完毕，作为结束每层铣削槽个数的循环条件，控制铣削槽的个数也可以设置一个变量来控制，具体应用见下面程序号 O2031 宏程序代码。

（6）本程序是基于层优先的加工原则，通过分层一圈一圈铣削圆周槽的，相应的抬刀和进刀的次数会明显增多，空切较多。

（7）本程序采用刀心编程，因此在计算槽的起始位置和终点位置坐标值，需要考虑刀具的半径值。计算槽终点位置坐标，如程序语句#104 =［#105 – #107］*COS［#100］中，采用内圆半径#105 号变量值减去刀具半径#107 号变量值（由于是计算槽的起始位置，而进刀方向选择在 X0、Y0 处）；计算槽的终点位置坐标，如程序语句#103 =［#106 + #107］*COS［#100］中，采用外圆半径#106 号变量的值加上刀具半径#107 号变量的值。

程序 3：利用三角函数来计算每个槽的起始坐标和终点坐标，按区域优先铣削圆周槽

```
O2031；
G15 G17 G21 G40 G49 G54 G80 G90；
T2 M06；
G0 G90 G54 X0 Y0；
G43 Z20 H02；          （Z轴带上长度补偿快速移动到Z20位置）
M03 S800；
M08；
G0 Z0.5；
#112 = 6；             （槽的个数赋初始值为6）
#100 = 0；             （设置#100号变量，控制角度的变化并赋初
                        始值0）
N20 #111 = 0；         （Z轴起始位置，控制深度变化）
N10 G0 Z0.5；
#111 = #111 - 2；      （#101号变量每次循环后减去2mm）
#105 = 25；            （内圆的半径赋值为25mm）
#106 = 40；            （外圆的半径赋值为40mm）
#107 = 5；             （刀具的半径赋值为5mm）
#104 = [#105 - #107]
    *COS[#100]；       （铣削槽起始位置的X值）
#101 = [#105 - #107]
    *SIN[#100]；       （铣削槽起始位置的Z值）
#103 = [#106 + #107]
    *COS[#100]；       （铣削槽终点位置的X值）
#102 = [#106 + #107]
    *SIN[#100]；       （铣削槽终点位置的Z值）
G0 Z[#111]；          （Z轴进刀到铣削的位置）
G01 X[#104] Y[#101] F100；  （进给到槽的起始位置）
G01 X[#103] Y[#102] F100；  （铣削槽）
G0 Z20；             （Z轴抬刀到Z20位置）
G0 X0 Y0；           （X、Y快速移动到X0、Y0位置）
IF [#111 GT -10] GOTO 10；  （条件判断语句，若#111号变量的值大于
                             -10，则跳转到标号为10的程序段处执
```

行,否则执行下一程序段)

#100 = #100 + 60；　　　　　　（角度每次增加60°）

#112 = #112 − 1；　　　　　　　（槽个数每次递减1）

IF［#112 GT 0］GOTO 20；　　　（条件判断语句,若#112号变量的值大于0,
　　　　　　　　　　　　　　　　则跳转到标号为 20 的程序段处执行,否
　　　　　　　　　　　　　　　　则执行下一程序段)

G91 G28 Z0；

G91 G28 Y0；

M05；

M09；

M30；

实例 2- 4 程序 3 编程要点提示:

（1）本程序和 O2027 的区别有两点:

1）铣削的方法不一样。

O2030 是采取一圈一圈的方式铣削圆周槽的。

O2031 则是采取一个一个的方式铣削圆周槽的,先将第一个槽（X 轴正方向）铣削至 −10mm 处,然后通过角度的变化,定位至第二个槽的位置,进而加工第二个槽,如此循环。

2）结束循环的判断语句（条件）不一样。

O2030 采用#100 号变量（角度）的变化。每铣削好一个槽,累加一次角度（#100 = #100 + 60）。当角度大于等于 360°（圆的一周角度变化的范围:0° ~ 360°）就结束循环。

O2031 采用#102 号变量（槽的个数）变换。每铣削好一个槽,槽的数量递减一次（槽的个数初始值为6）,即#112 = #112 − 1,当#112 号变量的值为 0（槽全部加工完毕）就结束循环。

（2）本程序其他的编程要点,如槽的起始位置、终点位置坐标值的计算,刀具半径等问题,可以参考 O2030 程序中的编程要点提示,为了节省篇幅,在此不再赘述。

2.4.4　本节小结

本节主要讲解一个铣削圆周槽的宏程序的应用实例,通过基于层优先加工原则一圈一圈铣削圆周槽,以及基于区域优先加工原则一个一个铣削圆周槽的编程思路,介绍了数控铣旋转坐标系的应用,以及不采用刀具半径补偿（刀心编程）的知识要点。极坐标系、旋转坐标系、镜像以及缩放编程是数控铣手工编程中的高级应用,结合宏编程能简化编程。这些指令的用法有一定的难度,需要通过大量的实例来掌握此类指令的编程技巧。

在数控铣加工型面中，圆周上进行均匀分布的轮廓以及孔加工的工件比较常见，在箱体类工件中尤为常见，因此掌握这类工件的宏程序编程是学习宏程序的基本功之一。

本实例的编程思路，不仅仅适用于圆周槽的加工，对圆周孔的加工同样有非常重要的参考价值。

2.4.5　本节习题

（1）结合本实例思考采用子程序嵌套编程和采用宏程序编程在简化编程中的不同点和相同点。

（2）采用极坐标系编写本实例的宏程序代码。

（3）编程题。根据如图 2-37 所示的零件，材料为铸铁，编程凸台加工的程序代码，图 2-38 所示为三维零件图。要求：

① 分别采用子程序嵌套编程和宏程序编程。

② 合理设置转速、背吃刀量、进给量、变量，设计程序算法、画出流程框图。

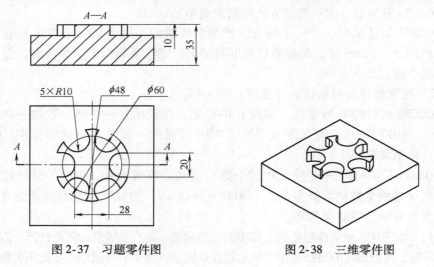

图 2-37　习题零件图　　　　　　　　图 2-38　三维零件图

2.5　实例 2-5：铣削四棱台的宏程序应用实例

2.5.1　零件图以及加工内容

加工如图 2-39 所示的零件，要求将长方体铣削成 15°斜角、高 50mm 的四棱台，图 2-40 为三维模型图，毛坯尺寸为 100mm × 80mm × 50mm，材料为 45 钢，试编写数控铣加工的宏程序代码。

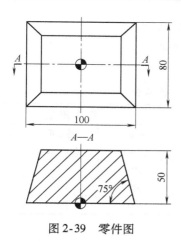

图 2-39　零件图

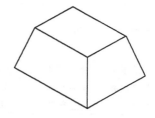

图 2-40　三维模型图

2.5.2　零件图的分析

图 2-39 所示四棱台即为斜面的加工，加工和编程之前需要考虑以下方面：

（1）该实例要求将长方体铣削为四棱台，从图样中分析，如果采用 G 代码手工编程，需要计算每一层铣削时 Z 对应的 X 和 Y 坐标值，计算量相对较大。因此，采用宏程序编程是解决斜面加工比较好的方式。

（2）机床的选择：FANUC 系统数控铣床。

（3）装夹方式：采用机用虎钳（机用虎钳需要用百分表找正）夹持毛坯的一端，另一端伸出机用虎钳大约 65mm 左右。

（4）刀具的选择：

① 采用直径为 10mm 立铣刀（2 号刀）。

② 刀具露出夹持器的长度至少 55mm。

（5）安装寻边器，找正工件中心位置。

（6）量具的选择：

① 采用 0～150mm 的游标卡尺。

② 采用 0～150mm 的游标深度卡尺。

③ 角度 15°样块规（用来检验斜面）。

（7）编程原点的选择：X、Y 向编程零点选择在零件中心，Z 向编程零点选择在毛坯底面中心点，存入 G54 工件坐标系。

（8）由于铣削的深度为 50mm，材质为 45 钢，故采用分层铣削的方式。采用的铣削模式为跟随工件周边；每层铣削深度为 0.1mm（粗加工步距可以适当大些，精加工步距可以适当小些）。

（9）转速和进给量的确定：

①粗铣的转速为600r/min，进给量为150mm/min。

②精铣的转速为800r/min，进给量为100mm/min。

铣削四棱台形的工序卡见表2-5。

表2-5 铣削四棱台形的工序卡

工序	主要内容	设 备	刀 具	切削用量		
				转速 /（r/min）	进给量 /（mm/min）	背吃刀量 /mm
1	铣削平面	数控铣床	φ100mm 面铣刀	650	100	2
2	粗铣轮廓	数控铣床	φ10mm 立铣刀	600	150	0.1
3	精铣轮廓	数控铣床	φ10mm 立铣刀	800	100	0.1

2.5.3　算法以及程序流程框图的设计

1. 算法的设计

（1）由于斜面倾斜角度为15°，因此，Z 轴运动的变化和 X、Y 轴的运动变化成15°正切比例关系。

（2）设置#100 号变量控制 Z 向深度的变化，根据加工精度要求，确定 Z 方向的切削层数，通过建立如图 2-41 所示的数学模型，利用正切三角函数关系得到 X、Y 轴方向的变化规律。

（3）Z 向确定切削层数后，Z 到达一定深度，铣削一层的矩形轮廓，然后深度增加一个步距值，再进行下一层轮廓的铣削，如此循环，直到完成四棱台的加工。

（4）本实例采用自下而上的加工模式。如果采用自上而下的加工模式，需要考虑每铣削一层时铣削余量，如果加工余量大于刀具直径的75%～80%（经验值，为了避免全刀刃切削，提高刀具的寿命，在本实例中采用刀具直径的80%），需要采用多重刀路的加工，逻辑关系和编程难度比自下而上的加工模式要相对复杂得多。

（5）根据以上的算法和分析，规划的铣削刀路轨迹如图 2-42 所示。

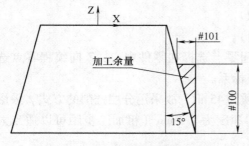

图 2-41　斜面的数学模型示意图

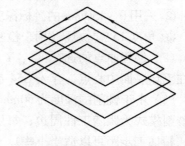

图 2-42　程序设计的刀路轨迹示意图

2. 程序流程框图的设计

根据以上算法以及自下而上刀路设计方法，设计的程序流程框图如图 2-43 所示，而自上而下设计的流程框图如图 2-44 所示。

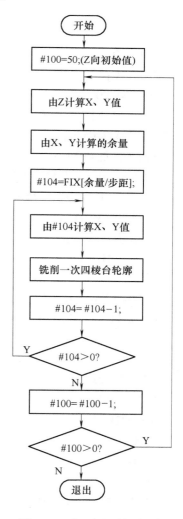

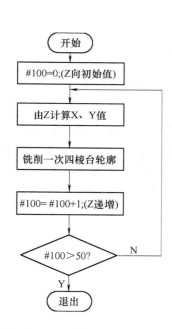

图 2-43　自下而上铣削程序
　　　　　流程框图

图 2-44　自上而下铣削程序
　　　　　流程框图

3. 根据算法以及流程框图编写加工的宏程序代码

程序 1：自下而上铣削四棱台的宏程序代码

O2032；

G15 G17 G21 G40 G49 G54 G80 G90；

```
T2 M06;
G0 X0 Y0;
G43 Z100 H02;
M03 S600;
M08;
#101 = 0;                          (先预置为0)
#100 = 0;                          (Z向赋初始值,控制Z向变化的变量)
G0 X60 Y0;                         (X、Y快速移动到X60、Y0处)
G42 G01 X[50 − #101]
   Y0 D02 F500;                    (建立刀具半径右补偿)
N10 G0 Z[#100];                    (Z向进刀到铣削位置)
#101 = #100 ∗ TAN[15];             (计算去除毛坯余量值)
G01 Y[40 − #101] F150;             (铣削轮廓)
X − [50 − #101];                   (铣削轮廓)
Y − [40 − #101];                   (铣削轮廓)
X[50 − #101];                      (铣削轮廓)
Y10;                               (铣削轮廓,再铣削10mm)
#100 = #100 + 0.1;                 (深度方向增加0.1mm)
IF [#100 LE 50] GOTO 10;           (条件判断语句,若#100号变量的值小于或等
                                     于50,则跳转到标号为10的程序段处执
                                     行,否则执行下一程序段)
G40 G0 X60 Y0;                     (取消刀具半径补偿)
G91 G28 Z0;
G91 G28 Y0;
M05;
M09;
M30;
```

实例2-5 程序1编程要点提示:

(1)在本实例中,由于编程原点设置在工件的中心,Z向零点设置在工件底面的中心,因此在Z轴快速进刀时要注意工件的高度(如程序中G43 Z100 H02语句)。

(2)在切入工件时建立刀具半径补偿,在离开工件时取消刀具半径补偿,会造成一定的空切,解决这种空切现象可采用刀心编程。铣削轮廓的程序代码如下:

```
G01 Y[40 − #101] + 5 F150;
```

X－[50－#101]－5；

Y－[40－#101]－5；

X[50－#101]＋5；

Y10；

注意比较其和程序 O2029 轮廓铣削中的不同。

（3）采用#100 号变量并赋初始值为 0 控制深度的变化，通过#100＝#100＋0.1 实现分层铣削四棱台。Z 向层数的确定（步距的大小）对工件表面精度有重要的影响，一般在粗加工中采用较大的步距，在精加工中采用相对小的步距以保证效率和质量的统一。

（4）本实例思路适用于任意斜率的斜面加工，在实际加工中也有重要的应用地位，加工的成本比成形刀具要低，且斜面的精度由机床本身精度保证，也容易调整工件尺寸。

（5）由于采用的是自下而上的加工模式，切削量不断增大，因此进给量要人为地减少。

程序 2：采用自上而下加工四棱台的宏程序代码

```
O2033；
G15 G17 G21 G40 G49 G54 G80 G90；
T2 M06；
G0 X0 Y0；
G43 Z100 H02；
M03 S600；
M08；
#100＝50；              （Z 向赋初始值 50,控制 Z 向变化的变量）
G0 X80 Y0；
G42 G0 X55 D02；        （建立刀具半径补偿）
N10 G0 Z[#100]；        （Z 向进刀到铣削位置）
#101＝#100 ＊ TAN[15]；  （计算去除毛坯余量值）
#104＝FUP[#101 ／ 5]；   （计算每层铣削的 X 向铣削次数,5 为每圈
                          铣削时的步距）
#105＝FUP[#101 ／ 5]；   （计算每层铣削的 Y 向铣削次数,5 为每圈
                          铣削时的步距）
N20 G01 Y[40－#101
 ＋#105 ＊ 5]F150；     （铣削轮廓）
X－[50－#101＋#104 ＊ 5]；  （铣削轮廓）
Y－[40－#101＋#105 ＊ 5]；   （铣削轮廓）
```

75

X[50 − #101 + #104 * 5]；　　　（铣削轮廓）

Y10；　　　（铣削轮廓,再铣削 10mm）

#104 = #104 − 1；　　　（#104 号变量自减,每铣削完一圈,次数减少 1）

#105 = #105 − 1；　　　（#105 号变量自减,每铣削完一圈,次数减少 1）

IF [#104 GT 0] GOTO 20；　　　（条件判断语句,若#104 号变量的值大于 0 则跳转到标号为 10 的程序段处执行,否则执行下一程序段）

#100 = #100 − 0.1；

IF [#100 GE 0] GOTO 10；　　　（条件判断语句,若#100 号变量值大于或等于 0,则跳转到标号为 10 的程序段处执行,否则执行下一程序段）

G91 G28 Z0；

G91 G28 Y0；

M05；

M09；

M30；

实例 2-5 程序 2 编程要点提示：

（1）本程序是在 O2032 的基础上,增加控制铣削每层时 X、Y 向的余量,实现自上而下铣削四棱台的宏程序编程,从逻辑关系以及编写的代码可知,自上而下铣削要比自下而上铣削复杂得多。

（2）本实例采用了 FUP 指令：#104 = FUP[#102 / 5]、#105 = FUP[#101 / 5],使用 FUP 函数计算每层的切削余量,如果去除的余量大于铣削步距,计算出 X、Y 向重复走刀的次数。由于该实例四面的斜率是相等的,所以 X、Y 向每层去除的毛坯余量是相等的,每层铣削时重复走刀的次数也是相等的；相反,如果四面的斜率不相等,则每层铣削时重复走刀的次数不相等,四个面需要独立计算每层铣削时重复走刀的次数,比较复杂。在此对四面斜率不相等的情况不予深入探讨。

关于 FUP 函数的几点说明：

1）FUP 下取整函数：

格式：#I = FUP [#J]；功能：小数部分进位到整数,举例：

#100 = 1.05；#103 = FUP[#100]；　　　则#103 = 2。

#101 = −1.05；#104 = FUP[#101]；　　　则#104 = −2。

2）注意和 FIX 函数的区别。

（3）#104 = #104 − 1、#105 = #105 − 1 、IF［#104 GT 0］GOTO 20、IF［#105 GT 0］GOTO 20 这四个语句构成了控制每层铣削重复走刀次数的循环。由于每个面去除余量是相同的，IF［#104 GT 0］GOTO 20、IF［#105 GT 0］GOTO 20这两个条件判断语句可以任意保留一个，作用是完全相同的，但如果每个面去除余量不相同，这两个条件判断语句就缺一不可了。

（4）通过实例，可以了解计算去除余量的方法，以及如果去除余量大于刀具直径时重复走刀次数的计算方法，这些方法完全可以应用在圆球、椭圆球的粗铣加工中。

（5）由于采用的是自上而下的加工模式，切削量不断减少，进给量可以人为地增大。

（6）本程序其他的编程要点可以参考 O2031 程序中的编程要点提示。

2.5.4　本节小结

本节通过讲解铣削四棱台的实例，介绍简单斜面在数控铣削中不使用成形刀具时宏程序编程方法及其注意要点，着重讲解在粗加工中计算余量以及去除余量大于刀具直径时计算重复走刀次数的方法，该思路也适用于任意斜率斜面的加工，为以后的圆球面、椭圆球面加工编程打下基础。

2.5.5　本节习题

根据如图 2-45 所示的零件，毛坯为长方体，材料为铸铁，编程加工成四棱台的程序代码。要求：

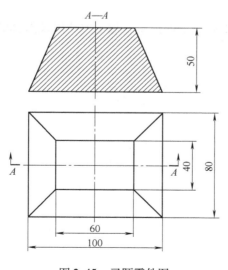

图 2-45　习题零件图

① 分别采用子程序嵌套编程和宏程序编程。

② 合理设置转速、背吃刀量、进给量、变量，设计程序算法，画出流程框图。提示：注意本习题和实例 2-5 的区别。

2.6　本章小结

本章通过编制铣削矩形、圆、正多边形、圆周槽和四棱台等几个应用实例，结合铣加工工艺，介绍宏程序在数控铣轮廓加工中的编程思路、方法，同时着重介绍了和宏程序编程密切相关的刀具半径补偿、子程序、子程序嵌套、轮廓加工中进/退刀方式的选择、极坐标系以及旋转坐标系等一系列问题。

本章中所举的实例相对简单，逻辑关系、变量的设置以及控制流向的语句也并不复杂，但体现了宏程序编程一般的思路和方法。通过简单的实例学习，可以很快掌握宏程序编程的要点，为以后非圆曲面、复杂的型面和型腔的加工打下基础。

2.7　本章习题

（1）熟练掌握本章各节实例中的编程思路和方法。

（2）尝试用循环语句（WHILE）改写本章中所有的宏程序代码。

（3）复习数控铣 FANUC 0i – MB 系统常用的编程指令 G 指令、M 指令、循环指令以及一些高级编程指令（G52、G16、G68、G50.1、G51……）代码的意义及用法。

（4）复习铣削加工有关工件定位、加工方法以及刀具的选择等相关的问题。

第3章

数控铣宏程序编程的型腔加工

本章内容提要

　　本章将在第 2 章轮廓加工编程的基础上，通过铣键槽、矩形型腔、内孔、圆周凹槽等具体实例，介绍宏程序编程在型腔加工中的编程思路和技巧。这些实例的逻辑并不复杂，变量设置也并不多，但轮廓和型腔是铣削加工最基本的加工任务，读者在学习中要把本章内容和第 2 章进行对照学习，注意和第 2 章内容的区别与联系，本书在叙述时也采用实例对比的方式，来引导读者逐步提高宏程序编程技能。

3.1 实例 3-1：铣削键槽的宏程序应用实例

3.1.1 零件图以及加工内容

　　图 3-1 所示为加工零件二维图，图 3-2 所示为零件三维图。要求在长方体的上表面向下铣削一个键槽，材料为铸铁，试编写铣削键槽加工的宏程序代码。

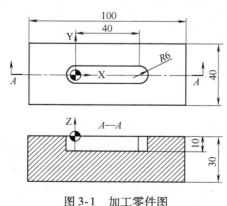

图 3-1　加工零件图

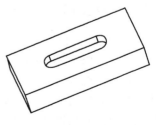

图 3-2　三维零件图

3.1.2 零件图的分析

该实例要求在毛坯为 100mm×40mm×30mm 的长方体上铣削 52mm×12mm×10mm 的键槽，铣削深度为 10mm，加工和编程之前需要考虑以下方面：

（1）机床的选择：选择 FANUC 系统数控铣床。

（2）装夹方式：在数控铣床的工作台平面上安装机用虎钳，采用机用虎钳装夹工件，毛坯伸出钳口高度 10mm 左右，用百分表校正毛坯。

（3）刀具的选择：采用 φ12mm 键槽铣刀（定义为 2 号刀）。

（4）安装寻边器，找正工件中心。

（5）量具的选择：

① 0～150mm 游标卡尺。

② 0～150mm 游标深度卡尺。

（6）编程原点的选择方法有：X、Y 向编程原点选择长方体上表面的中心，Z 向选择工件上表面；X、Y 向编程原点定于 R6 圆弧的圆心位置。本实例为了简化编程，X、Y 向编程原点选择在左边的圆心位置。

（7）由于铣削深度为 10mm，材质为铸铁，采用分层铣削的方式。

（8）转速和进给量的确定：

① 粗铣的转速为 850r/min，进给量为 200mm/min。

② 精铣的转速为 1000r/min，进给量为 100mm/min。

（9）根据以上零件图的分析，制定表 3-1 所示铣削键槽的工序卡。

表 3-1　铣削键槽的工序卡

工序	主要内容	设 备	刀 具	切 削 用 量		
				转速 /（r/min）	进给量 /（mm/min）	背吃刀量 /mm
1	粗铣轮廓	数控铣床	φ12mm 键槽铣刀	850	200	2
2	精铣轮廓	数控铣床	φ8mm 键槽铣刀	1000	100	2

3.1.3 算法以及程序流程框图的设计

1. 算法的设计

（1）由以上零件图、刀具以及毛坯等因素，综合考虑如下：

采用的铣削方式为：从左边圆弧的圆心处进刀，采用直线（G01）进给运动到右边圆弧的圆心，这样就铣削出一层键槽型腔，然后可以 Z 向抬刀，X、Y 轴快速移动到左边圆弧的圆心处，再 Z 轴进刀至下一层的铣削深度进行下一层键槽型腔的铣削，如此循环，直到铣削键槽的深度达到 10mm。

从上述分析可知，每铣削一层键槽的型腔，Z 轴、X 轴、Y 轴都有移刀的运动，这样形成的刀路轨迹中，有较多的空切运动（空刀）。因此该路径规划和算法并不是最优的，该思路需要进一步改善。

（2）根据上述的分析，对算法做进一步的改善。

采用的铣削模式为：在左边圆弧的圆心处进刀，然后采用直线（G01）进给运动到右边圆弧的圆心；在右边圆弧的圆心处进刀至下一层的铣削深度，然后采用直线（G01）进给运动到左边圆弧的圆心，这样也构成一个循环过程。

然后 Z 轴抬刀，X、Y 轴快速移动到左边圆弧的圆心处，Z 轴进刀至下一个循环的铣削深度进行下一个型腔深度的铣削，如此循环，直到键槽的铣削深度达到 10mm，该算法空刀会比（1）所述的减少了近一半，提高了效率。

（3）从（2）点分析可知，每铣削一个循环的键槽型腔深度，Z 轴、X 轴、Y 轴都有移刀的运动，这样形成的刀路轨迹中也存在空切运动（空刀），不满足铣削加工效率最大化的要求。因此最理想的算法如下面第（4）点所述。

（4）采用的铣削模式为：在左边圆弧的圆心处进刀，然后采用直线（G01）进给运动到右面圆弧的圆心，在右边圆弧圆心处进刀一层铣削深度，然后采用直线（G01）进给运动到左边圆弧的圆心，这样构成了一次循环；在左边圆弧的圆心处再次进刀下一层铣削深度，如此循环，直到铣削的深度达到 10mm，整个型腔加工完毕，Z 轴抬刀运动，X、Y 轴进行移刀运动，该算法加工路径相对最短，空切运动相对较少。

（5）把铣削键槽型腔一层循环加工编制成一个独立子程序，在主程序中调用该子程序。也可设置#100 号变量来控制铣削键槽深度的变化，结合条件跳转语句来实现键槽型腔的加工。为了简化编程可以采用增量方式（G91）编程。

2. 程序流程框图设计

根据以上算法设计分析，规划的精加工刀路轨迹如图 3-3 所示，规划的分层铣削刀路轨迹如图 3-4 所示，程序流程框图的设计如图 3-5 所示。

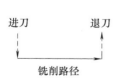

图 3-3　精加工刀路
示意图

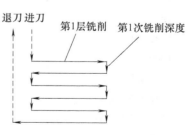

图 3-4　分层铣削刀路
示意图

注：进刀和退刀是同一个位置。

81

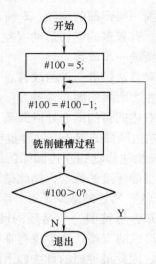

图 3-5　分层铣削键槽型腔的流程框图

3. 根据算法以及流程框图编写加工的宏程序代码

程序 1：采用刀具直径等于键槽宽度以提高加工效率的宏程序代码

O3001；

G15 G17 G21 G40 G49 G54 G80 G90；

T2 M06；

G90 G54 G0 X0 Y0；

G43 Z20 H02；

M03 S1000；

M08；

G0 Z0. 5；

G01 Z－10 F100；　　　　　　　　　（Z 轴进给到铣削深度）

#101 ＝40；　　　　　　　　　　　　（键槽两圆心之间的距离）

G91；

G01 X［#101］；　　　　　　　　　　（铣削键槽型腔轮廓）

G90；

G01 Z1 F300；

G91 G28 Z0；

G91 G28 Y0；

M05；

M09；

M30；

实例 3-1 程序 1 编程要点提示：

（1）本程序为键槽铣削的精加工程序，适用于已去除大量余量后的精加工。

（2）本程序铣削过程虽然简单，但铣削狭窄型腔的进刀方式有多种，说明如下：

本实例材料为铸铁，可采用键槽铣刀在中心垂直下刀；如果是 45 钢，或者是材料较硬的不锈钢，采用中心垂直下刀会损伤刀具，因此在编制宏程序代码时，要充分考虑选择合理的狭窄型腔铣削下刀方式。

对于封闭型腔的加工，在没有预钻落刀孔的情况下，可采用以下三种方式实现进刀：中心垂直进刀运动、螺旋进刀运动和 Z 字斜线进刀。

1）中心垂直进刀运动。

对于小面积铣削、工件表面粗糙度要求不高以及加工材料不是经过特殊硬化处理的封闭型腔，可采用中心垂直进刀的方式铣削工件。尽管如此，由于铣削时切削力较大，进刀速度不能太快，进给深度不能太深，最好采用分层进刀的切削方式。

2）螺旋进刀。

对于大面积型腔的加工，可以采用钻头预钻落刀孔或键槽铣刀垂直进刀后，再换多刃立铣刀进行垂直进刀加工，提高加工效率，这样会增加一把钻头或键槽铣刀，占用刀库，增加换刀的时间；对于大件的加工，一般采用几十把刀进行加工，加工中心刀库可能不够用。因此这种情况建议采用螺旋进刀方式，在模具等各种高速精密加工场合应用较多。

螺旋进刀方式的格式为：

G02\G03 X_ Y_ Z_ R_；	（非整圆加工螺旋线指令）
G02\G03 X_ Y_ Z_ I_ J_ K_；	（整圆加工螺旋线指令）
X_ Y_ Z_；	（螺旋线的终点坐标）
R_；	（螺旋线半径）
I_ J_ K_；	（螺旋线中心点相对螺旋线起点的矢量）

这种进刀模式容易实现轮廓加工时 Z 向进刀的自然平滑过渡，不会在进刀处产生走刀的痕迹。同时编程中螺旋进刀方式要设置螺旋半径、螺距、铣削起始高度等相应铣削参数，一般情况下螺旋半径 R 要大于刀具半径。

螺旋进刀的铣削路径较长，在封闭的较狭窄型腔加工中，受到铣削范围的限制，使螺旋进刀方式无法实现，此时考虑 Z 字斜线进刀方式。

3）Z 字斜线进刀

Z 字斜线进刀是在加工型腔较为狭窄、螺旋进刀无法实现的情况下，选择三轴联动 Z 字斜线进刀。Z 字斜线进刀时，刀具下至工件表面上方一定高度（也可以是工件表面 Z0 的位置），进刀运动变为与工件表面成一定角度的斜线方式，比较平缓地切入工件，从而实现 Z 向进刀。Z 字斜线进刀的格式为：

G0 X_ Y_ Z_ ;　　　　　　（定位至进刀点）

G01 X_ Z_ ;　　　　　　　（斜线进刀）

编程中，Z 字斜线进刀方式要设置进刀的起始高度、切入斜线的长度、切入角度等相应的铣削参数，具体设置需要根据工件实际情况酌情选择。

（3）产品零件中键槽的类型常见的有如图 3-6、图 3-7 和图 3-8 所示，不同类型的键槽加工，需要考虑选用适宜的进刀方式。

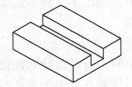
图 3-6　开放式键槽

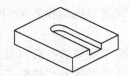
图 3-7　半封闭式键槽

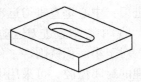
图 3-8　封闭式键槽

程序 2：分层实现键槽铣削的宏程序代码

O3002;

G15 G17 G21 G40 G49 G54 G80 G90;

T2 M06;

G0 G90 G54 G0 X0 Y0;

G43 Z20 H02;

M03 S1000;

M08;

G01 Z2 F300;　　　　　　　（Z 轴进给到工件的表面 2mm 处）

#100 = 3;　　　　　　　　　（设置 #100 号变量控制深度铣削的次数为 3 次）

N10 G91;　　　　　　　　　（转换为增量方式编程）

G01 Z – 2 F100;　　　　　　（Z 轴进给到铣削深度）

#101 = 40;　　　　　　　　 （键槽两圆心之间的距离）

G01 X[#101];　　　　　　　 （铣削键槽型腔轮廓）

G01 Z – 2;　　　　　　　　 （Z 轴进给到铣削深度）

G01 X[– #101];　　　　　　 （铣削键槽型腔轮廓）

G90;　　　　　　　　　　　（转换为绝对值方式编程）

#100 = #100 – 1;　　　　　　（#100 号变量一次减去 1）

IF [#100 GT 0] GOTO 10;　　（条件判断语句，若 #100 号变量的值大于 0，则跳转到标号为 10 的程序段处执行，否则执

行下一程序段）

G01 Z1 F300；

G91 G28 Z0；

G91 G28 Y0；

M05；

M09；

M30；

实例 3-1 程序 2 编程要点提示：

（1）该程序根据图 3-4 所示刀路轨迹和图 3-5 所示的流程框图。

（2）关于#100 号变量设置需要注意的问题：

程序中#100 号变量用来控制铣削的次数，即：每铣削一个循环后，#100 号变量减 1，当#100 号变量大于 0 时，铣削循环没有结束，需要进行下一次的铣削循环，直到#100 = 0 时结束循环。特别注意#100 号变量设置的初始值为 3，而不是 5，原因在于：每次铣削深度为 2mm，在一个循环中进行一次进刀程序，如G01 Z − 2 F100、#101 = 40、G01 X[#101]、G01 Z − 2、G01 X[−#101]，每一个循环结束，铣削的总深度为 4mm，即需要 10 / 4 = 2.5 个循环。在循环开始时，Z 轴距离工件表面距离为 2mm，如程序中的语句 G01 Z2 F300 所示，所以，#100 的初始值设置为 3。

（3）在本程序中采用增量（G91）方式编程，可以简化编程，减少程序量。

（4）第一次铣削键槽为空切，程序中其他编程要点的提示见程序 O3001。

程序 3：分层实现键槽铣削的粗、精铣加工宏程序代码

该编程的算法如下所述：

（1）采用 ϕ10mm 键槽铣刀进行粗加工（1 号刀），单边预留 1mm 的精铣余量，Z 向预留 0.5mm 的精铣余量。

（2）精加工时采用 ϕ8mm 的键槽铣刀（2 号刀），带刀具半径补偿进行精铣加工，进给时采用圆弧过渡切入和退出工件。

（3）编程原点的选择：

粗铣时编程原点选择在左边圆心位置，Z 向选择在工件上表面 Z0 的位置，设置坐标系为 G54；精铣时 X、Y 向选择在零件的中心位置，Z 向选择在工件上表面为 Z0 的位置，设置坐标系为 G55。

（4）粗加工采用分层铣削，每次铣削深度为 2mm，粗铣时进刀方式为 Z 字斜线进刀，规划的刀路轨迹如图 3-9 所示；精铣时采用中心垂直进刀方式。粗精铣键槽的工序卡见表 3-2。

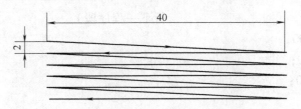

图 3-9　粗加工刀路轨迹图

表 3-2　粗精铣键槽的工序卡

工序	要内容	设 备	刀 具	切 削 用 量		
				转速 / (r/min)	进给量 / (mm/min)	背吃刀量 / mm
1	粗铣轮廓	数控铣床	φ10mm 键槽铣刀	850	200	2
2	精铣轮廓	数控铣床	φ8mm 键槽铣刀	1000	100	1

宏程序的代码如下：

O3003；

G15 G17 G21 G40 G49 G54 G80 G90；

T1 M06；

G0 G90 G54 X0 Y0；

G43 Z20 H01；

M03 S850；

M08；

G00 Z0.5；

G01 Z0 F200；　　　　　　（Z 轴进给到工件上表面 Z0 处）

#100 = 5；　　　　　　　　（设置#100 号变量控制深度，铣削次数
　　　　　　　　　　　　　　　为 5 次）

N10 G91；　　　　　　　　（转换为增量方式编程）

#101 = 40；　　　　　　　　（键槽两圆心之间的距离）

G01 X[#101] Z – 2 F300；　　（Z 字斜线进刀铣削深度）

G01 X – [#101]；　　　　　　（铣削键槽型腔轮廓）

G90；　　　　　　　　　　　（转换为绝对值方式编程）

#100 = #100 – 1；　　　　　（#100 号变量一次减去 1）

IF [#100 GT 0] GOTO 10；　　（条件判断语句，若#100 号变量的值大于 0，
　　　　　　　　　　　　　　　则跳转到标号为 10 的程序段处执行，否
　　　　　　　　　　　　　　　则执行下一程序段）

G01 Z1 F300；　　　　　　　（Z 轴抬刀到 Z1 位置）

```
G91 G28 Z0;                        （Z 轴回参考点）
G90 G0 X0 Y0;                      （X、Y 轴回编程原点）
M05;
M09;
M01;
G15 G17 G21 G40 G49 G55 G80 G90;
T2 M06;
G0 G55 G90 X0 Y0;
G43 Z20 H02;
M03 S1000;
M08;
#103 = 0;                          （设置#103 号变量控制铣削深度）
WHILE［#103 GE － 10］DO 1;         （如果#103 大于或等于 － 10,则在 WHILE 和
                                      END 1 之间循环,否则跳出循环）
G00 Z［#103 + 0. 5］;               （Z 轴进给至［#103 + 0. 5］位置）
#103 = #103 － 2;                   （#103 号变量依次递减 2mm）
G01 Z［#103］F200;                  （Z 轴进给到铣削深度）
M98 P3004;                         （调用子程序号为 O3004,调次数为 1 次）
G01 Z1 F300;                       （Z 轴抬刀到 Z1 的位置）
END 1
G00 Z10;
G91 G28 Z0;
G91 G28 Y0;
M05;
M09;
M30;
……
O3004;                             （子程序号）
G41 G0 X6 Y0 D02;                  （建立刀具半径左补偿）
G02 X0 Y － 6 R6 F200;             （采用 1/4 圆弧切入工件）
G01 X － 20 F300;                   （直线铣削键槽轮廓）
G02 X － 20 Y6 R6 F200;            （圆弧铣削键槽轮廓）
G01 X20 F200;                      （直线铣削键槽轮廓）
G02 X20 Y － 6 R6 F800;            （圆弧铣削键槽轮廓）
G01 X0;
```

G02 X－6 Y0 R6 F200；　　　　　（采用1/4圆弧退出工件）

G40 G0 X0 Y0；　　　　　　　　（取消刀具半径补偿）

M99；　　　　　　　　　　　　（子程序调用结束，并返回到主程序）

……

实例 3-1 程序 3 编程要点提示：

（1）本程序虽然简单，但是它所涉及的加工工艺和数控铣编程知识相对较多，是本书出现的第一个含精加工程序实例，具有一定的综合性。

（2）比较程序中出现的两次进行机床初始化代码语句。

比较 G15 G17 G21 G40 G49 G54 G80 G90 和 G15 G17 G21 G40 G49 G55 G80 G90，会发现这两行代码几乎一模一样，唯一区别就是 G54 和 G55 工件坐标系设立指令不一样，这就涉及数控铣削加工中多个工件坐标系的设置问题。

在采用手工编程时，对于一个工件中存在多个相同的轮廓（型腔），可以将这些轮廓单独编制成一个独立的子程序，再为每一个轮廓在工件中的位置偏移量设置一个独立的工件坐标系偏置，这样能减少在编程时进行数值运算的工作量。

另外，也可以在一个工装夹具进行多个相同工件加工，具体地讲，就是将每个工件的加工程序单独编制成一个独立的子程序，然后将每个工件设置一个工件坐标系零点偏置，在程序中采用不同的初始化指令。

箱体类工件铣削加工编程时，一般将每个面设置成一个工件坐标系，加工好一个面后，结合旋转 B 轴角度和工件坐标系，实现了 4 个面的加工，如下程序段所示：

G54 G90 G0 B270；

……

G55 G90 G0 B0；

……

G56 G90 B90；

……

G57 G90 B180；

……

（3）由于铣削的键槽宽度较狭窄，无法采用螺旋进刀方式，采用程序语句 G01 X12 Z－2 F200 实现了 Z 字斜线进刀。

（4）在粗铣中编程原点的位置以及采用增量编程方式等情况，Z 字斜线进刀后要考虑刀具的位置，见程序段 G01 X[#101－12] 和程序段 G01 X－[#101－12]。

（5）在程序中采用循环语句 WHILE［#103 GT －10］DO 1…END 1，是为了区分前面过多地应用 IF［…］GOTO n 条件语句。

（6）在精铣键槽轮廓时，采用带半径补偿的方法，刀具切入和退出工件时采用圆弧过渡的方式，其半径应该满足以下的条件：

$R1 < R2 < R3$，其中 $R1$ 为刀具的半径；$R2$ 为过渡圆弧的半径；$R3$ 为工件型腔中最小的圆弧半径。在实际编程中也可不带半径补偿，而是采用刀心编程方式。

3.1.4　本节小结

本节主要讲解一个封闭键槽加工宏程序的应用实例。分析了键槽精加工轮廓程序、分层铣削加工的粗加工程序、粗精加工算法以及宏程序代码，着重介绍了在封闭型腔加工中进刀方式的选择：钻落刀孔、中心垂直进刀、螺旋进刀、Z 字斜线进刀的方法及其应用场合。

3.1.5　本节习题

（1）复习型腔铣削加工中的进刀方式以及其相关的加工工艺。

（2）编程题：

① 根据图 3-10 两个零件，材料为 45 钢，分别编写粗、精加工键槽的宏程序代码。

② 合理设置算法，画出程序设计流程框图。

③ 考虑合理的进刀方式。

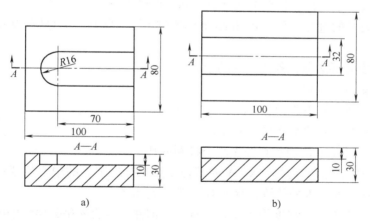

图 3-10　习题零件图
a）半封闭键槽　b）敞开键槽

3.2　实例 3-2：铣削内孔的宏程序应用实例

3.2.1　零件图以及加工内容

如图 3-11 所示的零件，需要铣削出长方体中间一个 $\phi30\text{mm}$、深度为 30mm

的内孔，材料为 45 钢，试编写铣削内孔加工的宏程序代码。

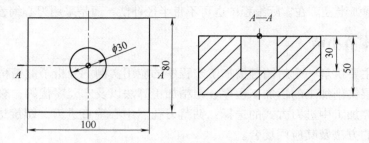

图 3-11　零件加工图

3.2.2　零件图的分析

该实例要求在毛坯为 100mm × 80mm × 50mm 长方体基础上，铣削直径 30mm、深度 30mm 的内孔，加工和编程之前需要考虑以下方面：

（1）机床的选择：选择 FANUC 系统数控铣床。

（2）装夹方式：采用螺栓、压板压住工件四条棱边的中间位置，压紧前后均采用百分表校正工件，保证毛坯上表面和工作台平行。

（3）刀具的选择：采用 ϕ16mm 的键槽铣刀（2 号刀），刀具有效铣削长度大于 35mm。

（4）安装寻边器，找正工件的中心。

（5）量具的选择：

① 0～150mm 的游标卡尺。

② 0～150mm 的游标深度卡尺。

③ 直径 30mm 的内径百分表用于检测内孔。

（6）编程原点的选择：X、Y 向编程原点选择在工件的中心位置；Z 向编程原点选择在毛坯上表面位置，存入 G54 工件坐标系。

（7）由于铣削的深度为 30mm，材质为钢件，需要采用分层铣削的方式。

（8）转速和进给量的确定：

① 粗铣的转速为 2000r/min，进给量为 1500mm/min。

② 精铣的转速为 3000r/min，进给量为 1000mm/min。

铣削内孔工序卡见表 3-3。

3.2.3　算法以及程序流程框图的设计

1. 算法的设计

（1）从以上零件图、使用的刀具以及毛坯情况综合分析。

表 3-3　铣削内孔的工序卡

工序	主要内容	设备	刀具	切削用量		
				转速 / (r/min)	进给量 / (mm/min)	背吃刀量 /mm
1	粗铣轮廓	数控铣床	φ12mm 键槽铣刀	2000	1500	0.5
2	精铣轮廓	数控铣床	φ8mm 键槽铣刀	3000	1000	0.5

本实例孔加工属于铣加工中较为常见的方式，考虑到为盲孔形式，可以采用键槽铣刀进行铣削内孔而非采用钻孔方式，其中进刀方式有多种选择，如采用中心垂直下刀、Z 字斜线进刀以及螺旋进刀方式。

（2）本孔的铣削深度为 30mm，深度相对较深，材料又为钢件，可以采用分层铣削内孔，Z 向每次进给 0.5mm。可以采用调用子程序的方式，也可以设置 #100 号变量来控制深度的变化来实现分层铣削。采用调用子程序方式铣削内孔的思路如下：

1）把铣削一层内孔程序编制成一个独立的程序，在主程序中调用该子程序。

2）铣削一层内孔的程序有以下几种方式来实现：

① 采用 G02 \ G03 铣削整圆。

② 采用圆的参数方程，G01 直线拟合方法来铣削整圆。

③ 采用圆的解析方程，G01 直线拟合方法来铣削整圆。

（3）设置 #100 号变量来控制孔的深度变化。

设置 #100 号变量，并赋初始值为 0，通过 Z 轴进刀至一层铣削深度后，铣削一个整圆。整圆铣削完毕后，通过 #100 = #100 - 0.5；IF［#100 LE 30］GOTO 10 条件判断语句来决定是否退出铣孔循环，程序设计的流程框图如图 3-12 所示，规划铣削深度方向一层内孔的刀路轨迹如图 3-13 所示。

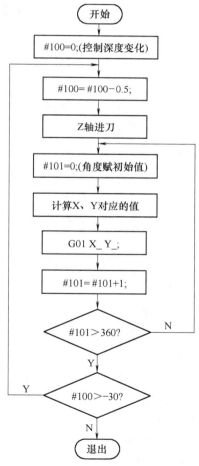

图 3-12　程序设置的流程框图

（4）可以采用螺旋铣方式加工内孔，用于螺旋铣削的切削用量如果为恒定值，则切削力比较平缓，能够有效减少让刀现象，保证孔深度方向尺寸的一致性。采用子程序嵌套的方式实现螺旋铣孔的程序编制，也可以设置一个变量来控制深度方向的变化。

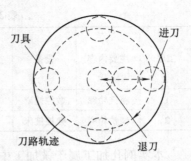

图 3-13　铣削一层内孔刀路
轨迹示意图

（5）规划螺旋铣孔的平面刀路轨迹如图 3-14 所示，是粗铣长度和宽度方向余量的刀路情况；规划螺旋铣削三维刀路轨迹如图 3-15 所示，是铣削内孔的空间刀路轨迹情况。

（6）在铣削每层整圆的过程中，可以采用刀具半径补偿或刀心编程的方式；切入或退出工件时，可以采用直线过渡的方式或用圆弧过渡的方式。

图 3-14　螺旋铣平面刀路
轨迹示意图

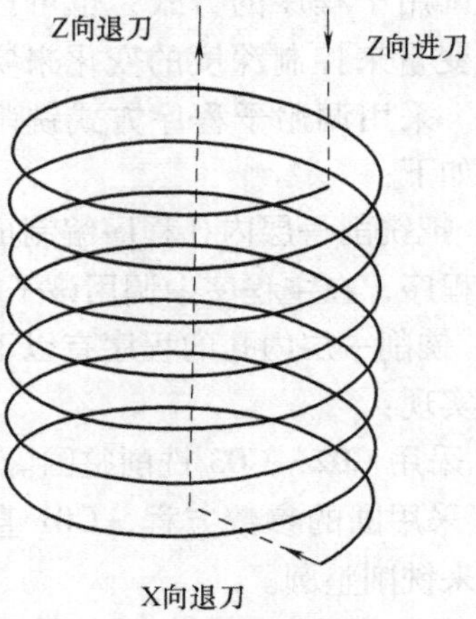

图 3-15　螺旋铣削三维刀路
轨迹示意图

2. 根据算法以及流程框图编写加工的宏程序代码

程序 1：铣削内孔精加工的程序

```
O3005；
G15 G17 G21 G40 G49 G54 G80 G90；
T2 M06；
G0 X0 Y0；
G43 Z20 H02；
M03 S3000；
M08；
```

```
#101 = 8 ;                        （设置#101 号变量,刀具半径值）
#102 = 15 ;                       （铣削孔半径）
#103 = #102 - #101 ;              （刀具在孔内的最大回转半径）
G1 Z - 30 F300 ;                  （Z 轴进给到铣削深度）
G01 X[#103] F1000 ;               （X、Y 轴进给到圆弧加工起点）
G02 I - [#103] ;                  （铣削整圆）
G01 X0 Y0 F300 ;                  （X、Y 移刀到 X0、Y0 位置）
G01 Z30 F300 ;                    （Z 轴移到安全平面）
G91 G28 Z0 ;
G91 G28 Y0 ;
M05 ;
M09 ;
M30 ;
```

实例 3-2 程序 1 编程要点提示：

（1）此程序是铣削内孔的精加工程序，适用于已去除大量余量的精加工轮廓，如用于粗加工，会引起扎刀。

（2）程序采用刀心编程方式，没有使用刀具半径补偿，而设置#101 号变量控制刀具的半径，当刀具发生改变时，只要修改#101 号变量值即可，增加了程序的通用性。

（3）#103 = #102 - #101 控制刀具在孔内最大的回转半径，也是内孔的加工起点。

（4）进刀方式采用直线方式，该方式的弊端会在工件表面留下进刀痕迹，解决该问题的参见程序 O3006。

程序 2：采用调用子程序的方式实现分层铣削内孔的程序

```
O3006 ;                           （程序号）
G15 G17 G21 G40 G49 G54 G80 G90 ;
T2 M06 ;
G0 X0 Y0 ;
G43 Z20 H02 ;
M03 S3000 ;
M08 ;
G0 Z0.5 ;                         （Z 轴进给到工件表面 Z0.5）
M98 P613007 ;                     （调用一级子程序,调用次数为 61 次,调
                                   用的子程序号为 O3007）
G90 G01 Z1 F1000 ;                （Z 轴退出工件表面）
```

G0 Z30；

G91 G28 Z0；

G91 G28 Y0；

M05；

M09；

M30；   （程序结束，并返回到程序头）

……

O3007；   （一级子程序号）

G91 G01 Z - 0.5 F1000；   （Z轴进刀到每层铣削深度）

M98 P3008；   （调用二级子程序，调用次数为1次，调用
                              的子程序号为O3008）

G90 G0 X0 Y0；   （X、Y轴移刀到X0、Y0位置）

G90；

M99；   （子程序调用结束，返回主程序）

……

O3008；   （二级子程序号）

#101 = 8；   （设置#101号变量，即刀具半径值）

#102 = 15；   （铣削孔的半径）

#103 = #102 - #101；   （刀具在孔内的最大回转半径）

G90 G01 X[#103] F1000；   （X、Y轴进给到圆弧加工起点）

G02 I - [#103] F1000；   （铣削整圆）

M99；   （子程序调用结束，返回主程序）

……

实例3-2 程序2编程要点提示：

（1）本程序采用子程序嵌套的方式，实现了分层铣削内孔。子程序嵌套要注意程序之间的衔接。调用子程序时，要注意调用前X、Y、Z轴的位置和每次铣削深度，它们共同决定了子程序调用的次数。下面结合本程序来具体分析：

调用子程序X、Y位置在内孔的圆心位置、Z轴在工件表面（Z0.5）的位置参见程序中的语句：G01 Z0.5 F1000，内孔铣削深度为30mm，每层铣削深度为0.5mm，所以调用一级子程序O3007的次数为61次。

程序O3007采用增量（G91）方式编程，在子程序O3007调用结束后，要转换为绝对值（G90）方式编程，否则会出现不正确的移动。

子程序O3007调用结束后，X、Y位置在内孔的圆心位置、Z轴在工件内部（Z - 30处），在返回主程序O3006后，Z轴要先抬刀并移动到安全平面，不能以

三轴联动方式退刀。

（2）铣削整圆的程序格式为：G02 \ G03 I_　J_　K_ 或采用圆的参数（解析）方程计算出相应点坐标的位置，然后利用 G01 直线插补功能（拟合法）铣削整圆，绝不能使用 G02 \ G03 X_　Y_　Z_　R_ 的格式铣削整圆。

程序 3：采用#100 号变量控制深度变化实现分层铣削

```
O3009；
G15 G17 G21 G40 G49 G54 G80 G90；
T2 M06；
G0 G90 G54 X0 Y0；
G43 G90 G0 Z20 H02；
M03 S3000；
M08；
#100 = 0；                          （设置#100 号变量赋初始值 0,控制
                                       深度变化 0）
#101 = 8；                          （设置#101 号变量,即刀具半径值）
#102 = 15；                         （铣削孔的半径）
#103 = #102 - #101；               （刀具在孔内的最大回转半径）
G0 X［#103］；                        （X 轴进给到圆弧加工的起始
                                       位置）
G0 Z0.5；                            （Z 轴进给到铣削深度）
N10 G02 I-［#103］Z［0-#100］F1000； （螺旋铣削内孔）
#100 = #100 + 0.5；
IF［#100 LE 30］GOTO 10；             （条件判断语句,若#100 号变量的值
                                       小于或等于 30,则跳转到标号
                                       为 10 的程序段处执行,否则执
                                       行下一程序段）
G02 I-［#103］；                      （铣削整圆）
G01 X0 Y0 F1000；                   （X、Y 移刀到 X0、Y0 位置）
G01 Z1 F300；                        （Z 轴移退出工件表面）
G90 G0 Z100；                        （Z 轴移到安全平面）
G91 G28 Z0；
G91 G28 Y0；
M05；
M09；
M30；
```

实例 3-2 程序 3 编程要点提示：

（1）程序 O3009 和程序 O3006 的区别在于：程序 O3006 采用子程序嵌套的方式实现分层铣削内孔宏程序代码，而程序 O3009 通过设置#100 号变量和条件判断语句 IF［#100 LT 30］GOTO 10 的方式来控制程序执行的流向，实现分层铣削内孔。

（2）注意比较程序 O3009 和程序 O3006 之间的区别，通过对这两个程序的比较学习，可以掌握子程序嵌套和宏程序编程之间的区别，以便在实际编程中灵活应用。

（3）本程序代码是采用刀心编程方式，而没有采用刀具半径补偿方式，请读者总结各自编写出的程序代码的不同之处。

程序 4：采用子程序嵌套方式编写螺旋铣削内孔的宏程序代码

O3010
G15 G17 G21 G40 G49 G54 G80 G90；
T2 M06；
G0 G90 G54 X0 Y0；
G43 G90 G0 Z20 H02；
M03 S3000；
M08；
G0 Z0.5；　　　　　　　（Z 轴进给到工件上表面 Z0.5 位置）
M98 P3011　　　　　　　（调用一级子程序,调用次数为 1 次,调用
　　　　　　　　　　　　　的子程序号为 O3011）
G01 Z30 F3000；　　　　（Z 轴移到安全平面）
G91 G28 Z0；
G91 G28 Y0；
M05；
M09；
M30；
……
O3011；　　　　　　　　（一级子程序号）
#100 = 0
M98 P3012；　　　　　　（调用二级子程序,调用次数为 1 次,调用
　　　　　　　　　　　　　的子程序号为 O3012）
M98 P3013；　　　　　　（调用二级子程序,调用次数为 1 次,调用
　　　　　　　　　　　　　的子程序号为 O3013）
G90；　　　　　　　　　（转换为绝对值方式编程）
M99；　　　　　　　　　（子程序调用结束,返回主程序）
……

O3012；	（二级子程序号）
#101 = 8；	（设置#101 号变量（刀具）半径值）
#102 = 15；	（铣削孔的半径）
#103 = #102 − #101；	（刀具在孔内的最大回转半径）
G90 G01 X［#103］F1000；	（X、Y 轴进给到圆弧加工起点）
N10 G02 I −［#103］Z［0 − #100］；	（螺旋铣削整圆）
#100 = #100 + 0.5；	（#100 号变量依次增加 0.5）
IF［#100 LE 30］GOTO 10；	（条件判断语句，若#100 号变量的值小于
	或等于 30，则跳转到标号为 10 的程序
	段处执行，否则执行下一程序段）
M99；	（一级子程序调用结束，返回主程序）
……	
O3013；	（二级子程序号）
#101 = 8；	（设置#101 号变量，即刀具半径值）
#102 = 15；	（铣削孔半径）
#103 = #102 − #101；	（刀具在孔内的最大回转半径）
G90 G01 X［#103］F1000；	（X、Y 轴进给到圆弧加工起点）
G91 G02 I −［#103］；	（铣削整圆）
G90 G0 X0 Y0；	（X、Y 轴移刀到 X0、Y0 位置）
M99；	（二级子程序调用结束，返回一级子程序）

实例 3-2 程序 4 编程要点提示：

（1）该程序是采用调用子程序嵌套的方式，实现了螺旋铣削内孔。

（2）螺旋铣削主要是利用数控系统螺旋插补指令 G02/G03，这种螺旋式加工，采用铣刀的侧刃切入工件，而且吃刀量是由 0 逐渐增大至规定值，对于每层铣削深度，采用宏变量实现分层切削工件，在铣削过程中切削力比较平缓，因此能被广泛用于各类孔加工。

在本实例中，结合宏编程变量#100，通过赋值语句#100 = #100 + 0.5，变量值逐渐递减，即每调用一次子程序 O3012，#100 号变量值就减少 0.5mm，使得能够呈螺旋线形式分层铣削工件，该螺旋线运动方式，需要三轴联动来完成，参见程序中的 G02 I −［#103］Z［0 − #100］语句，该语句实现一层的螺旋铣削内孔。

（3）由于是以呈螺旋线方式逐渐切入工件，当子程序 O3012 调用完毕时，圆孔内一面会留有一定的残留余量没有加工，而另一面则全部加工完毕。对于通孔铣削，只需将调用的次数增加一次就可以解决这样的问题。而对于盲孔铣削，且有尺寸要求的，不能像采用通孔铣削办法一样将调用的次数增加一次，具体解决办法参见下面叙述内容。

究其原因：是采用了 G02 I – [#103] Z[0 – #100] 的语句，如果采用 G03
I – [#103] Z[#100]，则残留余量的方向正好相反。

（4）子程序 O3012 调用完毕时，圆内会有一定的残留余量。可以在调用螺
旋线铣削内孔的子程序结束后，让 Z 轴在当前位置采用 G02/G03 I_ 语句铣削一
个整圆，见本程序中的 G02 I – [#103] 的语句。

> **程序 5：采用调用子程序嵌套，结合刀具半径补偿方式完成螺旋铣削**

说明：在此仅编制精加工的程序代码，根据铣削加工的工艺要求，在精加工
时，采用刀具为 φ10mm 的四刃平底立铣刀（为 1 号刀）来提高加工效率，转速
为 3000r/min，进给量为 1000mm/min，请注意和程序 O3010 之间的区别。

O3014；

G15 G17 G21 G40 G49 G54 G80 G90；

T1 M06；

G0 G90 G54 X0 Y0；

G43 G90 G0 Z20 H02；

M03 S3000；

M08；

G0 Z0.5；　　　　　　　　　　（Z 轴进给到工件的表面，Z0.5）

M98 P3015；　　　　　　　　　（调用一级子程序，调用次数为 1 次，调用的子程
　　　　　　　　　　　　　　　　序号为 O3015）

G01 Z30 F3000；　　　　　　　（Z 轴移到安全平面）

G91 G28 Z0；

G91 G28 Y0；

M05；

M09；

M30；

……

O3015；　　　　　　　　　　　（一级子程序号）

M98 P3016；　　　　　　　　　（调用二级子程序，调用次数为 1 次，调用的子程
　　　　　　　　　　　　　　　　序号为 O3016）

G90；　　　　　　　　　　　　（转换为绝对值方式编程）

M99；　　　　　　　　　　　　（一级子程序调用结束，返回主程序）

……

O3016；　　　　　　　　　　　（二级子程序号）

M98 P613017；　　　　　　　　（调用三级子程序，调用次数为 61 次，调用的子程
　　　　　　　　　　　　　　　　序号为 O3017）

G41 G01 X15 D01 F1000；　　　（建立刀具半径左补偿）

G02 I－15；　　　　　　　　　（铣削整圆）

G40 G0 X0 Y0；　　　　　　　　（取消刀具半径补偿）

M99；　　　　　　　　　　　　（二级子程序调用结束,返回一级子程序）

……

O3017；　　　　　　　　　　　（三级子程序号）

G91；　　　　　　　　　　　　（转换为增量方式编程）

G02 I－15 Z－0.5 F1000；　　　（螺旋铣削内孔）

G90；　　　　　　　　　　　　（转换为绝对值方式编程）

M99；　　　　　　　　　　　　（三级子程序调用结束,返回二级子程序）

实例 3-2 程序 5 编程要点提示：

（1）本程序采用刀具半径补偿和螺旋进刀方式来铣削内孔，用子程序嵌套方式来完成程序编制，注意和程序 O3010 中螺旋铣削内孔宏程序代码的区别，同时注意带刀具半径补偿的程序代码和不带刀具半径补偿的程序代码之间的区别。

（2）本程序采用增量（G91）方式编程，增加了程序的灵活性。对于多个相同直径的孔加工，只需改变孔的坐标位置即可；对于多个不同直径的孔加工，只需改变刀具半径补偿值就可以直接调用该程序进行加工。

（3）该程序是子程序嵌套的典型应用，采用三层子程序嵌套进行编程。

程序 6：采用设置#100 号变量控制深度变化的宏程序（相关说明参见程序 5）

O3018；

G15 G17 G21 G40 G49 G54 G80 G90；

T1 M06；

G0 X0 Y0；

G43 Z20 H02；

M03 S3000；

M08；

#100＝0；　　　　　　　　　　（设置#100 号变量赋初始值 0,控制深度变化 0）

#103＝15；　　　　　　　　　　（刀具在孔内的最大回转半径）

G42 G01 X15 D01 F1000；　　　（建立刀具半径右补偿）

G0 Z[0.5]；

N10 #100＝#100－0.5；　　　　（深度依次递减 0.5mm）

G02 I－[#103] Z[#100]；　　　（螺旋铣削内孔）

IF [#100 GT－30] GOTO 10；（条件判断语句,若#100 号变量的值大于－30,则

　　　　　　　　　　　　　　　　　　跳转到标号为 10 的程序段处执行,否则执行

下一程序段）

G02 I－15；　　　　　　　（铣削整圆）

G40 G0 X0 Y0；　　　　　（取消刀具半径补偿）

G01 Z30 F300；　　　　　（Z 轴移到安全平面）

G91 G28 Z0；

G91 G28 Y0；

M05；

M09；

M30；

实例 3-2 程序 6 编程要点提示：

该程序和程序 O3017 的编程思路完全一样，请读者自行分析。

> **程序 7：螺旋进刀方式，包含粗、精铣的宏程序**

说明：在此为了更好地说明粗加工螺旋铣削的宏程序编制算法和思路，特意使用刀具半径为 8mm 的刀具（1 号刀具）来进行粗加工，其转速为 2000r/min，进给量为 800mm/min。

O3019；

G15 G17 G21 G40 G49 G54 G80 G90；

T1 M06；

G0 G90 G54 X0 Y0；

G43 G90 G0 Z20 H02；

M03 S3000；

M08；

#101＝5；　　　　　　　　（设置 #101 号变量, 赋初始值 5, 控制半径的
　　　　　　　　　　　　　　变化）

N10 #100＝0.5；　　　　　（设置#100 号变量, 赋初始值 0.5, 控制深度
　　　　　　　　　　　　　　变化）

G42 G0 X［#101－1］Y0 D01；　（建立刀具半径右补偿）

G01 X［#101］Y0 F1000；　（进给到圆弧加工起点位置）

G0 Z0.5；　　　　　　　　（Z 轴进给到（Z0.5）处）

WHILE［#100 GT－30］DO 1；　（如果#100 大于－30, 则在 WHILE 和 END 1
　　　　　　　　　　　　　　之间循环, 否则跳出循环）

#100＝#100－2；　　　　　（深度依次递减 2mm）

G02 I－［#101］Z［#100］F1000；（螺旋铣削内孔）

END 1；

G02 I－［#101］F800；　　　（铣削整圆）

G40 G0 X0 Y0；　　　　　　　　（取消刀具半径补偿）

G01 Z20 F2000；　　　　　　　　（轴退出工件表面）

#101 = #101 + 5；

IF［#101 LE 15］GOTO 10；　　　（条件判断语句,若#101 号变量的值小于或等

　　　　　　　　　　　　　　　　　于 15,则跳转到标号为 10 的程序段处执

　　　　　　　　　　　　　　　　　行,否则执行下一程序段）

G00 Z50；　　　　　　　　　　　（Z 轴移到安全平面）

G91 G28 Z0；

G91 G28 Y0；

M05；

M09；

M30；

实例 3-2 程序 7 编程要点提示：

（1）程序 O3019 和程序 O3018 的区别在于：程序 O3018 是精加工程序,程序 O3019 是带有粗加工的程序。

（2）程序 O3019 粗铣的思路大致为：采用同心螺旋圆的方法,铣削螺旋半径为 5mm 的螺旋圆,接着铣削螺旋圆残留余量,参见程序中 G02 I -［#101］的语句,再通过#101 = #101 + 5 语句来逐渐增大螺旋圆的螺旋半径,通过 IF［#101 LE 15］GOTO 10 控制语句使螺旋半径逐渐增大至内孔半径。

程序 8：利用圆参数方程螺旋铣削内孔的宏程序

说明：本程序中的刀具采用半径为 5mm 的键槽铣刀,其转速为 1000r/min,进给量为 300mm/min。

O3020；

G15 G17 G21 G40 G49 G54 G80 G90；

T1 M06；

G0 X0 Y0；

G43 Z20 H02；

M03 S1000；

M08；

#105 = 0；　　　　　　　　　　　（设置#105 号变量,Z 赋初始值）

#102 = 15；　　　　　　　　　　　（#102 号变量为内孔的半径值）

N30 G00 Z0.5；　　　　　　　　　（Z 轴进给至 Z0.5 处）

#105 = 0；　　　　　　　　　　　（控制深度,初始值为 0）

WHILE［#105 LT 30］DO 1；　　（如果#101 小于 30,则在 WHILE 和 END 1 之间

　　　　　　　　　　　　　　　　循环,否则跳出循环）

#100 = 0;　　　　　　　　　　　　（设置#100 号变量,控制角度的
　　　　　　　　　　　　　　　　　　　变化）

#101 = 5;　　　　　　　　　　　　（#101 号变量（刀具半径值））
N10 #103 = [#102 - #101] * COS[#100];　　（计算#103 号变量（X 对应的值））
#104 = [#102 - #101] * SIN[#100];　　（计算#103 号变量（Y 对应的值））
#106 = 0.5/360;　　　　　　　　　　（角度每变化一度,Z 对应的变
　　　　　　　　　　　　　　　　　　　化量）

G01 X[#103] Y[#104] Z[-#105] F300;　　（螺旋铣削内孔）
#100 = #100 + 1;　　　　　　　　　（角度依次增加 1 度）
#105 = #105 + #106;　　　　　　　　（Z 轴依次增加#106 号变量的值）
IF [#100 LE 360] GOTO 10;　　　　　（条件判断语句,若#100 号变量
　　　　　　　　　　　　　　　　　　　的值小于或等于 360,则跳转
　　　　　　　　　　　　　　　　　　　到标号为 10 的程序段处执
　　　　　　　　　　　　　　　　　　　行,否则执行下一程序段）

END 1;
G03 I - [#102 - #101] F300;　　　　　（铣削整圆）
G01 X0 Y0 F1500;　　　　　　　　　（X、Y 轴移动到编程原点）
G0 Z30;　　　　　　　　　　　　　（Z 轴移到安全平面）
#102 = #102 + 5;　　　　　　　　　（#105 号变量值依次增加 5）
IF [#105 LE 15] GOTO 30;　　　　　　（条件判断语句,若#105 号变量
　　　　　　　　　　　　　　　　　　　的值小于或等于 15,则跳转
　　　　　　　　　　　　　　　　　　　到标号为 30 的程序段处执
　　　　　　　　　　　　　　　　　　　行,否则执行下一程序段）

G91 G28 Z0;
G91 G28 Y0;
M05;
M09;
M30;

实例 3-2 程序 8 编程要点提示：

（1）程序 O3020 是根据螺旋线插补指令 G02/G03 X_ Y_ Z_ I_ J_ K_ R_ 的编程思路,结合宏变量、圆参数方程编制出来的螺旋铣削内孔程序代码。

（2）编制该宏程序代码,关键步骤是控制 X、Y、Z 三轴的变化量,下面结合程序中的语句详细分析：

1）X、Y 轴方向变化和角度变化的对应关系。

根据圆参数方程可知,角度的变化范围是 0～360°,每一层要铣削的深度为

0.5mm，其中 X、Y 值随着角度的变化而变化，可以利用三角函数关系得出 X、Y 值和角度之间的对应关系，见程序中的语句：

#103＝［#102 －#101］＊COS［#100］；　　（计算#103 号变量（X 对应的值））

#104＝［#102 －#101］＊SIN［#100］；　　（计算#104 号变量（Y 对应的值））

#100＝#100＋1；　　（角度依次增加 1°）

IF［#100 LE 360］GOTO 10；　　（控制整圆上所有 X、Y 点的变化）

2）Z 层深度的变化和角度变化之间的关系。

从数学关系上分析可知，Z 层深度的变化和角度没有直接的关系，在此采用分层铣削内孔且每次铣削深度为 0.5mm。

从采用 G02/G03 X_ Y_ Z_ I_ J_ K_ R_ 指令插补螺旋线的刀路轨迹可知：螺旋线插补是 X、Y、Z 三轴联动，由加工起始位置进给到加工目标位置的运动。其中任意时刻的位置由数控系统控制，但是有一点可以肯定：X、Y、Z 任意时刻的位置按照一定的规律相互协调。

X、Y 位置的变化被角度等分成 360 份，可以将每层 Z 深度等分成 360份，这样 X、Y、Z 任意时刻的位置都可以用角度来控制，参见程序中以下语句：

#106＝0.5/360；　　（Z 向的变化量）

#105＝#105＋#106；　　（角度每变化一度，Z 对应的变化量）

G01 X［#103］Y［#104］Z［－#105］；　　（螺旋铣削内孔）

3.2.4 本节小结

本节主要讲解编写一个铣削内孔加工宏程序应用实例。通过子程序嵌套和宏程序代码编制出螺旋铣削加工的程序代码，它们均具有实用性和灵活性。

由于螺旋铣削的种种优势，越来越受到编程人员的青睐。在孔系加工中，一般情况下，加工有较高精度要求的内孔都会采用镗削加工，但受到镗刀结构的限制其加工范围是非常有限的，加工成本也高。如果铣削参数设置得合理，螺旋铣削孔可以在一定程度上代替镗孔，甚至代替铰孔加工。

3.2.5 本节习题

编程题：根据图 3-16、图 3-17所示的零件图，材料为 45 钢，编写加工各个内孔的宏程序代码。要求：

① 合理设置算法，画出程序设

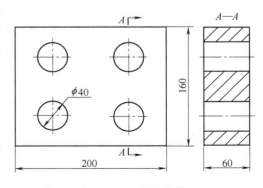

图 3-16　习题零件图 1

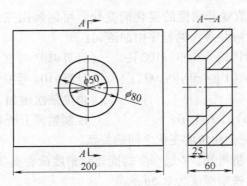

图 3-17　习题零件图 2

计流程框图。

　　② 合理设置加工余量，编写粗加工以及精加工宏程序代码。

　　③ 考虑合理的进刀方式。

3.3　实例 3-3：铣削长方形型腔的宏程序应用实例

3.3.1　零件图以及加工内容

　　加工零件如图 3-18 所示，三维形状如图 3-19 所示。在长方体中间要求铣削长 70mm、宽 50mm、深 20mm 并且四角为 R5mm 圆角过渡的长方形型腔，材料为 45 钢。试编写铣削该型腔的加工宏程序代码。

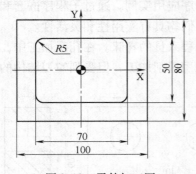
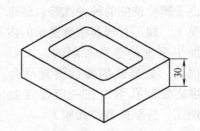

图 3-18　零件加工图　　　　　　图 3-19　零件三维模型（型腔深度 20mm）

3.3.2　零件图的分析

　　该实例的毛坯是尺寸为 100mm × 80mm × 30mm 的长方体，铣削型腔的深度为 20mm，加工和编程之前需要考虑以下方面：

104

（1）机床的选择：选择 FANUC 系统数控铣床。

（2）装夹方式：

① 采用螺栓、压板的方式压住四条棱边的中间位置，要求在压紧前后采用百分表校正工件，保证毛坯和工作台上表面平行。

② 采用机用虎钳方式装夹工件，要求在夹紧前采用百分表校正工件，保证毛坯和工作台上表面平行。

（3）刀具的选择：采用 ϕ10mm 的键槽铣刀（2 号刀）。

（4）安装寻边器，找正工件的中心。

（5）量具的选择：

① 0～150mm 的游标卡尺。

② 0～150mm 的游标深度卡尺。

③ 半径为 R5mm 的圆弧样板。

（6）编程原点的选择：X、Y 向的编程原点选择在长方形型腔的中心位置；Z 向编程原点设置在毛坯上表面位置，存入 G54 工件坐标系。

（7）由于铣削深度为 20mm，材料为 45 钢，故采用分层铣削方式，每次进给深度为 2mm。

（8）转速和进给量的确定：

① 粗铣的转速为 1500r/min，进给量为 450mm/min。

② 精铣的转速为 2000r/min，进给量为 800mm/min。

制订表 3-4 所示的铣削四角圆角过渡型腔工序卡。

表 3-4　铣削四角圆角过渡型腔工序卡

工序	主要内容	设备	刀　具	切 削 用 量		
				转速 /(r/min)	进给量 /(mm/min)	背吃刀量 /mm
1	粗铣轮廓	数控铣床	ϕ12mm 键槽铣刀	1500	450	2
2	精铣轮廓	数控铣床	ϕ8mm 键槽铣刀	2000	800	2

3.3.3　算法以及程序流程框图的设计

1. 算法的设计

（1）从上分析可知，该实例为四角圆角过渡的型腔铣削加工，需要考虑以下方面：

1）和第 2 章实例 2-1 相比，要求内容多，主要区别在于进刀方式和加工路径选择上有所不同。

2）采用中心垂直进刀（螺旋方式进刀、Z 字斜线进刀等方式），依次沿着

+ X、+ Y、- X、- Y、+ X、Y10 的路径进给，形成环切轮廓一周的进给路径，如图 3-20 所示。如果铣削型腔的宽度大于刀具直径，则需要多次环切才能加工成形。

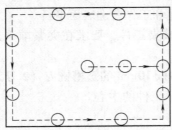

图 3-20　精加工进给路径
轨迹示意图

（2）四周圆角成形问题。在本实例中四周圆角半径为 $R5mm$，在铣削中采用了半径为 5mm 的刀具来进行加工，很显然，圆角半径大小由刀具半径来保证。但是，四周过渡圆角不相等或相对于刀具半径过大的情况下，需要考虑刀具半径在型腔运动时的最大回转半径，此时圆角的加工需要采用 G02/G03 圆弧插补指令来完成。

（3）铣削次数的控制问题：在每一层铣削中，设置#100 号变量控制每次铣削的步距，通过采用 FIX（最大毛坯余量除以步距）来控制环切的次数。

（4）铣削方式：采用分层加工，本实例中设置#103 号变量控制铣削深度的变化，通过语句#103 = #103 - 2、IF［#103 GE - 20］GOTO n 实现铣削循环。

（5）在实际编程中，既可以采用刀具半径补偿 G42/G41 进行轮廓编程，也可以采用刀心进行编程。若采用刀具半径补偿 G41/G42 进行轮廓编程，需要设置#104 号变量控制每次刀补的位移量。

（6）为了简化编程，可以采用增量值指令方式（G91）。

2. 程序流程框图设计

根据以上算法设计分析，规划型腔铣削的精加工刀路轨迹如图 3-20 所示，进行多次环切刀路轨迹如图 3-21 所示，精加工的程序流程设计如图 3-22 所示，

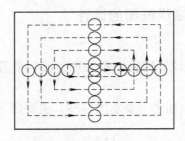

图 3-21　多次环切进给路径轨迹示意图

多次环切实现粗加工的程序流程设计如图 3-23 所示。

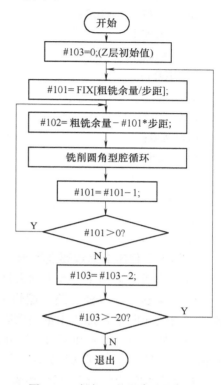

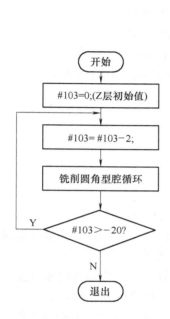

图 3-22　精加工的程序流程框图　　　　图 3-23　粗加工的程序流程框图

3. 根据算法以及流程框图编写加工的宏程序代码

程序 1：铣削四角圆角过渡矩形型腔的精加工宏程序代码

O3021；

G15 G17 G21 G40 G49 G54 G69 G80 G90；

T2 M06；

G0 X0 Y0；

G43 G90 G0 Z20 H02；

M03 S1500；

M08；

G00 Z1；　　　　　　　　　（Z 轴到达工件的上表面 Z1 位置）

G01 Z – 20 F300；　　　　　 （进给到铣削深度）

#100 = 35；　　　　　　　　（矩形型腔 X 向 1/2 边长）

#101 = 25；　　　　　　　　（矩形型腔 Y 向 1/2 边长）

G41 D02 G01 X[#100 – 2]Y0 F300；　（建立刀具半径补偿）

```
G01 X[#100];                              （铣削轮廓）
G01 Y[#101] F100;                         （铣削轮廓）
X-[#100];                                 （铣削轮廓）
Y-[#101];                                 （铣削轮廓）
X[#100];                                  （铣削轮廓）
Y10;                                      （铣削轮廓）
G40 G0 X0 Y0;                             （取消刀具半径补偿）
G00 Z30;                                  （Z轴抬刀到安全平面）
G91 G28 Z0;
G91 G28 Y0;
M09;
M05;
M30;
```

实例 3-3 程序 1 编程要点提示：

（1）本程序适用于已经去除大量余量的精加工程序。

（2）本程序的编程思路、逻辑关系并不复杂，采用环切法加工矩形型腔，体现出型腔（凹槽）加工中重要而有效的加工路线。

型腔加工中，切入和切出无法外延。实际加工尽量安排由圆弧过渡的方式切入和切出工件，这样可以避免在工件切入、切出处产生加工痕迹。

若无法实现圆弧过渡，可以沿着工件轮廓的法向方向切入和切出工件，并将其切入、切出选择在轮廓两侧几何元素的交点处，下面是凹槽加工的三种常见加工路线：

图 3-24 所示为凹槽行切加工，适用于毛坯粗加工。从图中可以看出，其加工路径和环切法相比较短，但是路径之间会留下凹凸不平的残留余量，残留高度与步距大小有关。

图 3-25 所示为凹槽环切加工，适用于工件的精加工。加工余量均匀稳定，有利于改善工件表面质量，但进给路径相对较长，不利于提高加工效率。

图 3-26 所示为凹槽先行切、后环切加工。把 Z 字形运动和环切加工结合起来，用同一把刀进行粗加工、半精加工是一个很好的方法，集中了行切法和环切法两者的优点。在实际加工中，根据工件精度要求，合理规划加工路线和进给路径，以提高效率。

（3）四角圆角半径为 5mm，在实际加工中采用直径 ϕ10mm 的刀具，圆角半径由刀具半径来保证，参见程序中的语句 Y[#101] F100、X-[#100]、Y-[#101]、X[#100]，并没有采用 G02/G03 等圆弧插补指令。如果圆弧半径相对于刀具半径要大，则需要采用过渡圆弧或 G02/G03 等圆弧插补指令来完成圆角的加工。

图 3-24　凹槽行切加工

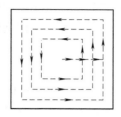

图 3-25　凹槽环切加工

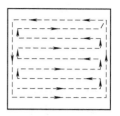

图 3-26　凹槽先行切、后环切加工

（4）带有圆角型腔加工，加工刀具半径要小于或等于最小的圆角半径。

程序 2：粗铣轮廓四角圆角的铣削加工宏程序代码

```
O3022；
G15 G17 G21 G40 G49 G54 G69 G80 G90；
T2 M06；
G0 G90 G54 X0 Y0；
G43 Z20 H02；
M03 S1500；
M08；
G00 Z1；                              （Z 轴到达工件的上表面 Z1 的位置）
#103 = 0；                            （设置#103 号变量,赋初始值 0,控制深
                                      度变化）
N10 #103 = #103 - 2；                 （#103 号变量依次减少 2mm）
G01 Z［#103］F150；                    （Z 轴进刀至铣削的深度）
#100 = 15；                           （设置#100 号变量,赋初始值 15,控制 X
                                      向变化）
#101 = 5；                            （设置#101 号变量,赋初始值 5,控制 Y 向
                                      变化）
#102 = 0.5；                          （设置#102 号变量,赋初始值 0.5,控制粗铣
                                      余量）
#105 = 5；                            （设置#105 号变量,赋初始值 5,控制刀具
                                      半径）
N20 G01 X［#100 - #105 - #102］；      （铣削轮廓）
G01 Y［#101 - #102 - #105］F150；      （铣削轮廓）
G01 X - ［#100 - #102 - #105］；       （铣削轮廓）
G01 Y - ［#101 - #102 - #105］；       （铣削轮廓）
```

G01 X[#100 - #102 - #105]；　　　　（铣削轮廓）

G01 Y10；　　　　　　　　　　　　（铣削轮廓）

G0 X0；

Y0；

#100 = #100 + 5；　　　　　　　　（#100 号变量依次增加 5）

#101 = #101 + 5；　　　　　　　　（#101 号变量依次增加 5）

IF [#100 LE 30] GOTO 20；　　　　（条件判断语句，若#100 号变量的值小于
或等于 30，则跳转到标号为 20 的程
序段处执行，否则执行下一程序段）

G91 G0 Z1；　　　　　　　　　　　（向 + Z 移动 1mm）

G90；　　　　　　　　　　　　　　（转换为绝对值方式编程）

IF [#103 GT - 20] GOTO 10；　　　　（条件判断语句，若#103 号变量的值大于
- 20，则跳转到标号为 10 的程序段处
执行，否则执行下一程序段）

#102 = #102 - 0.5；　　　　　　　（粗铣余量减去 0.5mm）

IF[#102 LT - 0.1]GOTO 30；　　　　（条件判断语句，若#102 号变量的值小于
- 0.1，则跳转到标号为 30 的程序段
处执行，否则执行下一程序段）

GOTO 20；　　　　　　　　　　　（无条件跳转语句，跳转到标号为 20 的
程序段处执行）

N30 G00 G90 Z1；

G91 G28 Z0；

G91 G28 Y0；

M05；

M09；

M30；

实例 3-3 程序 2 编程要点提示：

（1）本程序为粗加工轮廓，采用环切法加工路线。

（2）#103 号变量用来控制深度的变化，通过#103 = #103 - 2、IF [#103 GT - 20] GOTO 10 语句实现分层铣削四角圆角过渡型腔。

（3）通过设置#100 = 15、#101 = 5 控制每层第一次铣削 X、Y 轴移动目标的绝对值；通过#100 = #100 + 5、#101 = #101 + 5 变量的逐渐增加，控制进行下一圈铣削轮廓的 X、Y 移动目标的绝对值；通过控制语句 IF [#100 LT 30] GOTO 20 来实现最后一圈铣削的 X、Y 轴移动目标的绝对值。

（4）设置#102 = 0.5 控制粗铣轮廓，相当于在粗铣时工件轮廓向外平移#102

余量的值；精加工时，通过语句#102 = #102 - 0.5 把工件轮廓移到原位置。

（5）GOTO 20 语句为无条件跳转语句（也称绝对跳转语句）。不管给定的条件是否满足，程序都跳转到标号为 20 的程序段处执行。这是本书中出现的第一个采用 GOTO 语句进行编程的实例，在此做几点补充说明：

1）程序 O3022 中，GOTO（绝对跳转语句）也可以用 IF…GOTO…条件跳转语句来替换，它们都是用来改变控制的流向。而本实例可以编写成 WHILE…DO 循环格式的精加工程序。

2）GOTO 20 无条件跳转语句。只要程序执行到该语句就会跳转到 N20 处，执行轮廓加工的程序，会出现无数次（死循环）加工型腔轮廓过程，因此，需要合理地设置变量，使程序及时结束加工型腔轮廓过程。

3）IF［#102 LT - 0.1］GOTO 30 语句的作用是使程序及时结束加工型腔轮廓。具体执行过程请读者自行分析。

4）GOTO（绝对跳转语句）初学者要慎用，避免出现无限循环现象，建议改用 IF…GOTO…条件跳转语句来替换，同样能实现 GOTO 语句的功能。

程序 3：采用图 3-23 所示流程框图编程的宏程序代码

O3023；	（程序号）
G15 G17 G21 G40 G49 G54 G69 G80 G90；	
T2 M06；	
G0 G90 G54 X0 Y0；	
G43 Z20 H02；	
M03 S1500；	
M08；	
G00 Z1；	（Z 轴到达工件的上表面 Z1 的位置）
#120 = 0；	（设置#120 号变量，赋初始值 0，控制深度变化）
#103 = 6；	（铣削 X 方向的步距）
#104 = 4；	（铣削 Y 方向的步距）
N10 #120 = #120 - 2；	（#120 号变量依次减少 2mm）
G01 Z［#120］F150；	（Z 轴进刀至铣削的深度）
#101 = 35 - 5；	（X 向单边移动的最大距离）
#102 = 25 - 5；	（Y 向单边移动的最大距离）
#105 = FIX［#102 /#104］；	（Y 向单边移动的最大距离除以步距并上取整）
#106 = FIX［#101 /#103］；	（X 向单边移动的最大距离除以步距并上取整）

#107 = 1；   （设置#107 号变量,控制加工次数）

#108 = 1；   （设置#108 号变量,控制加工次数）

WHILE［#107 LE #105］DO 1；   （如果#107 小于或等于#105,则在 WHILE 和

                                 END 1 之间循环,否则跳出循环）

#109 = #108 * #103；   （计算每圈铣削的 X 移动量）

#110 = #107 * #104；   （计算每圈铣削的 Y 移动量）

G01 X［#109］；   （铣削轮廓）

Y［#110］；   （铣削轮廓）

X − ［#109］；   （铣削轮廓）

Y − ［#110］；   （铣削轮廓）

X［#109］；   （铣削轮廓）

#108 = #108 + 1；   （#108 号变量依次增加 1）

#107 = #107 + 1；   （#107 号变量依次增加 1）

END 1；

G91 G0 Z1；   （向 + Z 移动 1mm）

G90；   （转换为绝对值方式编程）

IF［#120 GT − 20］GOTO 10；   （条件判断语句,若#120 号变量的值大于 − 20,

                                 则跳转到标号为 10 的程序段处执行,否

                                 则执行下一程序段）

G90 G00 Z1；   （Z 轴抬刀到安全平面）

G91 G28 Z0；

G91 G28 Y0；

M09；

M05；

M30；

实例 3-3 程序 3 编程要点提示：

（1）本程序为粗铣轮廓程序，程序设计的刀路轨迹如图 3-21 所示，程序设计流程如图 3-23 所示。

（2）程序 O3022 和程序 O3023 的区别在于控制铣削的循环条件不同：程序 O3022 采用判断 X、Y 向移动目标的绝对值是否达到型腔尺寸作为循环结束的条件；程序 O3023 采用铣削次数作为循环结束的条件。关于铣削次数补充几点说明：

1）次数的计算：采用铣削的总余量除以步距得出总的铣削次数，利用 FIX 函数取整。

2）FIX 函数为取整函数，在实际加工中，由于省略了小数部分导致第一次铣削步距大于其他铣削的步距。

3）本程序是利用 X 向铣削次数来控制循环过程。计算出铣削每圈相对应的 X、Y 移动的目标绝对值，也可通过计算 Y 向铣削次数，来换算铣削每圈相对应的 X、Y 移动的目标绝对值。

（3）WHILE［#107 LE #105］DO 1 语句中的判断条件是 LE（小于或等于）而不能是 LT。

（4）本程序采用刀心编程，也可以采用刀具半径补偿（G41 或 G42）方式来编写宏程序代码。但要注意刀具半径补偿要在 Z 向进刀之前建立，铣削一层后，要在 Z 向抬刀到安全高度，再取消刀具半径补偿，程序代码见程序 O3024。

程序 4：采用刀具半径补偿方式编写的代码

```
O3024；
G15 G17 G21 G40 G49 G54 G69 G80 G90；
T2 M06；
G0 G90 G54 X0 Y0；
G43 Z20 H02；
M03 S1500；
M08；
G0 X10 Y0；
G00 Z2；                      （Z 轴到达工件的上表面 Z2 的位置）
#105 = 0；                    （设置#105 号变量,赋初始值 0,控制深度
                               变化）
#110 = 5；                    （定义刀具半径值）
#100 = 8；                    （铣削之间的步距）
N10 #105 = #105 - 2；         （#105 号变量依次减少 2mm）
G90 G01 Z[#105] F150；        （Z 轴进刀至铣削的深度）
#106 = 30；                   （X 向 1/2 边长与圆角半径的差值）
#102 = FIX[#106 /#100]；      （X 向单边移动的最大距离除以步距并
                               上取整）
WHILE［#102 GE 0］DO 1；       （如果#102 大于或等于 0,则在 WHILE 和
                               END 1 之间循环,否则跳出循环）
#104 = 25 - #102 * 8；        （计算每圈铣削 Y 向的移动量）
#103 = 35 - #102 * 8；        （计算每圈铣削 X 向的移动量）
G90 G01 X[#103 - 2 - 5] Y0 F100；
G01 X[#103 - #110]；          （铣削轮廓）
Y[#104 - #110]；              （铣削轮廓）
```

X – [#103 – #110];	（铣削轮廓）
Y – [#104 – #110];	（铣削轮廓）
X[#103 – #110];	（铣削轮廓）
Y0;	（铣削轮廓）
#102 = #102 – 1;	（#102 号变量依次减去 1）
G90;	
END 1;	
IF [#105 GT – 20] GOTO 10;	（条件判断语句,若#105 号变量值大于 – 20,则跳转到标号为 10 的程序段处执行,否则执行下一程序段）
G00 Z30;	（Z 轴抬刀到安全平面）
G91 G28 Z0;	
G91 G28 Y0;	
M09;	
M05;	
M30;	

实例 3-3 程序 4 编程要点提示：

（1）程序 O3024 利用 X 向的铣削次数来控制循环过程。通过计算 X 向的铣削次数来算出铣削每圈相对应的 X、Y 向移动的目标绝对值。

（2）请读者思考：是不是也可以通过计算 Y 向铣削次数,来计算铣削每圈相对应的 X、Y 向移动的目标绝对值呢?

3.3.4 本节小结

本节通过铣削四角圆角矩形型腔的应用实例,介绍宏程序在这类型腔加工的编程方法和技巧。这类型腔是铣削加工中最为常见的型面,在模具零件加工中较为常见。在加工中合理选择加工路线和进给路径是保证加工质量和效率的关键,宏程序编程中采用循环控制语句,可以实现分层多重刀路的铣削。

3.3.5 本节习题

（1）复习型腔加工中常见的进刀方式以及各自适用的应用场合。

（2）编程题：

① 根据图 3-27、图 3-28 所示零件图,材料为 45 钢,编写型腔加工的宏程序代码。

② 合理设置算法,画出程序设计流程框图。

③ 合理设置精加工余量,依次编写粗加工和精加工宏程序代码。

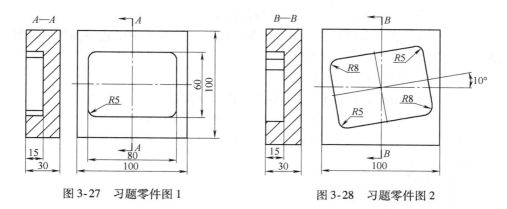

图 3-27　习题零件图 1　　　　　　　　图 3-28　习题零件图 2

3.4　实例 3-4：铣削圆周凹槽的宏程序应用实例

3.4.1　零件图以及加工内容

加工零件如图 3-29 所示，要求铣削均匀分布在圆周直径为 260mm 的三个腰形凹槽（铣通），深度为 30mm，宽度为 40mm，材料为 45 钢，试编写其宏程序代码（中间孔 $\phi180$mm 不需要加工）。

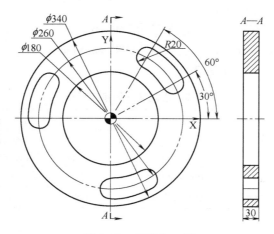

图 3-29　零件加工图

3.4.2　零件图的分析

该实例的毛坯为 $\phi340$mm × 30mm 圆钢，中间孔已加工完毕，加工和编程之前需要考虑以下方面：

115

（1）机床的选择：选择 FANUC 系统数控铣床。

（2）装夹方式：采用压板的方式，装夹时要在零件的下面垫等高块，以保证其上表面的水平，并用百分表校正水平面。

（3）刀具的选择：

① 采用 ϕ10mm 的键槽铣刀（1 号刀）进行精铣加工。

② 采用直径 ϕ16mm 键槽铣刀（2 号刀）进行粗加工。

（4）安装寻边器，找正工件的中心（圆心）。

（5）量具的选择：

① 0～300mm 的游标卡尺。

② 0～150mm 的游标深度卡尺。

③ R 规。

④ 百分表。

（6）编程原点的选择：

① X、Y 向编程原点选择在圆的中心。

② Z 向零点选择在毛坯的上表面位置。

③ 存入 G54 工件坐标系。

（7）由于铣削的深度为 30mm，材质为 45 钢，需要采用分层铣削方式，采用的铣削模式为跟随轮廓形状运动。

（8）转速和进给量的确定：

① 粗铣转速为 1500r/min，进给量为 250mm/min。

② 精铣转速为 2000r/min，进给量为 300mm/min。

铣削腰形凹槽工序卡见表 3-5。

表 3-5　铣削腰形凹槽工序卡

工序	主要内容	设备	刀　具	切 削 用 量		
				转速 /（r/min）	进给量 /（mm/min）	背吃刀量 /mm
1	粗铣轮廓	数控铣床	ϕ16mm 键槽铣刀	1500	250	2
2	精铣轮廓	数控铣床	ϕ10mm 立铣刀	2000	300	2

3.4.3　算法以及程序流程框图的设计

1. 算法的设计

（1）本实例铣削均匀分布在圆周上的三个腰形凹槽，凹槽形状、大小一致，但各自的起点和终点的位置不同，可以将一个凹槽加工的程序编写成一个独立的子程序，在主程序中调用该子程序；也可采用 G68、G69 旋转坐标系进行圆周分布凹槽的加工。

（2）铣削一个凹槽型腔的思考。从图样分析可知：进行凹槽加工需要知道凹槽型腔起点和终点坐标位置，而确定凹槽型腔起点和终点坐标位置，可以有以下方法：

1）采用极坐标系 G16、G15，旋转坐标系 G68、G69 来编写宏程序代码。

2）建立如图 3-30 所示的数学模型，利用三角函数关系，计算出凹槽型腔的起点和终点坐标值，该图中的 #101 ～ #108 号变量的值，可以通过三角函数公式进行计算。

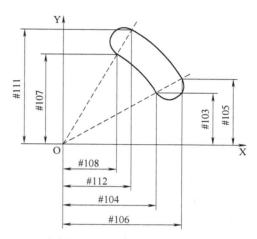

图 3-30　腰形凹槽加工的数学模型示意图

（3）在深度方向采用分层铣削的方式，每层铣削深度为 2mm，可以采用子程序嵌套的方式，也可以设置 #115 号变量来控制深度铣削的变化。

2. 程序流程框图设计

根据以上算法设计分析，规划的精加工刀路轨迹如图 3-31 所示，加工流程框图的设计如图 3-32 所示。

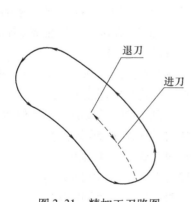

图 3-31　精加工刀路图

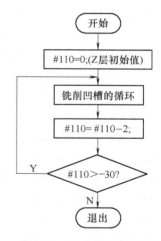

图 3-32　流程框图的设计

3. 根据算法以及流程框图编写加工的宏程序代码

程序 1：利用三角函数公式计算腰形槽起点、终点位置的精加工宏程序代码

O3025；

G15 G17 G21 G40 G49 G54 G69 G80 G90；

```
T2 M06；
G90 G0 G54 X0 Y0；
G43 Z20 H02；
M03 S2000；
M08；
#100 = 30；                                    （腰形槽起始角度）
N20 #115 = 0；                                 （设置#115 号变量,赋初始值0,控制
                                                深度变化）
#101 = 5；                                     （刀具半径）
G00 Z1；                                       （Z 轴快速达到工件的表面位置1mm 处）
N10 #115 = #115 - 2；                          （深度依次减去2mm）
#103 = [110 + #101] * SIN[#100]；             （计算图 3-30 所示#103 号变量的值）
#104 = [110 + #101] * COS[#100]；             （计算图 3-30 所示#104 号变量的值）
#105 = [150 - #101] * SIN[#100]；             （计算图 3-30 所示#105 号变量的值）
#106 = [150 - #101] * COS[#100]；             （计算图 3-30 所示#106 号变量的值）
#107 = [110 + #101] * SIN[#100 + 30]；        （计算图 3-30 所示#107 号变量的值）
#108 = [110 + #101] * COS[#100 + 30]；        （计算图 3-30 所示#108 号变量的值）
#109 = 130 * SIN[#100]；                      （进刀点 Y 值）
#110 = 130 * COS[#100]；                      （进刀点 X 值）
#111 = [150 - #101] * SIN[#100 + 30]；        （计算图 3-30 所示#111 号变量的值）
#112 = [150 - #101] * COS[#100 + 30]；        （计算图 3-30 所示#112 号变量的值）
G0 X[#110] Y[#109]；                          （X、Y 轴移动到进刀的位置(加工圆
                                                弧的中心)）
G00 Z[#115 + 1]；                             （Z 轴进到铣削的深度上方1mm 处）
G01 Z[#115] F200；                            （Z 轴进到铣削深度）
G01 X[#106] Y[#105]；                         （进给到 R150 圆弧加工起始位置）
G03 X[#112] Y[#111] R150；                    （逆时针铣削 R150 圆弧）
G03 X[#108] Y[#107] R20；                     （逆时针铣削 R20 圆弧）
G02 X[#104] Y[#103] R110；                    （顺时针铣削 R110 圆弧）
G03 X[#106] Y[#105] R20；                     （逆时针铣削 R150 圆弧）

G01 X[#110] Y[#109]；                         （X、Y 轴移动到进刀位置(加工圆
                                                弧的中心)）

G91 G0 Z2；
G90；
```

IF ［#115 GT − 30］ GOTO 10； 　　（条件判断语句,若#115 号变量的值大于
　　　　　　　　　　　　　　　　　　　 − 30,则跳转到标号为 10 的程序段处
　　　　　　　　　　　　　　　　　　　执行,否则执行下一程序段）

G90 G0 Z20； 　　　　　　　　　　（Z 轴抬刀到安全平面）

#100 = #100 + 120； 　　　　　　 （#100 号变量依次增加 120°）

IF ［#100 LE 270］ GOTO 20； 　　（条件判断语句,若#100 号变量的值小于
　　　　　　　　　　　　　　　　　　　或等于 270°,则跳转到标号为 20 的程
　　　　　　　　　　　　　　　　　　　序段处执行,否则执行下一程序段）

G91 G28 Z0；

G91 G28 Y0；

M09；

M05；

M30；

实例 3-4 程序 1 编程要点提示：

（1）本程序采用最基本的方法——三角函数关系来计算出圆弧各点的坐标值。

（2）本程序采用刀心编程。采用三角函数关系计算各点的坐标值,需要考虑刀具半径,如程序中语句#113 = ［150 − #101］ ＊ SIN ［#100］、#107 = ［110 + #101］ ＊ SIN ［#100］；在建立数学模型的三角形时,需要考虑斜边值是加上刀具半径的值,还是减去刀具半径的值。

（3）由于三个圆弧凹槽均匀分布在圆周轮廓上,相邻两个凹槽之间角度间隔为 120°,参见程序中语句：#100 = #100 + 120、IF ［#100 LE 270］ GOTO 20,它们控制了三个凹槽的循环加工。注意：循环结束条件是小于或等于 270°而不是 360°。

（4）程序是铣削好一个凹槽后,抬刀一定高度后,再进行下一个凹槽的加工,按深度优先的方法来铣削凹槽；也可以铣削好凹槽的一层以后,抬刀一定高度后,再进行另一个凹槽的加工,按层优先的方法进行铣削加工。

（5）加工完一个凹槽后,要先将 Z 轴抬刀至安全平面,见程序中 G90 G0 Z20 的语句。

> **程序 2：利用极坐标系 G16、G15 和旋转坐标系 G68、G69 指令编写宏程序代码**

O3026；

G15 G17 G21 G40 G49 G54 G69 G80 G90；

T2 M06；

```
G0 X0 Y0；
G43 Z20 H02；
M03 S2000；
M08；
#100 = 30；                      （圆弧凹槽起始角度）
N10 G68 X0 Y0 R［#100］；        （采用旋转坐标系指令,将坐标旋转#100度）
G41 G0 X10 Y0 D02；              （建立刀具半径左补偿）
#115 = 0；                       （设置#115号变量的值,控制深度的变化）
G16；                            （极坐标系生效）
G0 Z1；                          （Z轴快速移动到工件表面Z1处）
G0 X130 Y0；                     （X、Y轴移动到下刀位置）
N20 #115 = #115 −2；            （#115号变量依次减去2mm）
G0 Z［#115 +1］；
G01 Z［#115］F100；
G01 Z［#115］F150；             （Z轴进刀到铣削深度）
G01 X110 Y60；                   （铣削）
G03 X150 Y0 R20；                （铣削）
G03 X150 Y60 R150；              （铣削）
G03 X110 Y60 R20；               （铣削）
G02 X110 Y0 R120；               （铣削）
G0 X130 Y0；                     （铣削）
IF ［#115 GT −30］GOTO 20；      （条件判断语句,若#115号变量的值大于 −30,
                                  则跳转到标号为20的程序段处执行,否则
                                  执行下一程序段）

G90 G0 Z10；
G15；                            （极坐标系取消）
#110 = #110 + 120；              （#100号变量依次增加120°）
IF ［#100 LE 270］GOTO 10；      （条件判断语句,若#100号变量的值小于或等
                                  于270,则跳转到标号为20的程序段处执
                                  行,否则执行下一程序段）

G90 G40 G0 X130 Y0；            （取消刀具半径补偿）
G69；                            （旋转坐标系取消）
G91 G28 Z0；
G91 G28 Y0；
M09；
```

M05；

M30；

实例 3-4 程序 2 编程要点提示：

（1）本程序综合应用了刀具半径补偿、极坐标系、旋转坐标系、镜像以及比例缩放等数控铣手工编程中的高级编程指令。在宏程序编程的应用中，结合这些高级编程指令可以简化程序，使程序变得更具逻辑性和可读性。

（2）关于半径补偿、极坐标系、旋转坐标系等指令的综合应用说明：

半径补偿、极坐标系、旋转坐标系的应用如果出现在同一个程序中，使用的原则为"最先建立最后取消"或"最后采用最先取消"。下面结合程序中的语句具体分析：

旋转坐标系指令 G68 是最先建立的，参见程序中语句 G68 X0 Y0 R［#100］，在程序的最后才采用 G69 指令来取消。

在手工编程尤其程序量较大或比较复杂的程序中，如需使用一些成对出现的指令如：G41 G42 和 G40、G68 和 G69、G15 和 G16 等指令，在使用后一定要记得采用相对应的指令来取消，否则机床会执行不正确动作。

（3）关于 G00 Z［#115 + 1］、#115 = #115 – 2、G01 Z［#115］F100 语句的说明：

刀具半径补偿在工件表面外建立，每铣削一层后，将 Z 轴抬刀到工件表面外，取消刀具半径补偿功能，参见程序中 G90 G00 Z10 语句。同时，为了减少空切时间，提高效率，要采用较快速度到达上层铣削的深度，参见程序中的语句 G01 Z［#115］F500，然后再采用较低速度进给到下一层的铣削深度，参见程序中的语句 G01 Z［#115］F100。

3.4.4 本节小结

本节通过铣削均匀分布在圆周上的腰形凹槽宏程序的应用实例，介绍了宏程序在此类工件中编程的要点，此类工件的加工对刀具的选择、进给路径的选择比铣削外轮廓要严格得多。采用刀心编程并建立数学模型时，要考虑刀具半径问题；若采用刀具半径补偿编程，刀具半径补偿的建立和取消也比轮廓加工要复杂得多。

极坐标系和旋转坐标系在解决圆周上均匀分布型面的加工具有独特优势，应优先考虑采用该类指令来编程，显然在宏程序编程中结合这类数控铣高级编程指令，可以解决复杂型面的加工编程。

3.4.5 本节习题

（1）采用子程序嵌套编写实例 3-4 加工宏程序代码。

（2）复习高级编程指令如极坐标系、旋转坐标系、镜像以及比例缩放等指令在数控铣编程中的应用及其应用场合。

（3）编程题：

① 根据图 3-33 所示零件，材料为 45 钢，编写腰形凸台加工的宏程序代码。

② 合理设置算法，画出程序设计流程框图。

③ 合理设置精加工余量，编写粗加工以及精加工宏程序代码。

④ 考虑合理的进刀方式。

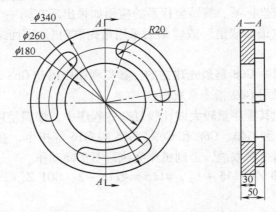

图 3-33　习题零件图

3.5　本章小结

本章通过编制铣削键槽、内孔、四角圆角过渡型腔和腰形凹槽等简单的入门实例，结合铣削加工工艺介绍宏程序在数控铣削型腔中的编程思路和方法。

本章所举实例无论是从刀具选择、进给路径、刀具半径补偿，还是数学模型的建立等方面，都比零件外轮廓加工要复杂得多。一般型腔加工可以分为两步：第一步，采用粗加工来去除大量的余量，留下适当的精铣余量，并且保证余量的均匀性；第二步，采用精加工型腔轮廓。

零件的外轮廓和内部型腔的加工，都是数控铣中最基本的型面加工。任意复杂型面的加工都是由简单型面组成的。因此本章内容和第 2 章内容一样，都是数控铣宏程序编程中的基本内容，从中掌握的编程技能为提高综合能力具有重要的作用。

3.6　本章习题

（1）比较宏程序在轮廓加工和型腔加工的不同点和相同点。

（2）通过第 2 章和第 3 章的学习，总结下宏程序在轮廓加工和型腔加工主要的编程步骤。

（3）编程题（该题是对第 2 章和第 3 章学习效果的一个检测）：

① 根据图 3-34 所示零件，材料为 45 钢，编写加工凸台外侧轮廓和中间盲孔的宏程序代码。

② 合理设置算法，画出程序设计流程框图。

③ 考虑合理的进刀方式。

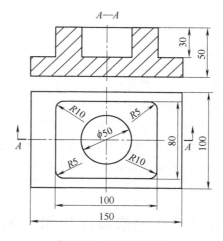

图 3-34 习题零件图

第 4 章

数控铣宏程序的群孔加工

本章内容提要

本章将通过直线排孔、圆周钻孔、带角度排孔以及矩阵孔的四个简单实例，介绍宏程序编程在数控铣钻孔中的应用。这些实例的编程虽然简单，变量设置以及逻辑关系也没有铣削轮廓和型腔加工复杂，但孔/群孔加工也是铣加工中较为常见的加工任务，因此熟练掌握宏程序编程在孔加工中的应用是学习宏程序编程最基本的要求。

4.1 实例 4-1：直线排孔的宏程序应用实例

4.1.1 零件图以及加工内容

加工零件如图 4-1 所示，毛坯为 200mm × 50mm × 30mm 的长方体，材料为 45 钢，在长方体表面加工 7 个均匀分布的通孔，孔直径为 10mm，孔与孔的间距为 30mm，试编写数控铣钻孔的宏程序代码。

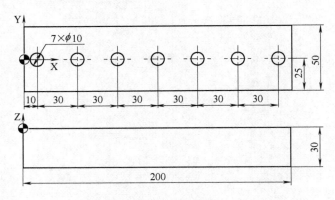

图 4-1　加工零件图

4.1.2　零件图的分析

该实例要求加工 7 个均匀分布在长方体上表面的通孔，毛坯尺寸为 200mm × 50mm × 30mm，加工和编程之前需要考虑以下方面：

（1）机床的选择：根据毛坯以及加工图样的要求宜采用铣削加工，选择 FANUC 系统数控铣床。

（2）装夹方式：从加工的零件来分析，无论采用机用虎钳装夹，还是采用螺栓、压板装夹方式，均要求在该零件下表面垫等高块，等高块放置时要远离孔的加工位置（防止钻头钻到等高块）。本实例中根据孔加工的数量以及孔的类型，不宜采用机用虎钳装夹方式，在此采用螺栓、压板装夹方式，压板压在零件的棱边上（但不能影响对刀操作）。

（3）刀具的选择：

① 90°中心钻（1 号刀）。

② φ10mm 的钻头（2 号刀）。

（4）安装寻边器，找正零件的编程原点。

（5）量具的选择：

① 0 ~ 150mm 的游标卡尺。

② 0 ~ 150mm 的游标深度卡尺。

（6）其中编程原点的选择如下：本实例 X、Y 向编程原点的选择没有特别要求，以下情况之一均可作为本实例的编程原点。

① 编程原点选择在零件左侧棱边的中点位置或零件右侧棱边的中点位置。

② 编程原点选择在长方体的四个顶点。

③ 零件上表面的中心位置。

在本实例中，确定 X、Y 向的编程原点选在零件的左侧棱的边中心位置，Z 向编程原点在零件的上表面，存入 G54 零件坐标系。

（7）转速和进给量的确定：

① 中心钻的转速为 1500r/min，进给量为 80mm/min。

② φ10mm 钻头转速为 800r/min，进给量为 100mm/min。

钻直线排孔工序卡见表 4-1。

表 4-1　钻直线排孔工序卡

工序	主要内容	设备	刀　具	切 削 用 量		
				转速 /(r/min)	进给量 /(mm/min)	背吃刀量 /mm
1	钻中心孔	数控铣床	中心钻	1500	80	—
2	钻孔	数控铣床	φ10mm 的钻头	800	100	—

4.1.3 算法以及程序流程框图的设计

1. 算法的设计

（1）该实例钻孔过程规划为：X、Y 轴快速移动到孔的加工位置，然后进行钻孔循环，钻到预定的深度后，Z 轴抬刀到安全平面，准备移至下一个位置孔进行加工。FANUC 系统提供了一系列钻孔循环来满足不同孔的加工需求，因此对于编程人员来说只要找准孔位置在零件中的坐标值，以及考虑孔加工的路径即可，至于加工孔的循环过程则由机床按照编程人员给定的指令和参数来完成。

（2）由图 4-1 可知，零件中 7 个通孔的位置呈线性排开，孔直径大小相等、且孔与孔之间的间距也相等。采用宏程序编程只需要知道第一个孔的位置坐标，然后通过变量的运算，即可以控制其余 6 个孔的位置，结合钻孔循环 G81 指令写出宏程序代码。

（3）关于控制循环结束的条件，可以采用以下两种算法：

1）以孔的个数作为循环结束的判定条件。设置#100 号变量控制钻孔的个数。设置#100 = 7（也可以设置#100 = 0），每钻好一个孔，#100 = #100 - 1，通过条件判断语句 IF［#100 GT 0］GOTO 10 或 IF［#100 LT 7］GOTO 10 实现连续钻 7 个孔的循环过程。

2）采用 X 轴的坐标值作为循环结束的判定条件。设置#100 = 10，每钻好一个孔后，通过语句#100 = #100 + 30 的累加，使 X 轴移动到下一个钻孔位置，通过条件判断语句 IF［#100 GE 190］GOTO 10 实现连续钻 7 个孔的循环过程。

（4）关于钻孔固定循环的过程。可以采用 FANUC 数控系统提供的钻孔循环 G81 指令来实现；也可以采用 G01 直线进给的方式，设置#101 号变量控制每次钻孔的深度，采用 G01 X［#101］和#101 = #101 + 2，通过每次钻孔深度为 2mm，这样有利于排屑，相当于钻孔循环 G73/G83 指令的功能，最后通过判断孔的深度来完成整个钻孔过程。

2. 程序流程框图设计

根据以上对图样和算法的设

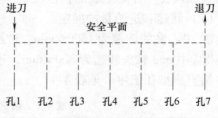

图 4-2 钻孔的刀路轨迹示意图

计，规划钻孔的刀路轨迹如图 4-2 所示，程序流程框图的设计如图 4-3 所示，其中图 4-3a 所示为#100 变量初始值为 7，图 4-3b 所示为#100 变量初始值为 0。

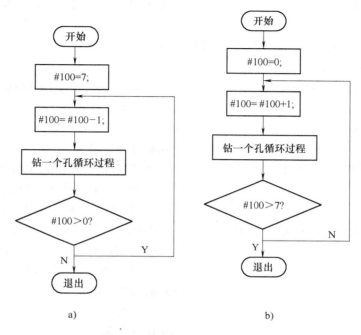

图 4-3　实现钻孔的两种程序流程框图

a）设置#100 = 7　b）设置#100 = 0

3. 根据算法以及流程框图编写加工的宏程序代码

程序 1：按图 4-3 所示的流程框图编写的宏程序代码

```
O4001；                        （程序号）
G15 G17 G21 G40 G49 G54 G80 G90；
T1 M06；
T2；
G0 X0 Y0；
G43 Z50 H01
M03 S1500；
M08；
#102 = -5；                    （设置#102 号变量,控制钻孔深度）
#106 = 30；                    （设置#106 号变量,控制两个孔之间的
                                间距）
#103 = 0；                    （设置#103 号变量,#103 为标志变量）
#104 = 80；                    （设置#104 号变量,进给量）
N20 #100 = 7；                （设置#100 号变量,控制钻孔的个数）
```

#101 = 10;	（设置#101 号变量,控制孔 X 向的坐标位置）
N10 G98 G81 X[#101] Y0 Z[#102] R5 F[#104] M08;	（钻孔）
#101 = #101 + #106;	（#101 号变量依次增加 30mm,下一孔的 X 向坐标位置）
#100 = #100 − 1;	（孔的个数减 1）
G80;	（钻孔循环取消）
IF [#100 GT 0] GOTO 10;	（条件判断语句,若#100 号变量的值大于 0,则跳转到标号为 10 的程序段处执行,否则执行下一程序段）
IF [#103 GT 0.5] GOTO 30;	（条件判断语句,若#103 号变量的值大于 0.5,则跳转到标号为 30 的程序段处执行,否则执行下一程序段）
G91 G28 Z0;	（Z 轴回参考点）
M05;	（主轴停止）
M09;	（关闭切削液）
T2 M06;	（调用 2 号刀具）
M03 S800;	（主轴正转,转速为 800r/min）
G90 G54 G0 X0 Y0;	
G43 Z50 H02;	（Z 轴带上长度补偿快速移动到 Z50 位置）
M08;	（打开切削液）
#102 = −35;	（#102 号变量重新赋值）
#104 = 150;	（#104 号变量重新赋值）
#103 = #103 + 1;	（#103 号变量依次增加 1）
GOTO 20;	（无条件跳转到标号为 20 处执行）
N30 G91 G28 Z0;	
G91 G28 Z0;	
G91 G28 Y0;	
M05;	
M09;	
M30;	

实例 4-1 程序 1 编程要点提示：

（1）本程序先采用 1 号刀（中心钻）进行孔的预定位加工（防止直接用 ϕ10mm 钻头钻孔时,钻头定心不准而影响孔的精度）,再采用 2 号刀（ϕ10mm）

钻头进行钻孔加工。

（2）钻孔循环指令如 G81 是模态指令，一旦指定，就一直保持有效，直到用 G80 撤销指令为止，因此只要在开始时使用了这些指令，在以后连续加工中不必重新指定。

（3）讨论#103 号变量和 IF［#103 GT 0.5］GOTO 30 的作用：

1）#10 3 号变量作为标志变量，是控制程序流向执行的依据。下面举例说明这一点：

比如水库闸门的作用：当水位上涨到一定高度就开闸放水，否则水闸关闭，而开闸放水的条件就是水位达到一定的高度。

在宏程序编程中，有时为了使程序能按编程人员设计的意图执行和避免出现无限循环的现象，设定一个标志变量是很有必要的。一般在出现 GOTO 语句和粗、精加工采用同一段程序时，需要考虑采用标志变量实现程序的顺利跳转，以避免出现无限循环（死循环）现象。

2）下面结合程序语句来分析标注变量的用法：

在程序的变量赋值中，#100 = 0 使#100 变量赋值为 0，接着程序执行钻中心孔的程序代码，钻中心孔结束后，执行 IF［#103 GT 0.5］GOTO 30 语句，该语句的作用就是判断标志变量是否大于 0.5，是决定程序是否跳转的条件（相当于水库中水位高度是否达到一定的高度），此时#100 号变量值为 0 而不大于 0.5，程序继续按顺序执行，执行到#103 = #103 + 1，使#103 号变量的值为 1，GOTO 20 语句是程序无条件跳转到 N20 执行钻孔循环的程序段，钻孔循环结束后，再次执行 IF［#103 GT 0.5］GOTO 30，而此时#103 号变量值为 1，大于 0.5，满足了程序跳转的条件，所以程序跳转到标号为 30 处执行（程序结束语句）。

（4）关于 T1 M06 后面 T2 语句的说明。该语句用于加工中心带自动刀库的备刀，实际加工中，当加工零件的工序较多，使用的刀具较多，编程人员往往不会从 1 号刀到最后刀号都按顺序使用的。例如：加工中心的刀库最多可以存储 60 把刀。T1 号在加工，如下一工序加工使用 T55，而刀库中的刀库编号按顺序排放的，在 T1 号加工结束后，再执行 T55 M06（换刀指令），机床执行换刀指令会有较长的停顿时间。为了节省时间，通常在程序执行时，进行备刀 T55 动作，执行 T55 指令后，刀库在运作时并不影响机床正常运行。

程序 2：采用 G01 实现钻孔循环的宏程序代码

O4002；

G15 G17 G21 G40 G49 G54 G80 G90；

T1 M06；

T2；

G0 X0 Y0；

```
G43 Z50 H01
M03 S1500；
M08；
#103 = 0；                        （设置#103 号变量,#103 为标志变量）
#104 = 80；                       （设置#104 号变量（进给量））
#106 = 4；                        （最终钻孔深度）
N20 #100 = 7；                    （设置#100 号变量,控制钻孔个数）
#101 = 10；                       （设置#101 号变量,控制孔的 X 向的坐标位置）
N10 G0 X[#101] Y[0]；             （移动到孔加工位置）
Z1；                             （到达零件表面 Z1 处）
#110 = 0；                        （设置#110 号变量,控制钻孔深度）
#111 = 0；                        （退刀点）
N50 G0 Z[0 - #110 + #111]；       （Z 轴快速进给至 Z[0 - #110 + #111]）
G01 G90 Z[0 - #110] F[#104]；     （钻入深度[0 - #110]）
G90 G0 Z5；                       （Z 轴快速抬刀至安全高度）
#110 = #110 + 2；                 （#110 号依次增加 2）
#111 = #110 + 0.5；               （#111 号变量的值等#110 号变量的值加 0.5）
IF [#110 LE #106] GOTO 50；       （条件判断语句,若#110 号变量的值小于或等
                                   于#106 号变量的值,则跳转到标号为 50
                                   的程序段处执行,否则执行下一程序段）
G90 G0 Z50；                      （Z 轴快速退到安全平面）
#101 = #101 + 30；                （#101 号变量依次增加 30mm,下一孔的 X
                                   向坐标位置）
#100 = #100 - 1；                 （孔个数减 1）
IF [#100 GT 0] GOTO 10；          （条件判断语句,若#100 号变量的值大于 0,
                                   则跳转到标号为 10 的程序段处执行,否
                                   则执行下一程序段）
IF [#103 GT 0.5] GOTO 30；        （条件判断语句,若#103 号变量的值大于 0.5,则
                                   跳转到标号为 30 的程序段处执行,否则
                                   执行下一程序段）
G91 G28 Z0；
M05；
M09；
T2 M06；                         （调用 2 号刀具）
G90 G0 G54 X0 Y0；
```

M03 S800；

G90 G43 Z50 H02；

M08；

#106＝36；　　　　　　　　　（#106 号变量重新赋值）

#104＝100；　　　　　　　　　（#104 号变量重新赋值）

#103＝#103＋1；　　　　　　（#103 号变量依次增加 1）

GOTO 20；　　　　　　　　（无条件跳转到标号为 20 的程序段处执行）

N30 G91 G28 Z0；

G91 G28 Z0；

G91 G28 Y0；

M05；

M09；

M30；

实例 4-1 程序 2 编程要点提示：

（1）程序 O4001 和程序 O4002 的区别在于：程序 O4001 采用 FANUC 系统提供的钻孔循环来实现孔的加工，程序 O4002 是采用执行进给的方式完成孔加工。采用 G01 编写孔的宏程序代码，相当于 FANUC 系统提供的 G73 或 G83 指令功能，在钻入一定深度后，Z 轴抬刀，利于排屑和零件散热，防止钻孔卡死，属于深孔加工通用方式。

（2）IF［#110 LE #106］GOTO 50 和 N50 之间的循环语句实现控制加工孔的循环过程。其中的判断条件［#110 LE #106］是将已加工孔的深度和需要加工的深度进行比较，实现动态判别，只要修改#106 的值，就可以实现任意深度孔的加工，在深孔加工中具有代表性。

程序 3：采用调用子程序嵌套的方式实现孔加工的宏程序代码

O4003；　　　　　　　　　　（程序号）

G15 G17 G21 G40 G49 G54 G80 G90；

T1 M06；

T2；

G0 G90 G54 X0 Y0；

G43 Z50 H01；

M03 S1500；

M08；

#110＝0；　　　　　　　　　（设置#110 号变量，标志变量）

#104＝80；　　　　　　　　　（设置#104 号变量，进给量）

G0 G90 G54 X－20 Y0；　　　（X、Y 轴移动到第一个孔位置）

```
#105 = 4;                        (设置#105 号变量,控制钻孔深度)
M98 P74004;                      (调用子程序,子程序号为 O4004,调用次数为
                                  7,钻中心孔)
G91 G28 Z0;                      (Z 轴回参考点)
M05;
M09;
T2 M06;                          (调用 2 号刀具)
M03 S800;
G0 G90 G54 X0 Y0;
G90 G43 Z50 H02;
G0 X - 20;
M08;
#100 = 0;
#105 = 36;                       (#105 号变量重新赋值,控制钻孔深度)
#110 = #110 + 1;                 (#110 号变量依次增加 1)
#104 = 100;                      (设置#104 号变量,进给量)
M98 P74004;                      (调用子程序,子程序号为 O4004,调用次数为
                                  7,钻 φ10mm 孔)
G91 G28 Z0;
G91 G28 Y0;
M05;
M09;
M30;
……
O4004;                           (一级子程序号)
G91;                             (转换为增值方式编程)
G0 X[30] Y0;                     (定位到孔的加工位置)
G90;                             (转换为绝对值方式编程)
M98 P4005;
M99;                             (子程序调用结束,并返回主程序)
……
O4005;                           (二级子程序号)
G83 G98 G90 Z[0 - #105] R1
  Q5 F[#104];                    (钻孔循环)
G80;                             (取消钻孔循环)
```

M99

……

实例 4-1 程序 3 编程要点提示：

（1）程序 O4003 采用子程序嵌套的方式实现孔加工的宏程序代码，该实例中钻中心孔、钻 ϕ10mm 的孔采用调用同一个子程序。

（2）由于第一个孔中心与编程原点的距离和两个孔之间的孔距不一样，所以调用一级子程序时，要先使用 G0 G90 G54 X-20 Y0 语句使机床移动到相应的位置，调用一级子程序，执行语句：G91 和 G0 X[30] Y0 使机床移动（相对移动）至孔的位置，然后再调用二级子程序进行钻孔循环。

（3）中心孔钻削完毕后，机床会执行：Z 轴会快速移动到换刀点、换刀等一系列的动作。X、Y 轴的初始移动见（2）点所述。

（4）钻中心孔深度和钻 ϕ10mm 孔的深度不一样，因此程序中采用了#105 号变量控制钻孔的深度，具体解决方法参考如下程序：

T1 M06；

……

#105 = 4；

……

T1 M06；

……

#105 = 36；

……

由以上程序可知：机床执行换刀后，#105 号变量赋相应的深度值即可。

4.1.4　本节小结

本节通过钻直线排孔的宏程序应用实例，介绍了宏程序编程在此类零件中的方法以及编程要点。本实例的程序代码均有一定难度，因此钻中心孔和 ϕ10mm 的孔采用同一个程序代码，如果采用不同的程序代码则要简单得多，感兴趣的读者可以自行编写出程序代码，再与本实例代码进行比较。

标志变量在本实例中得到充分的体现，望读者引起足够重视。复杂型面在铣削加工中，若采用宏程序编程，合理去设置标志变量，可以使整个程序的逻辑性更加紧凑、合理。

4.1.5　本节习题

（1）复习并熟练掌握 FANUC 系统提供的各类钻孔循环指令的应用场合（要求能熟悉机床执行的每一个动作）。

（2）采用子程序嵌套，把钻中心孔、ϕ10mm 的孔编制成两个不同的子程序。

（3）编程题：

① 根据如图 4-4 所示的零件，材料为 45 钢，编写加工的宏程序代码。

② 合理设置算法，画出程序设计流程框图。

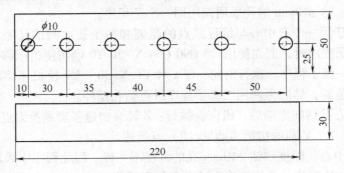

图 4-4　习题零件图

4.2　实例 4-2：圆周钻孔的宏程序应用实例

4.2.1　零件图以及加工内容

加工零件如图 4-5 所示，零件要求加工 11 个均匀分布在两个圆周上的通孔，孔的直径为 10mm，其中 ϕ50mm 圆周上孔与孔的夹角为 60°，ϕ100mm 圆周上孔与孔之间的夹角为 72°，材料为 45 钢，要求：试编写数控铣钻孔的宏程序代码。

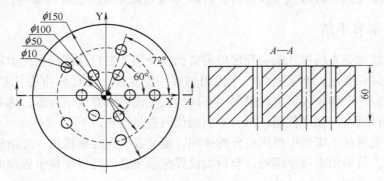

图 4-5　零件加工图

4.2.2　零件图的分析

该实例要求毛坯为 ϕ150mm × 60mm 的圆柱体，钻 11 个 ϕ10mm 的通孔，加

工和编程之前需要考虑以下方面：

（1）机床的选择：根据毛坯以及加工图样要求，宜采用钻孔加工，选择 FANUC 系统数控铣床。

（2）装夹方式：从加工零件来分析，需要在铣床的工作台平面上安装一个自定心卡盘或采取螺栓、压板的方式。装夹零件要特别注意：需要在自定心卡盘的每个卡爪上放置等高块，以防加工时钻头钻入卡盘。装夹好零件，需要采用百分表校正零件的上表面，检查零件安装是否水平。

（3）刀具的选择：

① 中心钻（1 号刀）。

② ϕ10mm 的钻头（2 号刀），钻头的有效长度至少 70mm。

（4）安装寻边器，找正零件的中心。

（5）量具的选择：

① 0～150mm 的游标卡尺。

② 0～150mm 的游标深度卡尺。

③ 直径 ϕ10mm 标准塞规。

（6）编程原点的选择：该实例的编程原点选择在圆心位置，Z 向原点选择在零件的上表面位置，存入 G54 零件坐标系。

（7）转速和进给量的确定：

① 中心钻的转速为 1500r/min，进给量为 150mm/min。

② ϕ10mm 钻头转速为 800r/min，进给量为 100mm/min。

钻圆周孔的工序卡见表 4-2。

表 4-2 钻圆周孔的工序卡

工序	主要内容	设备	刀 具	切 削 用 量		
				转速 /（r/min）	进给量 /（mm/min）	背吃刀量 /mm
1	钻中心孔	数控铣床	中心钻	1500	150	—
2	钻孔	数控铣床	直径 ϕ10mm 的钻头	800	100	—

4.2.3 算法以及程序流程框图的设计

1. 算法的设计

（1）圆周上等角度孔的加工堪称是数控铣宏程序应用的最典型案例。最新的数控系统出现了圆周钻孔循环指令，由此可见，该类实例在实际生产加工中的普及性。

（2）对零件图分析可知，此零件是由两个圆周的等角度孔组成的，可以按照由内而外的加工顺序进行加工，或者按照由外而内的加工顺序进行加工。关于圆周上孔位置的坐标值计算，有以下两种方法：

1）建立数学模型，构建三角函数。利用三角函数计算出每个孔的坐标位置。在构建数学模型时，此实例和实例3-4构建的数学模型有所不同。

在实例3-4铣削圆周凹槽时建立的数学模型，利用三角函数计算坐标值时，需要考虑使用加工刀具（铣刀）的半径。而在此实例中，不需要考虑加工刀具（钻头）的半径值。

2）利用极坐标系G15/G16。采用极坐标系方法，再结合钻孔循环G81，可以编写宏程序加工代码。

关于孔坐标位置的计算方法，以及单个圆周上等角度孔的加工程序流程框图，可以参考1.3.3节所叙内容。

（3）从零件图可知：ϕ50mm圆周上孔与孔的夹角为60°，ϕ100mm圆周上的孔与孔的夹角为72°，这将增加程序编写的难度，在此有以下两种算法：

1）采用调用子程序的办法，将两个不同圆周直径上的孔，编写成两个不同的子程序。

2）采用宏程序编程的嵌套循环。设置#100号变量控制角度的变化，#101号变量控制半径的值。一个完整圆周上孔加工完毕后，则修改相应的#100号变量和#101号变量的值即可。

（4）孔加工路径的选择：

该实例常规的加工路径：先加工ϕ50mm圆周上的孔，加工完毕后，再加工ϕ100mm圆周上的孔，或者反向加工，如图4-6a所示，这样加工路径虽然合理，但不是最短进给的优化路径。

最短进给路径的规划应该这样：先加工ϕ100mm圆周上的一个孔，加工完毕后，加工ϕ50mm圆周上与之相邻的孔，然后再加工ϕ100mm圆周上与之相邻的孔，使加工路径呈Z字路径进给，如图4-6b所示。

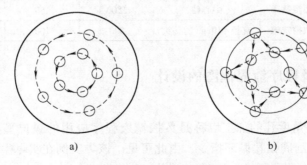

图4-6　常规加工路径和最短进给路径示意图

a）常规加工路径　b）最短进给路径

关于最短加工路径的补充说明：在采用宏程序进行编程时，首先要考虑如何规划最短加工路径，再考虑算法、程序流程框图的设计以及变量设置是否合理。

2. 程序流程框图设计

根据钻孔轨迹和算法设计的要求，本实例基于数学模型的程序设计流程框图如图 4-7 所示，基于极坐标的程序设计流程框图如图 4-8 所示。

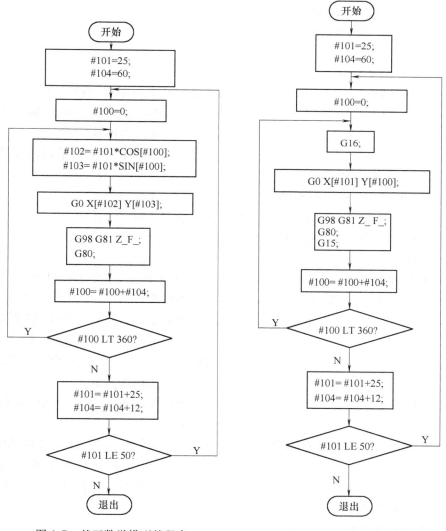

图 4-7　基于数学模型的程序
　　　　设计流程框图

图 4-8　采用极坐标系的
　　　　程序设计流程框图

3. 根据算法以及流程框图编写加工的宏程序代码

程序 1：采用数学模型计算孔位置的宏程序代码（为节省篇幅，钻中心孔程序省略，可参考实例 4-11 直线排孔的宏程序中相关内容）

```
O4006；
G15 G17 G21 G40 G49 G54 G80 G90；
T2 M06；
G0 G90 G54 X0 Y0；
G43 G90 G0 Z50 H02；
M03 S1000；
M08；
#101 = 25；                      （设置#101 号变量，圆半径）
#104 = 60；                      （设置#104 号变量，φ50mm 圆上孔与孔
                                 之间角度的增量）
N20 #100 = 0；                   （设置#100 号变量，控制孔的角度变化）
N10 #102 = #101 ∗ COS［#100］；    （计算孔 X 坐标值）
#103 = #101 ∗ SIN［#100］；        （计算孔 Y 坐标值）
G0 X［#102］Y［#103］；             （移动到孔加工位置）
G98 G83 Z［−62］Q5 R1 F100；       （采用 G83 钻孔循环钻孔）
G80；                            （取消钻孔循环）
#100 = #100 + #104；             （#100 号变量依次增加#104 值）
IF［#100 LT 360］GOTO 10；         （条件判断语句，若#100 号变量的值小于
                                 360，则跳转到标号为 10 的程序段处
                                 执行，否则执行下一程序段）
#104 = #104 + 12；               （#104 号变量增加 12，φ100mm 圆周上孔
                                 与孔之间的夹角）
#101 = #101 + 25；               （#101 依次增加 25，φ100mm 的圆周
                                 直径）
IF［#101 LE 50］GOTO 20；          （条件判断语句，若#101 号变量的值小于
                                 或等于 50，则跳转到标号为 20 的程
                                 序段处执行，否则执行下一程序段）
G91 G28 Z0；
G91 G28 Y0；
M05；
M09；
M30；
```

实例 4-2 程序 1 编程要点提示：

（1）建立数学模型，采用三角函数计算出每个孔的坐标位置，结合钻孔循环 G83 指令完成宏程序代码的编制。

（2）本程序编程的关键是通过变量的变化来计算两个不同直径圆周上孔的坐标值。从图 4-7 中分析可知，在程序设置#100 号变量并赋初始值 25（即内圆周的半径值），通过#102 = #101 * COS[#100]、#103 = #101 * SIN[#100] 语句以及#100 = #100 + 60 语句（改变角度）来计算 φ50mm 圆周上每个孔的坐标值。

（3）φ50mm 圆周上的孔加工完毕后，加工直径 φ100mm 圆周上均匀分布的孔。从图样分析可知：两个圆周的半径相差 25mm，圆周上孔与孔之间夹角相差 12°。因此计算外圆周上孔坐标表达式中#101 号变量值、角度增量值需要相应的变化，角度的初始值仍然为 0°（请读者思考为什么），见程序中的语句#104 = #104 + 12、#101 = #101 + 25 控制了外圆直径值以及角度增量的值。

（4）从图 4-7 中分析可知：半径 50mm 圆周上的孔加工完毕后，零件加工完成。程序中用半径作为循环结束的条件，如程序语句：IF［#101 LE 50］GOTO 20。在本实例中同样可以采用加工孔的数量作为结束循环的条件。

程序 2：设置一个角度变量编制的宏程序代码

```
O4007；
G15 G17 G21 G40 G49 G54 G80 G90；
T2 M06；
G0 G90 G54 X0 Y0；
G43 Z20 H02；
M03 S800；
M08；
#101 = 25；                          （设置#101 号变量,圆半径）
#104 = 60；                          （设置#104 号变量,φ50mm 圆上孔与孔
                                      之间角度的增量）
#100 = 0；                           （设置#100 号变量,控制孔的角度变化）
N10 #102 = #101 * COS［#100］；      （计算孔 X 坐标值）
#103 = #101 * SIN［#100］；          （计算孔 Y 坐标值）
G0 X［#102］Y［#103］；             （移动到孔加工位置）
G98 G83 Z[-62] Q5 R1 F100；          （采用 G83 钻孔循环钻孔）
G80；                                （取消钻孔循环）
#100 = #100 + #104；                 （#100 号变量依次增加#104 的值）
IF［#100 LT 360］GOTO 10；          （条件判断语句,若#100 号变量的值小于
                                      360,则跳转到标号为 10 的程序段处
```

执行,否则执行下一程序段)

IF［#100 EQ 360］THEN #100 = 0; (条件赋值语句,若#100 号变量值等于
360,#100 号变量值为 0°)

#104 = #104 + 12; (#104 号变量增加 12,直径 100mm 圆周
上孔与孔之间的夹角)

#101 = #101 + 25; (#101 依次增加 25,直径为 100mm 的圆
周直径)

IF［#101 LE 50］GOTO 10; (条件判断语句,若#101 号变量的值小于
或等于 50,则跳转到标号为 10 的程
序段处执行,否则执行下一程序段)

G91 G28 Z0;

G91 G28 Y0;

M05;

M09;

M30;

实例 4-2 程序 2 编程要点提示:

(1) 请读者自行比较程序 O4006 和程序 O4007 的细微区别。

(2) 语句 IF［…］THEN…用法。

IF［…］THEN…属于条件赋值语句,即［ ］判断条件是否成立,如果
满足［ ］中的条件就再执行 THEN 后的语句。举例说明该语句的用法:

#100 = 1;

IF［#100 GT 0］THEN #100 = 0;执行完该语句后,#100 号变量的值变为 0,
而不是 1。

程序 3:利用极坐标系 G15/G16 指令编制的宏程序代码

O4008; (程序号)

G15 G17 G21 G40 G49 G54 G80 G90; (机床初始化代码)

T2 M06;

G0 G90 G54 X0 Y0;

G43 G90 Z20 H02;

M03 S800;

M08;

#101 = 25; (设置#101 号变量,圆半径)

#104 = 60; (设置#104 号变量(直径 φ50mm 圆
周上孔与孔之间角度的增量))

WHILE［#101 LE 50］DO 1；　　　　　　（循环语句,如果#101 小于或等于 50,则
　　　　　　　　　　　　　　　　　　　　在 WHILE 和 END 1 之间循环,否则
　　　　　　　　　　　　　　　　　　　　跳出循环）

#100 = 0；　　　　　　　　　　　　　　（设置#100 号变量,控制孔的角度变化）
WHILE［#100 LT 360］DO 2；　　　　　　（循环语句,如果#100 小于 360,则在 WHILE
　　　　　　　　　　　　　　　　　　　　和 END 2 之间循环,否则跳出循环）

G16；　　　　　　　　　　　　　　　　　（极坐标系生效）
G0 X［#101］Y［#100］；　　　　　　　　　（移动到孔的加工位置）
G98 G83 Z – 62 Q4 R1 F100；　　　　　　（采用 G83 钻孔循环钻孔）
G80；　　　　　　　　　　　　　　　　　（取消钻孔循环）
G15；　　　　　　　　　　　　　　　　　（极坐标系取消）
#100 = #100 + #104；　　　　　　　　　（#100 号变量依次增加#104 值）
END 2；
#104 = #104 + 12；　　　　　　　　　　（#104 号变量增加 12,直径 100mm 圆周
　　　　　　　　　　　　　　　　　　　　上孔与孔之间的夹角）

#101 = #101 + 25；　　　　　　　　　　（#101 依次增加 25）
END 1；
G91 G28 Z0；
G91 G28 Y0；
M05；
M09；
M30；

实例 4-2 程序 3 编程要点提示：

程序 O4006 和程序 O4008 的区别如下：

1）计算孔坐标值的方法不一样。

程序 O4006 采用的是基于数学模型的计算方法,具体见程序 O4006 编程要点提示。程序 O4008 采用建立极坐标系的方法来计算孔坐标的位置。关于极坐标系的问题可以参见实例 2-3 中相关叙述的内容。

2）采用控制循环的语句不一样。

程序 O4006 采用条件跳转语句 IF［# 100 LT 360］GOTO 10 和 IF［#101 LE 50］GOTO 20 来控制循环的过程,而程序 O4008 则采用循环语句 WHILE［#101 LE 50］DO 1 和 WHILE［#100 LT 360］DO 2 来控制循环的过程。关于控制流向语句参见 1.2 节中相关的内容。

程序 4：采用如图 4-6b 所示最短进给路径算法编制的宏程序代码

O4009；

G15 G17 G21 G40 G49 G54 G80 G90;

T2 M06;

G0 G90 G54 X0 Y0;

G43 Z20 H02;

M03 S1000;

M08;　　　　　　　　　　　　　　　　　（打开切削液）

#104 = 0;　　　　　　　　　　　　　　（设置#104 号变量赋初始值 0,控制
　　　　　　　　　　　　　　　　　　　　角度变化）

#101 = 50;　　　　　　　　　　　　　　（设置#101 号变量赋初始值 50,大圆
　　　　　　　　　　　　　　　　　　　　半径值）

#102 = 25;　　　　　　　　　　　　　　（设置#102 号变量赋初始值 25,半径
　　　　　　　　　　　　　　　　　　　　增量）

#106 = − 1;　　　　　　　　　　　　　（设置#106 号变量,计数器控制直径
　　　　　　　　　　　　　　　　　　　　50mm 圆周上孔的个数）

#107 = − 1;　　　　　　　　　　　　　（设置#107 号变量计数器控制直径
　　　　　　　　　　　　　　　　　　　　100mm 圆周上孔的个数）

#108 = 0;　　　　　　　　　　　　　　（设置#108 号变量并赋初始值 0,控
　　　　　　　　　　　　　　　　　　　　制加工孔的总数）

N10 G16;　　　　　　　　　　　　　　（极坐标系生效）

G00 X[#101] Y[#104];　　　　　　　（X、Y 轴快速移动孔加工位置）

G98 G90 G83 Z − 65 Q5 R1 F150;　　（G83 钻孔循环）

#102 = − #102;　　　　　　　　　　　（#102 号变量取负值）

#101 = #101 + #102;　　　　　　　　（计算#101 号变量的值,下一个加
　　　　　　　　　　　　　　　　　　　　工孔极半径）

#106 = #106 + 1;

IF [[#106 AND 1] EQ 1] GOTO 20;　（条件判断语句,若#106 AND 1 值为
　　　　　　　　　　　　　　　　　　　　TRUE,则跳转到标号为 20 的程序
　　　　　　　　　　　　　　　　　　　　段处执行,否则执行下一程序段）

#107 = #107 + 1;　　　　　　　　　　（#107 号变量依次增加 1）

#104 = #107 ∗ 72;　　　　　　　　　（计算#104 号变量的值,极角）

IF [[#106 AND 1] EQ 0] GOTO 30;　（条件判断语句,若#106 AND 1 值为
　　　　　　　　　　　　　　　　　　　　FALSE,则跳转到标号为 30 的
　　　　　　　　　　　　　　　　　　　　程序段处执行,否则执行下一程
　　　　　　　　　　　　　　　　　　　　序段）

N20 #108 = 108 + 1;

#104 = #108 * 60;　　　　　　　　　（计算#104 号变量的值,极角)

N30 IF［#100 LT 360］GOTO 10;　　（条件判断语句,若#100 号变量的值
　　　　　　　　　　　　　　　　　　　小于 360,则跳转到标号为 10 的
　　　　　　　　　　　　　　　　　　　程序段处执行,否则执行下一程
　　　　　　　　　　　　　　　　　　　序段)

G80;　　　　　　　　　　　　　　　（钻孔循环取消)

G15;

G91 G28 Z0;

G91 G28 Y0;

M05;

M09;

M30;

实例 4-2 程序 4 编程要点提示:

(1) 本程序的刀路轨迹如图 4-6b 所示,程序 O4009 和程序 O4006、O4008 相比的进给路径相对较短,变量设置相对较多,控制程序跳转流向语句较多,因此编程难度相对较大。

(2) 该程序编程的难点主要体现在以下几个方面:

1) 程序的算法:

先加工 $\phi100$mm 圆周上角度与 +X 轴夹角为 0° 的孔,接着加工 $\phi50$mm 圆周上与 +X 轴夹角为 60° 的孔,然后加工 $\phi100$mm 圆周上角度与 +X 轴夹角为 72° 的孔,再加工 $\phi50$mm 圆周上与 +X 轴夹角为 120° 的孔,如此循环,每次加工完一个孔后,圆周直径、孔与 +X 轴夹角就发生变化,数控系统识别下一个待加工孔的角度。

2) 怎样改变圆周半径:

在程序中设置#102 号变量,控制半径增量的变化,每次加工好一个孔后,使语句#102 = - #102 结合语句#101 = #101 + #102,来实现半径的变化。

3) 怎样实现角度变化:

以圆周直径 100mm 上的孔加工为例:每次加工好一个半径为 50mm 圆周上的孔时,先利用语句#106 = #106 + 1、IF［［#106 AND 1］EQ 1］GOTO 20 判断下一个要加工孔所在圆周上的极半径值,#107 = #107 + 1、#104 = #107 * 60 重新计算下一个要加工孔与 +X 轴方向的夹角。

关于 AND 函数:AND 函数属于按位逻辑与运算,在运算时要将数值转化为二进制数值进行。例如:20 AND 1 进行以下步骤的运算:

第 1 步:将 20 转化为二进制数:20 = (1010);

第 2 步:10100 AND 1,其中 1 可以写出 00001,则按位运算 1 与 0 得 0、0

与 0 得 0、0 与 0 得 0、0 与 0 得 0、0 与 0 得 0。

第 3 步：20 AND 1 的值为 0 即 FALSE。

程序 5：采用 MOD 指令编制的宏程序

O4010；

G15 G17 G21 G40 G49 G54 G80 G90；

T2 M06；

G0 G90 G54 X0 Y0；

G43 Z20 H02；

M03 S800；

M08；　　　　　　　　　　　　　　　（打开切削液）

#104 = 0；　　　　　　　　　　　　（设置#104 号变量赋初始值 0,控制角度变化）

#101 = 50；　　　　　　　　　　　（设置#101 号变量赋初始值 50,大圆半径值）

#102 = 25；　　　　　　　　　　　（设置#102 号变量赋初始值 25,半径增量）

#106 = −1；　　　　　　　　　　　（设置#106 号变量,计数器控制直径 50mm 圆周上孔的个数）

#107 = −1；　　　　　　　　　　　（设置#107 号变量,计数器控制直径 100mm 圆周上孔的个数）

#108 = 0；　　　　　　　　　　　（设置#108 号变量并赋初始值 0,控制加工孔的总数）

N10 G16；　　　　　　　　　　　（极坐标系生效）

G00 X[#101] Y[#104]；　　　　　（X、Y 轴快速移动孔加工位置）

G98 G90 G83 Z − 65 Q5 R1 F100；　（G83 钻孔循环）

#102 = − #102；　　　　　　　　　（#102 号变量取负值）

#101 = #101 + #102；　　　　　　（计算#101 号变量的值(下一个加工孔极半径)）

#106 = #106 + 1；

#108 = #108 + 1；

IF [[#106 MOD 2]EQ 1] THEN #104 = #108 ∗ 72；　（条件赋值语句,若[#106 MOD 2]的值等于 1,#100 号变量的值为#108 ∗ 72）

IF [[#106 MOD 2]EQ 0] THEN #104 = #108 ∗ 60；　（条件赋值语句,若[#106 MOD 2]的值等于 0,#100 号变量的值为

144

#108 * 60）

N30 IF ［#100 LT 360］GOTO 10；　　（条件判断语句，若#100 号变量的值小
　　　　　　　　　　　　　　　　　　　于 360，则跳转到标号为 10 的程序
　　　　　　　　　　　　　　　　　　　段处执行，否则执行下一程序段）

G80；　　　　　　　　　　　　　　　（钻孔循环取消）

G15；

G91 G28 Z0；

G91 G28 Y0；

M05；

M09；

M30；

实例 4-2 程序 5 编程要点提示：

MOD 指令作用是取余数运算。举例说明该指令的用法：

1）求 4 MOD 2 的值？

分析：4 能整除 2，余数得 0，所以 4 MOD 2 的值为 0；

2）求 5 MOD 3 的值？

分析：5 不能整除 3，余数得 2，所以 5 MOD 3 的值为 2；

一个整数 MOD 2 的值，可以用来处理一个数并判断其奇偶性。在数控宏程序编程中具有重要的作用，程序 O4010 是 MOD 指令的典型应用之一。

4.2.4　本节小结

本节通过一个等角度分布圆周上孔的宏程序编制实例，介绍了宏程序编程在此类零件中的应用。本节给出两种不同的计算孔坐标位置方法：

（1）根据图样和加工要求，建立数学模型并进行相关轨迹点的数值计算，这也是宏程序编程的基本要求。

（2）极坐标系编程是解决圆周孔加工问题最方便和最有效的方法，在编程中要能灵活地运用。当然，该零件的加工方法绝不限于本节所述的方法。

4.2.5　本节习题

（1）采用加工孔的数量作为控制循环结束的条件来改写程序 O4006，并注意比较和程序 O4006 的区别。

（2）采用直线插补指令（G01）结合宏程序编程来替代 G83 钻孔循环指令，要求：钻孔的刀路轨迹要和 G83 钻孔循环指令一致。

（3）编程题：

① 根据图 4-9 所示的零件，材料为 45 钢，编写加工各孔的宏程序代码。

② 合理设置变量和设计算法，画出程序流程框图。

③ 注意和上述实例程序进行比较。

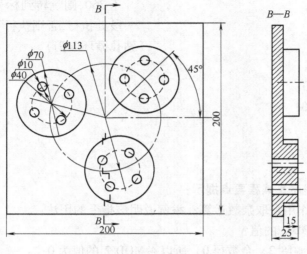

图 4-9　习题零件图

4.3　实例 4-3：角度排孔的宏程序应用实例

4.3.1　零件图以及加工内容

加工零件如图 4-10 所示，加工 9 个均匀分布在与正方形棱边成 45°夹角直线上的群孔，孔与孔在斜线上的间距为 30mm，孔直径为 20mm，材料为铝合金，试编写数控铣钻孔的宏程序代码。

4.3.2　零件图的分析

该实例要求在尺寸为 220mm×220mm×45mm 的正方体铝件毛坯上，钻 9 个直径 20mm 的通孔，加工和编程之前需要考虑以下方面：

（1）机床的选择：选择 FANUC 系统数控铣床。

（2）装夹方式：从加工零件来分析，既可以采用机用虎钳来装夹零件，也可以采用螺栓、压板压住正方体四条边中间的位置来装夹。在本实例中采用机用虎钳装夹零件，装夹注意事项：装夹时需要在零件远离孔加工位置下面垫置等高块；装夹好零件，用百分表校正零件上表面的平行度。

（3）刀具的选择：

① 中心钻（1 号刀）。

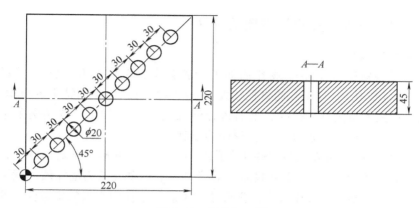

图 4-10　零件加工图

② φ19.8mm 的钻头（2 号刀），钻头的有效刃长至少为 50mm。

③ φ20mm 的机夹可调整镗刀（3 号刀）。

（4）安装寻边器，找正零件的编程原点。

（5）量具的选择：

① 0 ~ 200mm 的游标卡尺。

② 0 ~ 150mm 的游标深度卡尺。

③ φ17 ~ φ20mm 内径千分尺。

（6）编程原点的选择：

① X、Y 向的编程原点选择正方体左下角。

② Z 向编程原点选择在零件的上表面。

③ 存入 G54 零件坐标系。

（7）转速和进给量的确定：

① 中心钻的转速为 1500r/min，进给量为 200mm/min。

② φ19.8mm 钻头转速为 800r/min，进给量为 100mm/min。

③ 镗孔的转速为 1200r/min，进给量为 80mm/min。

钻带角度斜孔的工序卡见表 4-3。

表 4-3　钻带角度斜孔的工序卡

工序	主要内容	设备	刀　具	切削用量		
				转速 /(r/min)	进给量 /(mm/min)	背吃刀量 /mm
1	钻中心孔	数控铣床	中心钻孔	1500	200	0.3
2	钻孔	数控铣床	φ19.8mm 钻头	800	100	2
3	镗孔	数控铣床	φ20mm 镗刀	1200	80	0.2

4.3.3 算法以及程序流程框图的设计

1. 算法的设计

(1) 数控铣削加工中一般孔的加工步骤如下：钻中心孔、钻孔（留有余量）、镗孔（铰孔）。加工孔的直径较大，一般采用直径较小的钻头进行预钻孔，然后用直径大的钻头进行扩孔，最后进行镗孔（铰孔）加工。本实例采用钻中心孔、预钻孔、镗孔（铰孔）进行程序的编制。

(2) 从图 4-10 可知，该零件 9 个孔均匀分布在正方形一条对角线上，且孔与孔之间的距离为 30mm。因此只需知道其中一个孔中心点的坐标值，就可以通过数学模型计算出其他孔中心点的坐标位置值。关于孔中心点的坐标值计算有以下两种方法：

1) 以第一个孔为例，具体说明数学模型建立方法：以正方形左下角的顶点（也就是编程原点）为三角形的顶点，孔中心到编程原点距离 30mm 为斜边，孔 X、Y 向坐标值作为三角形的两条直角边，构建的数学模型如图 4-11 所示。

如图 4-11 的数学模型示意图所示，设计#100号变量来控制斜边的增量，通过三角函数的关系计算出#101、#102 的值，再通过赋值语句#100 = #100 + 30 和条件语句 IF ［#100 LE 270］GOTO n 来控制整个循环的过程。

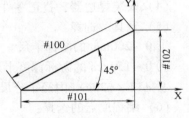

图 4-11 数学模型示意图

2) 利用极坐标系 G15、G16 指令。该实例零件可以视为实例 4-2 圆周钻孔的一个特例，因此也可采用极坐标系来简化编程，以第一个孔为例具体说明：

可以把第一个孔视为均匀分布在以正方形左下角的顶点（也就是编程原点）为圆心、半径长为 30mm 圆周上的孔，该孔与 X 轴正方向的夹角为 45°。第二个孔视为均匀分布在以正方形左下角的顶点（也就是编程原点）为圆心、半径长为 60mm 圆周上的孔，该孔与 X 轴正方向的夹角为 45°，第三个孔至第九孔依次类推，可以发现极坐标系半径是以 30mm 为单位逐渐增加，而极角不发生改变。

在程序中设置#100 号变量控制极坐标系的极半径，#101 = 45 控制极坐标系的极角。通过 G16 G0 X［#100］Y［#101］移动到孔中心点的坐标位置，结合钻孔循环 G83，完成一个孔的加工后，通过#100 = #100 + 30 极坐标系的极半径变化，移动到下一个孔的加工位置，通过 IF ［#100 LE 270］GOTO n 来控制整个循环过程。

(3) 可以通过旋转坐标系 G68、G69 旋转功能，将整个坐标系旋转 45°后，设置#100 号变量控制 X 向的变化，具体算法可以参考实例 4-1 直线排孔的宏程序应用实例。

2. 程序流程框图设计

根据以上算法设计分析，规划本实例钻孔的刀路轨迹如图 4-12 所示，程序流程框图的设计如图 4-13 和图 4-14 所示。

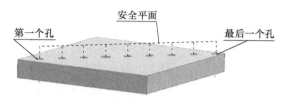

图 4-12　钻孔刀路轨迹示意图

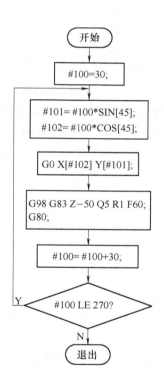

图 4-13　基于数学模型
程序设计流程框图

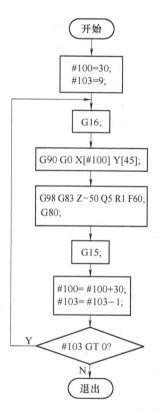

图 4-14　基于极坐标系编程
程序设计流程框图

3. 根据算法以及流程框图编写加工的宏程序代码

程序 1：采用数学模型计算孔位置的宏程序代码

O4011；

G15 G17 G21 G40 G49 G54 G80 G90；

T2 M06；

T1；

G0 G90 G54 X0 Y0；

G43 G90 G0 Z50 H02；

M03 S1000；

M08；

#100 = 30；　　　　　　　　　　　（设置#100 号变量，控制对角线的长度）

#105 = 45；　　　　　　　　　　　（设置#105 号变量，孔与 X 轴正方向的夹角）

#104 = 30；　　　　　　　　　　　（设置#104 号变量，控制距离的增量）；

N10 #101 = #100 ＊ COS［#105］；　（计算孔 X 坐标值）

#102 = #100 ＊ SIN［#105］；　　　（计算孔 Y 坐标值）

G0 X［#101］Y［#102］；　　　　　（移动到孔加工位置）

G98 G81 Z［-50］R5 F100；　　　　（采用 G81 钻孔循环钻孔）

G80；　　　　　　　　　　　　　　（取消钻孔循环）

#100 = #100 + #104；　　　　　　　（#100 号变量依次增加#104 的值）

IF［#100 LE 270］GOTO 10；　　　（条件判断语句，若#100 号变量的值小于
　　　　　　　　　　　　　　　　　　或等于 270，则跳转到标号为 10 的程
　　　　　　　　　　　　　　　　　　序段处执行，否则执行下一程序段）

G91 G28 Z0；

G91 G28 Y0；

M05；

M09；

M30；

实例 4-3 程序 1 编程要点提示：

（1）本实例程序是基于数学模型并利用三角函数关系，计算出每个孔中心点的坐标位置，结合 G81 钻孔循环，条件语句 IF［#100 LE 270］GOTO 10 用来控制整个循环过程。

（2）此程序的算法，前面进行了较为详细的分析。为了节省篇幅，在此不再赘述。

程序 2：采用极坐标系计算孔位置的编写宏程序代码

O4012；

G15 G17 G21 G40 G49 G54 G80 G90；

T2 M06；

T1；

```
G0 G90 G54 X0 Y0；
G43 G90 G0 Z50 H02；
M03 S800；
M08；
#100＝30；              （设置#100 号变量,控制对角线的长度）
#105＝45；              （设置#105 号变量,孔与 X 轴正方向的夹角）
#104＝30；              （设置#104 号变量,控制距离的增量）
#103＝9；               （设置#103 号变量,控制加工孔个数）
N10 G16；              （极坐标系生效）
G0 X［#100］Y［#105］；  （移动到孔的加工位置）
G98 G81 Z－50 R5 F100；  （采用 G81 钻孔循环钻孔）
G80；                  （取消钻孔循环）
G15；                  （取消极坐标系）
#100＝#100＋#104；      （#100 号变量依次增加#104 值）
#103＝#103－1；
IF［#103 GT 0］GOTO 10； （条件判断语句,若#103 号变量的值大于 0,则
                        跳转到标号为 10 的程序段处执行,否则执
                        行下一程序段）
G91 G28 Z0；
G91 G28 Y0；
M05；
M09；
M30；
```

实例 4-3 程序 2 编程要点提示：

（1）本实例程序是采用极坐标系 G16 编程指令，在程序中极角为固定值 45°，通过不断增大极坐标系的极半径值，结合 G81 钻孔循环指令，通过条件语句 IF［#100 LE 270］GOTO 10 来控制整个循环过程。

（2）此程序的算法，在前面进行了较为详细的分析，在此不再赘述。

程序 3：采用旋转坐标系 G69、G68 编写的宏程序代码

```
O4013；
G15 G17 G21 G40 G49 G54 G80 G90；
T2 M06；
T1；
G0 X0 Y0；
G43 Z50 H02
```

M03 S800；

M08；

#100＝30；　　　　　　　　　　（设置#100 号变量,控制对角线的长度）

#105＝45；　　　　　　　　　　（设置#105 号变量,孔与 X 轴正方向的夹角）

#104＝30；　　　　　　　　　　（设置#104 号变量,控制距离的增量）

#103＝9；　　　　　　　　　　　（设置#103 号变量,控制加工孔的个数）

G68 X0 Y0 R#105；　　　　　　（旋转坐标系生效）

N10 G0 X［#100］Y［0］；　　　（移动到孔加工位置）

G98 G81 Z－50 R1 F100；　　　（采用 G81 钻孔循环钻孔）

G80；　　　　　　　　　　　　　（取消钻孔循环）

#100＝#100＋#104；　　　　　（#100 号变量依次增加#104 值）

#103＝#103－1；

IF［#103 GT 0］GOTO 10；　　（条件判断语句,若#103 号变量的值大于 0,则
　　　　　　　　　　　　　　　　　　跳转到标号为 10 的程序段处执行,否则执
　　　　　　　　　　　　　　　　　　行下一程序段）

G69；　　　　　　　　　　　　　（旋转坐标系取消）

G91 G28 Z0；

G91 G28 Y0；

M05；

M09；

M30；

实例 4-3 程序 3 编程要点提示：

（1）程序 O4013 是通过旋转坐标系 G68、G69 编程指令，将整个坐标系旋转了 45°后，按照实例 4-1 直线排孔算法编制的宏程序代码。

（2）此程序的算法，在前面进行了较为详细的分析，在此不再赘述。

程序 4：按钻中心孔、钻孔、镗孔加工顺序编写的宏程序代码

说明：该程序是先预钻孔，然后进行镗孔，镗孔属于精加工，所以加工余量不能太大，在钻孔时可以采用 ϕ19.8mm 的钻头进行预钻孔加工。

O4014；

G15 G17 G21 G40 G49 G54 G80 G90；

T1 M06；

T2；

G0 G90 G54 X0 Y0；

G43 Z50 H01；

M03 S1500；

M08；

#100 = −4；　　　　　　　　　（孔加工深度）

#101 = 81；　　　　　　　　　（孔加工方式）

#102 = 100；　　　　　　　　　（进给量）

M98 P4015；　　　　　　　　　（调用钻中心孔子程序）

G91 G28 Z0；

G90 G0 X0 Y0；

M05；

M09；

T2 M06；　　　　　　　　　　（调用 2 号刀具）

T3；

G0 G90 G54 X0 Y0；

G43 Z50 H02；

#100 = −50；　　　　　　　　　（孔加工深度）

#101 = 76；　　　　　　　　　（孔加工方式）

#102 = 250；　　　　　　　　　（进给量）

M03 S800；　　　　　　　　　（主轴正转转速为 800r/min）

M08；　　　　　　　　　　　　（打开切削液）

M98 P4015；　　　　　　　　　（调用钻孔的子程序）

G91 G28 Z0；　　　　　　　　（Z 轴回参考点）

G90 G0 X0 Y0；　　　　　　　（X、Y 轴回编程原点）

M05；　　　　　　　　　　　　（主轴停止）

M09；　　　　　　　　　　　　（关闭切削液）

T3 M06；　　　　　　　　　　（调用 3 号刀具）

G0 G90 G54 X0 Y0；　　　　　（快速移动到编程原点, 检查坐标系建立的准
　　　　　　　　　　　　　　　　确性）

G43 Z50 H03；　　　　　　　　（Z 轴带上长度补偿快速移动到 Z50 的位置）

M03 S1200；　　　　　　　　　（主轴正转转速为 1200r/min）

M08；　　　　　　　　　　　　（打开切削液）

#100 = −46；　　　　　　　　　（孔加工深度）

#101 = 85；　　　　　　　　　（孔加工方式）

#102 = 200；　　　　　　　　　（进给量）

M98 P4015；　　　　　　　　　（调用钻孔子程序）

G91 G28 Z0；

G91 G28 Y0；

M05；

M09；

M30；

……

O4015；   （子程序名）

#110 = 30；   （设置#110 号变量,孔的间距）

#115 = 45；   （设置#105 号变量,孔与 X 轴正方向的
                              夹角）

#114 = 30；   （设置#114 号变量,控制距离的增量）

N10 #111 = #110 ＊ COS［#115］； （计算孔 X 坐标值）

#112 = #110 ＊ SIN［#115］； （计算孔 Y 坐标值）

G0 X［#111］Y［#112］； （移动到孔加工位置）

G98 G［#101］Z［#100］R5 F［#102］；（钻孔循环）

G80；   （取消钻孔循环）

#110 = #110 + #114；   （#110 号变量依次增加#114 值）

IF［#110 LE 270］GOTO 10； （条件判断语句,若#110 号变量的值小
                              于或等于 270,则跳转到标号为 10
                              的程序段处执行,否则执行下一程
                              序段）

G0 Z50；

M99；

实例 4-3 程序 4 编程要点提示：

（1）本程序加工顺序是先钻中心孔，再钻 ϕ19.8mm 的孔，最后采用 ϕ20mm 的镗刀进行镗孔加工。一般来说，ϕ20mm 的孔在生产中不宜采用镗孔加工，采用铰孔加工或螺旋铣削加工较为适宜，但本程序中的加工顺序和算法具有实用价值的。

（2）本程序采用调用子程序的方式，依次来进行钻中心孔、钻 ϕ19.8mm 的孔以及镗孔的加工。

（3）程序中采用建立数学模型的方法，基于数学模型并利用三角函数的关系，计算出每个孔的坐标位置，结合 G81、G83 以及 G85 等循环指令，实现钻中心孔、钻孔和镗孔等工序的加工，条件语句 IF［#110 LE 270］GOTO 10 来控制整个循环过程。

（4）钻中心孔、钻孔、镗孔编程指令以及钻中心孔、钻孔、镗孔的深度都不完全一样。为了使程序的编制尽可能简洁，在程序中用#101 号变量表示孔加工方式，用#102 号变量表示孔加工深度，如#101 = 81、#102 = −50，G［#101］

Z［#102］R5 F150 和 G81 Z-50 R5 F150 是完全等价的。通过#101 号变量、#102 号变量的重新赋值，实现了钻中心孔、钻孔、镗孔等工序的加工。

（5）补充说明一点，此程序是仿照 FANUC 系统的模态信息变量编制出来的，关于模态信息变量，感兴趣的读者可以参考《BEIJING-FANUC-0i-MA 系统操作说明书》。

4.3.4　本节小结

本节通过讲解一个带角度的排孔宏程序编程实例，介绍了手工编程在此类零件的编程方法及技巧。带角度的排孔和实例 4-1 直线排孔相比，计算孔的坐标位置值要比直线排孔复杂些，因此需要借助数学模型并运用数学表达式来计算有关加工位置。

FANUC 系统提供的旋转系 G68、G69 以及极坐标系 G16、G15 等编程指令，是解决此类零件最简洁、最有效的工具，因此，在编制此类零件加工程序时需要灵活应用高级编程指令来简化程序（见 4.3.3 节程序的 O4012、O4013 中的宏程序代码）。

4.3.5　本节习题

（1）复习并加强理解 FANUC 系统刀具补偿的系统变量、模态信息的系统变量、当前位置系统变量、零件零点偏移值的系统变量（系统变量号）等内容，进一步参考《BEIJING-FANUC-0i-MA 系统操作说明书》并加以练习和应用。

（2）编程题：

① 根据图 4-15 所示零件图，材料为 45 钢，编写加工 7 个 $\phi15$mm 孔的宏程序代码。

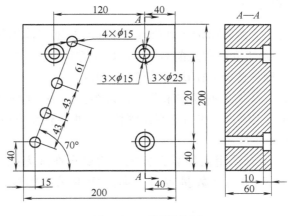

图 4-15　习题零件图

② 合理设置算法，画出程序设计流程框图。

4.4 实例 4-4：矩阵孔的宏程序应用实例

4.4.1 零件图以及加工内容

加工零件如图 4-16 所示，正方体上表面每列均匀分布 9 个孔，每行均匀分布 8 个孔，共 72 个孔，72 个孔呈矩阵排列，构成矩阵孔的加工，孔与孔之间的间距均为 20mm，孔的直径为 12mm，材料为 45 钢，试编写数控铣钻孔的宏程序代码。

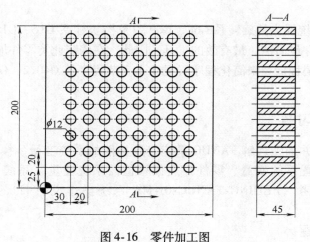

图 4-16　零件加工图

4.4.2 零件图的分析

该实例要求在尺寸为 200mm × 200mm × 45mm 的正方体钢件的毛坯上钻 72 个 ϕ12mm 的通孔，加工和编程之前需要考虑以下方面：

（1）机床的选择：选择 FANUC 系统数控铣床。

（2）装夹方式：从加工的零件来分析，该零件的装夹没有特殊要求，既可以采用机用虎钳来装夹零件，也可以采用螺栓、压板压住正方体四条棱边的中间位置来装夹，装夹时注意：

① 钻通孔时，不管采用何种装夹方式，均要求在远离孔加工位置零件的下面垫等高块。由于加工孔数量较多，本实例中采用螺栓、压板方式装夹零件。

② 装夹好零件后，用百分表校正零件，保证零件水平放置在工作台面上。

（3）刀具的选择：

① 中心钻（1号刀）。

② ϕ12mm 的钻头（2号刀），钻头有效长度至少为50mm。

（4）安装寻边器，找正零件的编程原点。

（5）量具的选择：

① 0～300mm 的游标卡尺。

② 0～150mm 的游标深度卡尺。

③ ϕ7～ϕ10mm 内径千分尺。

（6）编程原点的选择：

① X、Y向编程原点选择在正方体的左下角。

② Z向编程原点选择零件的上表面。

③ 存入 G54 零件坐标系。

（7）转速和进给量的确定：

① 中心钻的转速为 1500r/min，进给量为 100mm/min。

② ϕ10mm 钻头转速为 850r/min，进给量为 100mm/min。

钻矩阵孔的工序卡见表4-4。

表4-4　钻矩阵孔的工序卡

工序	主要内容	设备	刀　具	切　削　用　量		
				转速 /(r/min)	进给量 /(mm/min)	背吃刀量 /mm
1	钻中心孔	数控铣床	中心钻	1500	100	—
2	钻孔	数控铣床	ϕ10mm 钻头	850	100	—

4.4.3　算法以及程序流程框图的设计

1. 算法的设计

（1）此实例是矩阵孔的加工，每行相邻两个孔之间的间距为20mm，每列中相邻两孔之间的间距也为20mm，因此可以采用增量（G91）编程方式来简化程序。

（2）设置#100号变量来控制 X 向加工孔数量的变化，#101 号变量控制 Y 向加工孔的数量，通过语句#100 = #100 - 1 和 IF［#100 GT 0］GOTO n 实现 X 向孔加工的循环过程，X 向孔加工完毕后，Y 向通过移动一个步距，再进行 X 向孔的加工，如此循环来完成整个矩阵孔的加工。

（3）关于矩阵孔加工的进给路径选择，有以下两种加工路径：

1）X 向孔加工完毕后，返回 X 向孔加工的起点，Y 向移动一个步距，然后再进行 X 向孔的加工，如此循环形成单向的进给路线。该路线每次加工完 X 向所有孔后，X、Y 向皆有移动，会造成一定的空刀，影响加工效率，但该进给路径避免了机床反向移动而产生的间隙问题，提高了孔加工的位置精度，在孔的几何公差要求较高情况下，选择单向的进给路径可以提高零件的加工质量。

2）X 向加工完毕后，Y 向移动一个步距，然后再进行 X 向孔的加工，X 向孔加工完毕后，Y 向再移动一个步距再进行 X 向的孔的加工，如此循环形成往复式进给路径，该路径相对于单向进给路径，避免了过多 X、Y 向的空移动现象，因此加工效率相对较高，但这样的往复式加工路径，会增加机床的移动间隙，对于对孔位置有较高要求的零件（如精密模具、航空航天零件的加工），不宜采用往复式进给路径，而对加工零件孔位置精度没有过高要求的情况，选择往复式进给路径，明显可以提高加工效率。

（4）把 X 向或 Y 向排孔的加工，编制一个独立的子程序（在本实例中，采用的是将 X 向的排孔编制一个独立的子程序），采用调用子程序的方式完成矩阵孔的加工，每调用一次子程序后，在 Y 向增加一个步距，直到 Y 向到达原点至最终孔在 Y 向的位置（Y 向最后一排孔），再一次调用子程序，就完成整个矩阵孔的加工。

（5）此编程中涉及标识符的应用。一个标识符放在一个变量前时，它后面设置的变量就应以此变量为基准，如果一个程序多次重复使用此变量，该变量的值则以第一次累加结果为基准进行变化，如果仍需使用变量第一次的初始值，则需要在使用该变量时，对此变量重新赋予初始值，否则程序使用的是第一次循环结束时累加的值。

2. 程序流程框图设计

根据以上算法设计分析，规划钻孔的进给路径如图 4-17 和图 4-18 所示，程序流程框图的设计如图 4-19 和图 4-20 所示（注意比较两种不同进给路径的差别）。

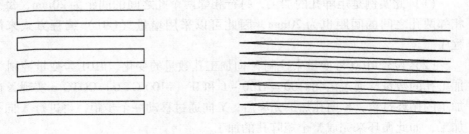

图 4-17　往复式进给路径　　　　　　　图 4-18　单向进给路线

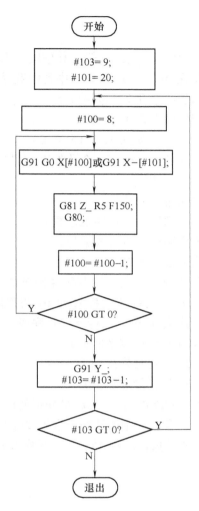

图 4-19　往复式进给路径程序
设计流程框图

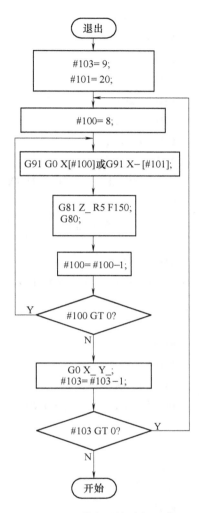

图 4-20　单向进给路径程序
设计流程框图

3. 根据算法以及流程框图编写加工的宏程序代码

程序 1：往复式进给路径的宏程序代码

O4016；

G15 G17 G21 G40 G49 G54 G80 G90；

T2 M06；

T1；

G0 G54 G90 X0 Y0；

G43 G90 G0 Z50 H02；

```
M03 S850;
M08;
#103 = 0;                              （设置#103 号变量，矩阵孔中的行数）
#100 = 8;                              （设置#100 号变量，每行中孔的数量）
#102 = 20;                             （相邻两个孔 X 向间距）
#104 = 20;                             （相邻两个孔 Y 向间距）
G0 X30 Y5;                             （X、Y 轴移动到 X30、Y5 位置）
N20 G91 Y[#104];                       （移动到第一行第一个孔加工位置）
N10 G98 G83 Z[-50] R1 Q6 F100;         （钻孔循环）
G80;                                   （钻孔循环取消）
G0 G91 X[#102];                        （移动到下一个孔加工位置）
G90;                                   （转换为绝对值方式编程）
#100 = #100 - 1;                       （孔个数减去 1）
IF [#100 GT 0] GOTO 10;                （条件判断语句，若#100 号变量的值大
                                        于 0，则跳转到标号为 10 的程序段
                                        处执行，否则执行下一程序段）

#100 = 8;                              （#100 号变量重新赋值）
#103 = #103 + 1;                       （#103 号变量依次加 1）
#102 = -#102;                          （#102 号变量取负值）
IF [#103 LE 8] GOTO 20;                （条件判断语句，若#103 号变量的值小于
                                        或等于 8，则跳转到标号为 20 的程序
                                        段处执行，否则执行下一程序段）

G91 G28 Z0;
G91 G28 Y0;
M05;
M09;
M30;
```

实例 4-4 程序 1 编程要点提示：

（1）该程序的钻孔路径如图 4-17 所示，采用的是往复式进给路径，为了简化编程采用 G91 增量方式编程。从图样可知，孔与孔的行间距和列间距都是 20mm，采用增量方式编程要比采用绝对值（G90）方式编程简洁得多。

（2）采用往复式进给路径，要处理好奇数行的孔和偶数行孔在 X 向增量方式不一样的问题，这是该程序编程的关键点之一。在程序中，行的下标从 0 开始，因此加工偶数行孔时，X 向增量值为正；加工奇数行孔时，X 向增量为负值。加工完一行孔时，Y 向先移动一个行间距的值，再进行下一行孔的加工。不管是奇数行还

是偶数行，增量的值都要取负值运算（见程序中的#102 = −#102 语句）。

（3）程序采用#100 号变量控制每行加工孔的数量，当每行孔加工完毕时，#100号变量值累计为 0，但程序又要进行下一行孔的加工，而下一行孔的数量还是 8 个，因此，进行下一行孔加工之前，#100 号变量需要重新赋值，见程序 IF［#100 GT 0］GOTO 10 语句后的#100 = 8，注意#100 = 8 重新赋值语句的位置。

（4）每行孔的加工循环，构成该程序的内层循环。从图样中可知该零件一共由 8 行这样的群孔构成，因此在内层循环之外，需要一层循环控制加工的行数，在本程序中设置了#103 号变量控制加工孔的行数，见程序中控制行加工的循环语句 IF［#103 LE 8］GOTO 20。

程序 2：单向进给路径的宏程序代码

O4017；	
G15 G17 G21 G40 G49 G54 G80 G90；	
T2 M06；	
T1；	
G0 X0 Y0；	
G43 Z50 H02；	
M03 S850；	
M08；	
#103 = 0；	（设置#103 号变量，矩阵孔中的行数）
#100 = 8；	（设置#100 号变量，每行中孔的数量）
#104 = 20；	（相邻两个孔 Y 向间距）
#102 = 20；	（相邻两个孔 X 向间距）
G0 X30 Y5；	（X、Y 轴移动到 X30、Y5 位置）
N20 G0 G90 X30；	（X 轴移动到 X30 处）
G91 Y［#104］；	（移动孔加工位置）
N10 G98 G83 Z − 50 R1 Q6 F100；	（钻孔循环）
G80；	（取消钻孔循环）
G0 G91 X［#102］；	（移动到下一个孔的加工位置）
G90；	（转换为绝对值方式编程）
#100 = #100 − 1；	（孔个数减去 1）
IF［#100 GT 0］GOTO 10；	（条件判断语句，若#100 号变量的值大于 0，则跳转到标号为 10 的程序段处执行，否则执行下一程序段）
G90 G0 Z50；	（Z 轴抬刀至安全高度）
#100 = 8；	（#100 号变量重新赋值）

161

#103 = #103 + 1；　　　　　　　　　　（#103 号变量依次增加 1）

IF［#103 LE 8］GOTO 20；　　　　　　（条件判断语句，若#103 号变量的值小于

或等于 8，则跳转到标号为 20 的程序

段处执行，否则执行下一程序段）

G91 G28 Z0；

G91 G28 Y0；

M05；

M09；

M30；

实例 4-4 程序 2 编程要点提示：

（1）该程序的钻孔路径如图 4-18 所示，采用的是单向式进给路径。

（2）本实例程序 O4017 和程序 O4016 唯一的区别在于孔加工进给路径不同。在程序 O4016 中，每行孔加工完毕后，Y 向移动行间距后，再进行下一行孔的加工。程序 O4017 中，每行孔加工完毕后，X 向移动到该行孔加工的起始位置 X30 处，然后 Y 向再移动行的间距，再进行下一行孔的加工。

（3）采用单向式进给路径，不管加工奇数行孔，还是偶数行孔，每行加工孔与孔之间的增量方式是一致的。因此，在每行孔加工完毕后，控制孔与孔列间距的变量#102 不需要进行取负运算。

（4）关于每行孔加工完毕后，#100 号变量需要重新赋值以及控制行数加工的变量#103 等相关问题，可以参考程序 O4016 编程要点提示。

程序 3：X 向排孔编制一个独立的子程序，采用子程序嵌套的宏程序代码

O4018；　　　　　　　　　　　　　　（程序号）

G15 G17 G21 G40 G49 G54 G80 G90；

T2 M06；

T1；

G0 G90 G54 X0 Y0；

G43 Z50 H02

M03 S850；

M08；

G90 G0 X30 Y5；　　　　　　　　　　（X 、Y 轴移动到 X30、Y5 位置）

M98 P94019；　　　　　　　　　　　（调用子程序次数为 9 次，子程序号

为 O4019）

G91 G28 Z0；

G91 G28 Y0；

M05；

M09；

M30；

……

O4019；　　　　　　　　　　（一级子程序号）

G90 G0 X30；

G91 Y20；

G90；

M98 P84020；　　　　　　　　（调用子程序次数为 8 次, 子程序号为 O4020）

G90；

M99；　　　　　　　　　　　（子程序调用结束, 返回主程序）

……

O4020；　　　　　　　　　　（二级子程序号）

G90；

M98 P4021；　　　　　　　　（调用子程序次数为 1 次, 子程序号为 O4021）

G91 X20；

G90；

M99；　　　　　　　　　　　（子程序调用结束, 返回一级子程序）

……

O4021；　　　　　　　　　　（三级子程序号）

G90 G98 G83 Z[0-50] R1

　　Q6 F100 M08；　　　　　　（钻孔循环）

G80 M09；　　　　　　　　　　（取消钻孔循环）

M99；　　　　　　　　　　　（子程序调用结束, 返回二级子程序）

……

实例 4-4 程序 3 编程要点提示:

（1）本实例程序 O4018 采用子程序嵌套的方式实现矩阵孔的加工, 需要注意该程序的编程思路和采用宏编程的相同点和不同点。本程序的钻孔路径如图 4-18 所示, 采用单向进给路径, 注意和程序 O4017 的区别。

（2）本程序 O4018 编程关键在于子程序之间的衔接问题, 这是采用子程序嵌套编程的难点和关键点所在, 下面结合程序 O4018 分析子程序嵌套衔接的几个问题:

1）分析主程序中调用一级子程序的语句。从主程序中可知调用一级子程序之前刀具位置在 X30 Y5 处, 从图样可知 X30 是每行第一个孔距离编程原点的 X 向绝对位置, 调用一级子程序的语句为 M98 P94019, 可以看出调用一级子程序的次数为 9, 而孔的行数是 9 行, 从该语句可知, 把每行加工孔的程序编制成一个独立的子程序, 在主程序中调用该子程序即可实现矩阵群孔的加工。

2）在一级子程序 O4019 中来分析 G90 G0 X30、G91 Y20 和 G90 三个语句的作用。G90 G0 X30 的作用是将刀具移动到当前加工行的第一个孔位置，G91 Y20 是将刀具移动到下一行第一个孔的加工位置（每行加工孔的起始位置）。G90 转换为绝对值方式编程，作为实现行移动语句中采用的增量方式。由此可见，子程序的作用就是实现行的移动，为下一行孔的加工做准备。

3）在调用二级子程序 O4020 时，刀具没有移动而是直接调用了三级子程序 O4021，从三级子程序 O4021 中的语句可知：三级子程序实现的是钻一个孔循环。三级子程序调用结束后返回二级子程序，G91 X20 实现的是：每行孔加工中，钻好一个孔后，移到该行下一个孔的加工。而调用二级子程序的次数为 8，实现的是一行孔的加工。

4.4.4　本节小结

矩阵排孔可以看做实例 4-1 直线排孔的延伸，矩阵孔的特点是规律排列，数量多，这给计算孔坐标值带来一定的难度，而采用宏程序编程和子程序嵌套编程可以精简程序量。

本节实例是矩阵孔最基本的宏编程应用，掌握该实例的编程方法和思路可以为复杂和不规则矩阵孔加工编程带来帮助。

4.4.5　本节习题

（1）采用 G90 绝对值方式编程，改写该节实例的宏程序代码。

（2）采用距离控制 Y 向的步距，作为循环结束条件，编写该节实例的宏程序代码。

（3）编程题：

① 根据图 4-21 所示零件，材料为 45 钢，编写加工群孔的宏程序代码。

② 合理设置算法，画出程序设计流程框图。

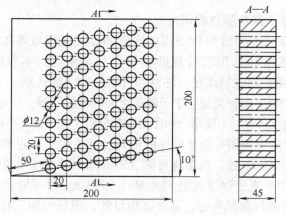

图 4-21　习题零件图

4.5　本章小结

（1）本章通过讲解直线排孔、圆周钻孔、带角度排孔以及矩阵孔的四个简单实例，介绍了宏程序编程在数控铣钻孔中的应用。孔加工是铣削加工中最基本的加工方式，其中孔类型包含钻中心孔、钻孔、铰孔、镗孔、螺纹孔、攻螺纹、锥度孔、镗台阶孔等类型，本章为了节省篇幅，只介绍了钻孔加工，但其编程的算法、思路、变量设置的技巧，不仅适合于钻孔加工，对铰孔、镗孔、螺纹孔等所有孔类的加工都具有借鉴作用。

（2）群孔加工的算法和逻辑关系相对于轮廓加工、型腔加工要简单得多，只要找准孔位置的坐标值，再结合数控系统提供的一系列钻孔循环指令即可完成孔加工任务。在实际生产中要根据加工精度和加工效率，合理选择进给路线并编制与之相适应的程序。

4.6　本章习题

（1）复习群孔加工的进给路线选择方法，以及 FANUC 系统提供的各类钻孔常见循环指令及其应用场合（要求要能熟悉循环指令执行的每一个动作）。

（2）编写钻削可变式深孔的宏程序（孔深按照有规律的减少要求，控制每次钻削深度）。

（3）编程题：

① 根据图 4-22 所示的零件，材料为 45 钢，编写加工群孔的宏程序代码。

② 合理设置算法，画出程序设计流程框图。

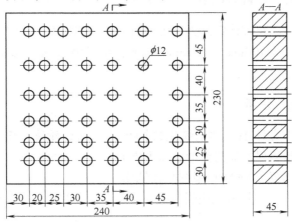

图 4-22　习题零件图

第5章

数控铣宏程序的非圆型面加工

本章内容提要

普通的数控系统只提供直线插补和圆弧插补运算，在非圆曲面（如椭圆、抛物线、双曲线、正/余弦函数曲线和螺旋线）的加工中，采用 G01、G02、G03 等代码和循环指令很难实现数控程序的编制，需要借助宏程序或 CAM 自动编程等编程手段。

本章介绍铣削非圆型面编制宏程序的思路和方法，包括铣削整椭圆、斜椭圆、非整椭圆、正弦函数曲线轮廓等型面轮廓，其刀路轨迹是由 X、Y 轴联合运动所形成的平面型二次曲线轨迹。

5.1 实例5-1：铣削整椭圆轮廓的宏程序应用实例

5.1.1 零件图以及加工内容

如图 5-1 所示，长方体钢件上铣削解析方程为 $X^2/30^2 + Y^2/19^2 = 1$ 的椭圆凸台轮廓，毛坯尺寸为 100mm×80mm×30mm，材料为 45 钢。要求编写数控铣削椭圆凸台的宏程序代码。

5.1.2 零件图的分析

该实例要求长方体毛坯体上铣削椭圆形状的凸台轮廓，铣削深度为 10mm（Z 方向），加工和编程之前需要考虑以下方面：

（1）机床的选择：FANUC 系统数控铣床。

（2）装夹方式：采用机用虎钳装夹，毛坯高度伸出钳口约 15mm，用百分表校正毛坯位置。

（3）刀具的选择：φ20mm 的立铣刀（1 号刀具）；φ10mm 的立铣刀（2 号刀具）。

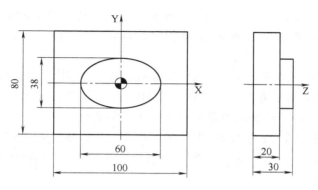

图 5-1 零件加工图（加工椭圆凸台）

（4）安装寻边器，找正零件的中心。

（5）量具的选择：

① 0~150mm 游标卡尺。

② 0~150mm 游标深度卡尺。

③ 椭圆形圆弧样板。

④ 百分表。

（6）X、Y 向的编程原点选择：

① 长方体上表面的中心位置（椭圆的中心）。

② 长方体左下角顶点，通常与局部坐标系（G52，也称子坐标系）一起使用，本实例将坐标系原点设置在①所述的位置。其中 Z 向编程原点设置在零件的上表面，存入 G54 零件坐标系。

（7）转速和进给量的确定：直径 20mm 铣刀转速为 1000r/min，进给量为 150mm/min；φ10mm 铣刀转速为 2000r/min，进给量为 100mm/min。铣削椭圆轮廓的工序卡见表 5-1。

表 5-1 铣削椭圆轮廓的工序卡

工序	主要内容	设备	刀 具	切 削 用 量		
				转速 /(r/min)	进给量 /(mm/min)	背吃刀量 /mm
1	粗铣轮廓	数控铣床	φ20mm 立铣刀	1000	150	2
2	精铣轮廓	数控铣床	φ10mm 立铣刀	2000	100	0.2

5.1.3 算法以及程序流程框图的设计

1. 算法的设计

（1）非圆曲面铣削加工编程思路：借助解析方程或参数方程，设方程中的一个变量为自变量，另一变量为因变量，通过自变量的不断变化引起因变量的相应变化。在非圆曲面宏程序编程时，确定解析方程或参数方程是关键环节。

（2）借助椭圆的解析方程，选用变量和编写宏程序代码思路如下：

1）该椭圆的解析方程为 $X^2/30^2 + Y^2/19^2 = 1$，设置#100 作为自变量控制 X 轴位置的变化，#101 作为因变量控制 Y 轴位置的变化。

2）由椭圆的解析方程可得#100、#101 的关系式：#101 = 19 * SQRT [1 − [#100 * #100]/[30 * 30]]。通过设置步距来控制自变量#100 的逐步变化：#100 = #100 − 0.1。

3）设置变量#100 结束的条件。从零件图可知#100 的变化范围为 − 30 ~ 30，但编程中需要根据实际情况分象限讨论，这是解析方程编写宏程序的难点。以上仅从方程本身来分析，没有考虑实际加工中采用刀具等相关因素，具体参见实例 5-1 程序 1 ~ 程序 5 的编程要点提示部分。

4）利用直线插补语句 G01 X［#100］Y［#101］F_ 以及判断语句 IF ［#100 GT n］GOTO n 实现一层椭圆轮廓的铣削过程。

（3）借助椭圆的参数方程，选用变量和编写宏程序代码思路如下：

1）设中间参数变量为 θ，则该椭圆方程中两个因变量的参数表达式为 X = 30 * COS ［θ］，Y = 19 * SIN ［θ］。

2）变量#100 控制中间参数变量 θ 的变化，设置变量#101 控制 X 轴位置的变化，变量#102 控制 Y 轴位置的变化，参数方程表达式可以写成以下形式：#101 = 30 * COS［#100］，#102 = 19 * SIN［#100］。

3）利用直线插补语句 G01 X［#101］Y［#102］F_ 以及判断语句IF［#100 LE 360］GOTO n 实现一层椭圆轮廓的铣削过程。

（4）采用镜像指令 G51.1 和 G50.1 实现铣削椭圆轮廓的加工。

1）将椭圆轮廓的四分之一铣削程序编制成独立的子程序。

2）使用镜像指令 G51.1 X0、G51.1 X0 Y0 和 G51.1 Y0 指令，调用子程序实现整周椭圆轮廓的加工。

3）编写四分之一椭圆轮廓的宏程序，可以参考上述（2）和（3）所叙内容。

2. 算法流程框图

根据以上算法设计和分析，规划铣削一层椭圆轮廓的刀路轨迹如图 5-2 所示，对应的程序流程框图的设计如图 5-3 所示，第

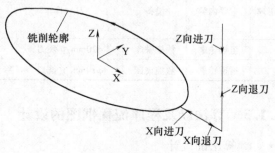

图 5-2 椭圆轮廓刀路轨迹示意图

一象限刀路轨迹的程序设计的流程框图如图 5-4 所示，第二、三、四象限的程序
流程框图和第一象限类似。

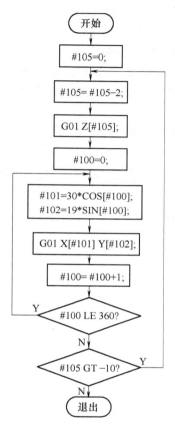

图 5-3　铣削一层椭圆轮廓的
程序设计流程框图

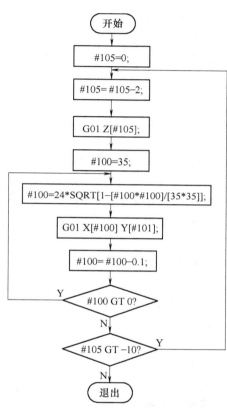

图 5-4　程序设计流程
框图（第一象限）

3. 根据算法以及流程框图编写加工的宏程序代码

程序 1：根据椭圆参数方程编制精加工程序代码

O5001；

G15 G17 G21 G40 G49 G54 G80 G90；

T1 M06；

G0 G90 G54 X0 Y0；

G43 Z20 H01；

M03 S2000；　　　　　　　（主轴正转，转速 2000r/min）

M08；　　　　　　　　　　（打开切削液）

```
G0 X60 Y0;
G0 Z0.5;
G01 Z - 10 F100;                  （深度方向进刀 10mm）
G42 X35 Y0 D01;                   （建立刀具半径右补偿）
#100 = 0;                         （角度变量赋初始值）
WHILE ［#100 LE 360］DO 1;         （如果#100 号变量小于或等于 360，则在
                                    WHILE 和 END 1 之间循环，否则跳出
                                    循环）
#101 = 30 * COS［#100］;           （计算#101 号变量，即椭圆对应角度处的
                                    X 值）
#102 = 19 * SIN［#100］;           （计算#102 号变量，即椭圆对应角度处的
                                    Y 值）
G01 X［#101］Y［#102］;            （铣削椭圆轮廓）
#100 = #100 + 1;                  （#100 号变量依次增加 1）
END 1;
G40 X60 Y0;                       （取消刀具半径补偿）
G0 Z10;
G91 G28 Z0;
G91 G28 Y0;
M05;
M09;
M30;
```

实例 5-1 程序 1 编程要点提示：

（1）程序 O5001 作为精加工椭圆轮廓的宏程序代码，不能应用于椭圆轮廓的粗加工。

（2）程序 O5001 编程的关键在于建立椭圆的参数方程，参见本节算法的设计（3）所述。

（3）根据椭圆的参数方程：$X = A * COS (\theta)$、$Y = B * SIN (\theta)$，设置#100 号变量控制角度的变化，#101 号变量控制 X 轴移动值，#102 号变量控制 Y 轴移动值，该方程可以转化为#101 = 30 * COS［#100］、#102 = 19 * SIN［#100］，其中#101、#102 两个变量分别表示了任意角度椭圆上的坐标点（X，Y）。

（4）要表示出椭圆轮廓上所有点的坐标值，必须通过角度的不断变化，使得#101、#102 号变量值随着#100 号变量值的变化而变化。

（5）请读者结合程序 O5001，比较循环语句 WHILE［…］DO n 和条件判断语句 IF［…］GOTO n 在应用上的区别。

程序 2：采用椭圆参数方程的宏程序代码

O5002；

G15 G17 G21 G40 G49 G54 G80 G90；

T1 M06；

G0 G54 G90 X0 Y0；

G43 Z20 H01；

M03 S1000；

M08；

G0 X70 Y0；

G0 Z0.5；

#105 = 0；　　　　　　　　　　　　（设置#105 号变量控制深度的变化）

#104 = 0.2；　　　　　　　　　　　（设置#104 号变量控制精加工余量）

#106 = 150；　　　　　　　　　　　（设置进给量）

N10 #105 = #105 − 2；　　　　　　　（#105 号变量依次减去 2mm）

N50 G0 Z[#105 + 2 + 0.5]　　　　　（Z 轴快速移动到 Z[#105 + 2 + 0.5]位置）

G01 Z[#105] F[#106]；　　　　　　（Z 轴进刀）

#100 = 0；　　　　　　　　　　　　（设置#100 号变量控制角度的变化）

#103 = 1；　　　　　　　　　　　　（设置#103 号变量控制步距）

#107 = 10；　　　　　　　　　　　（设置刀具补偿半径）

G01 X50 Y0 F[#106]；　　　　　　　（X、Y 轴移动到 X50、Y0 处）

N20 #101 = [30 + #107 + #104] *

　　COS[#100]；　　　　　　　　　（计算#101 号变量的值，程序中 X 的值）

#102 = [19 + #107 + #104] * SIN

[#100]；　　　　　　　　　　　　　（计算#102 号变量的值，程序中 Y 的值）

G01 X[#101] Y[#102] F[#106]；　　（直线插补椭圆弧）

#100 = #100 + #103；　　　　　　　（#100 号变量依次增加#103 号变量的值）

IF [#100 LE 360] GOTO 20；　　　　（条件判断语句，若#100 号变量的值小于
　　　　　　　　　　　　　　　　　　　或等于 360，则跳转到标号为 20 的程
　　　　　　　　　　　　　　　　　　　序段处执行，否则执行下一程序段）

G01 X70 Y0；　　　　　　　　　　　（沿法向延长线退出零件）

G90 G0 Z10；　　　　　　　　　　　（Z 轴抬刀）

IF [#105 GT − 10] GOTO 10；　　　（条件判断语句，若#105 号变量的值大于
　　　　　　　　　　　　　　　　　　　− 10，则跳转到标号为 10 的程序段处
　　　　　　　　　　　　　　　　　　　执行，否则执行下一程序段）

G91 G28 Z0；　　　　　　　　　　　（Z 轴回参考点）

IF［#104 LT 0.5］GOTO 60；　　　（条件判断语句,若#104 号变量的值小于
　　　　　　　　　　　　　　　　　　0.5,则跳转到标号为 60 的程序段处执
　　　　　　　　　　　　　　　　　　行,否则执行下一程序段）

M05；

M09；

T2 M06；

G90 G0 G54 X0 Y0；

G0 X50；

M03 S2000；

G43 G0 Z50 H02；

M08；

#106 = 100；　　　　　　　　　　（设置进给量）

#107 = 5；　　　　　　　　　　　（设置刀具半径）

#104 = #104 - 0.2；　　　　　　　（#104 号变量减 0.2mm）

IF［#104 LT 0.5］GOTO 50；　　　（条件判断语句,若#104 号变量的值小于
　　　　　　　　　　　　　　　　　　0.5,则跳转到标号为 50 的程序段处执
　　　　　　　　　　　　　　　　　　行,否则执行下一程序段）

N60 G91 G28 Z0；

G91 G28 Y0；

M05；

M09；

M30；

实例 5-1 程序 2 编程要点提示:

(1) 本程序的编程原点在椭圆的中心。

(2) 程序 O5002 是分层铣削椭圆半精加工程序,适用于已经去除毛坯余量的零件加工,不可用于毛坯的粗加工。

(3) 设置变量#105 控制深度的变化并赋初始值为 0,通过语句#105 = #105 - 2 控制每次进刀的深度,实现分层铣削椭圆轮廓。

(4) 设置#103 号变量控制步距的变化,通过语句#100 = #100 + #103 实现控制#101、#102 号变量的变化。注意:椭圆轮廓加工精度和步距大小密切相关,步距越大效率越高,而表面质量越低,反之亦然。因此实际中粗加工采用较大的步距,精加工时采用较小的步距,兼顾效率和质量。

(5) 通过直线插补语句 G01 X［#101］Y［#102］F［#106］逼近铣削椭圆弧成形,通过语句#100 = #100 + #103 和条件判断语句 IF［#100 LE 360］GOTO 20 控制整个铣削的循环过程。

（6）注意程序中的语句#101 =［30 + #107 + #104］* COS［#100］以及#102 =
［19 + #107 + #104］* SIN［#100］，是和算法流程框图中的介绍有所区别的，究
其原因，是因为程序设计流程框图根据图样单一要素进行分析，没有考虑刀具、
余量等实际加工相关的要素。

程序 3：采用椭圆解析方程的宏程序

O5003；

G15 G17 G21 G40 G49 G54 G80 G90；

T2 M06；

G0 G54 G90 X0 Y0；

G43 Z20 H01；

M03 S2000；

M08；

G0 X50 Y0；　　　　　　　　　　（X 、Y 移动到 X50、Y0 位置）

G0 Z1；

#110 = 0；　　　　　　　　　　　（设置#110 号变量控制铣削深度的变化）

N60 #110 = #110 − 2；　　　　　　（#110 号变量依次减去 2mm）

G01 Z［#110］F100；　　　　　　　（Z 轴进刀）

#100 = 35；　　　　　　　　　　　（设置#100 号变量并赋初始值 35，控制 X
　　　　　　　　　　　　　　　　　　值的变化）

#102 = 1；　　　　　　　　　　　　（设置#102 号变量，控制程序中 X 值的正
　　　　　　　　　　　　　　　　　　负转换）

#103 = 1；　　　　　　　　　　　　（设置#103 号变量，控制程序中 Y 值的正
　　　　　　　　　　　　　　　　　　负转换）

#104 = 0. 1；　　　　　　　　　　　（设置#104 号变量，控制步距的变化）

#105 = 0；　　　　　　　　　　　　（设置#105 号变量，标志变量）

#106 = 0；　　　　　　　　　　　　（设置#106 号变量，标志变量）

#107 = 0；　　　　　　　　　　　　（设置#107 号变量，标志变量）

N10 #101 = 24 * SQRT［1 −

　　［#100 * #100］/［35 * 35］］；　（计算#101 号变量的值，控制程序中 Y

G01 X［#100 * #102］Y［#103 *　　　　值的变化）

#101］F150；　　　　　　　　　　　（铣削椭圆轮廓）

#100 = #100 − #104；　　　　　　　（#100 号变量依次减去#104 号变量的值）

IF［#107 GT 0. 5］GOTO 50；　　　（条件判断语句，若#107 号变量的值大于
　　　　　　　　　　　　　　　　　　0. 5，则跳转到标号为 50 的程序段处
　　　　　　　　　　　　　　　　　　执行，否则执行下一程序段）

IF［#106 GT 0.5］GOTO 40；　　（条件判断语句,若#106 号变量的值大于
　　　　　　　　　　　　　　　　　　0.5,则跳转到标号为 40 的程序段处
　　　　　　　　　　　　　　　　　　执行,否则执行下一程序段）

IF［#105 GT 0.5］GOTO 30；　　（条件判断语句,若#105 号变量的值大于
　　　　　　　　　　　　　　　　　　0.5,则跳转到标号为 30 的程序段处
　　　　　　　　　　　　　　　　　　执行,否则执行下一程序段）

#105 = #105 + 1；　　　　　　　（#105 号变量增加 1）

N30 IF［#100 GT − 35］GOTO 10；（条件判断语句,若#100 号变量的值大于
　　　　　　　　　　　　　　　　　　− 35,则跳转到标号为 10 的程序段处
　　　　　　　　　　　　　　　　　　执行,否则执行下一程序段）

#103 = − #103；　　　　　　　　（#103 号变量取负值）

#104 = − #104；　　　　　　　　（#104 号变量取负值）

#106 = #106 + 1；　　　　　　　（#106 号变量增加 1）

N40 IF［#100 LT 0］GOTO 10；　　（条件判断语句,若#100 号变量的值小于
　　　　　　　　　　　　　　　　　　0,则跳转到标号为 10 的程序段处执
　　　　　　　　　　　　　　　　　　行,否则执行下一程序段）

#107 = #107 + 1；　　　　　　　（#107 号变量增加 1）

N50 IF［#100 LT 35］GOTO 10；　（条件判断语句,若#100 号变量的值小于 35,
　　　　　　　　　　　　　　　　　　则跳转到标号为 10 的程序段处执行,
　　　　　　　　　　　　　　　　　　否则执行下一程序段）

IF［#110 GT − 10］GOTO 60；　　（条件判断语句,若#110 号变量的值大于
　　　　　　　　　　　　　　　　　　− 10,则跳转到标号为 60 的程序段处
　　　　　　　　　　　　　　　　　　执行,否则执行下一程序段）

G91 G28 Z0；

G91 G28 Y0；

M05；

M09；

M30；

实例 5-1 程序 3 编程要点提示：

（1）本程序的编程原点在椭圆的中心。

（2）这是分层铣削椭圆的精加工程序，适用于已经去除毛坯余量的零件加工，不可以用于毛坯的粗加工。

（3）设置#110 号变量控制深度并赋初始值为 0，通过语句#110 = #110 − 2 控制每次进刀的深度，实现了 Z 向分层铣削椭圆轮廓。

（4）该椭圆的解析方程为 $X^2/30^2 + Y^2/19^2 = 1$，椭圆轮廓上任意一点可以用

椭圆解析方程的表达式表示，具体参考上述算法的设计所述内容。

（5）该程序编程的关键：

1）编程原点选择在椭圆的中心，从编程以及机床坐标系的运动规律，可把椭圆分为四个象限。从图 5-1 可知，椭圆四个象限的 X、Y 轴正负情况见表 5-2。

表 5-2　椭圆各象限 X、Y 轴正负情况一览表

象限	第一象限	第二象限	第三象限	第四象限
X	+	-	-	+
Y	+	+	-	-

从表 5-2 可知，各象限 X、Y 值的正负情况不一样，因此在加工好一个象限后，需要及时转换 X、Y 轴的正负值，才能实现正确的椭圆轮廓的插补加工。以第一、二象限为例分析如下：根据椭圆解析方程计算的值 #101 = 24 * SQRT [1 - [#100 * #100]/[35 * 35]] 恒为正、#103 = 1 来控制 Y 轴正负值的转换，见语句 #103 = - #103、Y[#103 * #101]；X 轴正负的转换通过 #104 = - #104 来实现。此时 X、Y 的值表示椭圆在第一象限上任意一点的坐标值，当加工好第一象限后，#100 号变量的值为 0，再通过 #100 = #100 - #104 语句的变化，此时 X [#100] 的值为负值，而 Y[#101 * #103] 依然为正值。第三、第四象限分析与第一象限、第二象限分析相同。

2）从图样可知，铣削整个椭圆的轮廓，编程原点在椭圆中心，加工顺序依次为第一、二、三、四象限，#100 号变量控制循环结束。采用刀心编程时，第一象限的 #100 变量范围为 35 ~ 0、第二象限的 #100 变量范围为 0 ~ - 35、第三象限的 #100 变量范围为 - 35 ~ 0、第四象限的 #100 变量范围为 0 ~ 35。

（6）程序设置了 #105、#106、#107 号变量作为标志变量。加工好一个象限的椭圆轮廓后，及时进行步距 #104 变量正负值的转换，控制循环变量结束的条件。

程序 4：采用镜像指令 G51.1 和 G50.1 实现铣削椭圆轮廓的宏程序代码

```
O5004;
G15 G17 G21 G40 G49 G54 G80 G90;
T1 M06;
G0 G90 G54 X0 Y0;
G43 Z20 H01
M03 S2000;
M08;
G52 X50 Y40;                              （建立局部坐标系）
```

```
G0 X40 Y0;                          （X、Y 轴移动到 X40、Y0 位置）
G0 Z1;
#105 = 0;                           （设置#105 号变量,控制铣削深度的变化）
N60 #105 = #105 - 2;                （#105 号变量依次减去 2mm）
G50.1 X0 Y0;                        （取消镜像编程方式）
G65 P5005;                          （调用子程序号 O5005,调用次数为 1 次）
G51.1 X0;                           （调用 X = 0 轴镜像生效）
G65 P5005;                          （调用子程序号 O5005,调用次数为 1 次）
G50.1 X0;                           （取消 X = 0 轴镜像编程）
G51.1 Y0;                           （调用 Y = 0 轴镜像编程）
G65 P5005;                          （调用子程序号 O5005,调用次数为 1 次）
G50.1 Y0;                           （取消 Y = 0 轴镜像编程）
G51.1 X0 Y0;                        （调用 X = 0、Y = 0 轴镜像编程）
G65 P5005;                          （调用子程序号 O5005,调用次数为 1 次）
G50.1 X0 Y0;                        （取消 X = 0、Y = 0 轴镜像编程方式）
IF ［#105 GT - 10］GOTO 60;         （条件判断语句,若#105 号变量的值大于
                                      - 10,则跳转到标号为 60 的程序段处
                                      执行,否则执行下一程序段）
G91 G28 Z0;                         （Z 轴回参考点）
G52 X0 Y0;                          （取消局部坐标系）
G91 G28 Y0;
M05;
M09;
M30;
……

O5005;                              （子程序号）
#100 = 0;                           （设置#100 号变量,控制角度的变化）
#110 = 0;                           （设置#110 号变量,标志变量）
#103 = 1;                           （设置#103 号变量,控制步距）
#106 = 10;                          （设置刀具补偿半径）
G0 Z10;
N20 #101 = ［30 + #106］* COS
  ［#100］;                         （计算#101 号变量的值,程序中 X 坐标的值）
#102 = ［#106 + 19］* SIN［#100］;   （计算#102 号变量的值,程序中 Y 坐标
                                      的值）
```

IF［#110 GT 0.5］GOTO 30；　　（条件判断语句,若#110 号变量的值大于

0.5,则跳转到标号为30 的程序段处执行,否则执行下一程序段）

G0 X［#101］Y［#102］；　　（X、Y 轴移刀）

G0 Z0.5；　　（Z 轴进刀）

G01 Z［#105］F100；　　（Z 轴进刀至铣削深度）

#110 = #110 + 1；　　（#110 号变量依次增加 1）

N30 G01 X［#101］Y［#102］F150；（直线插补椭圆弧）

#100 = #100 + #103；　　（#100 号变量依次增加#103 号变量的值）

IF［#100 LE 95］GOTO 20；　　（条件判断语句,若#100 号变量的值小于

或等于95,则跳转到标号为 20 的程序段处执行,否则执行下一程序段）

M99；　　（子程序调用结束,并返回主程序）

实例 5-1 程序 4 编程要点提示：

（1）本程序编程原点在椭圆的左下角顶点,采用 G52 局部坐标系指令来建立局部坐标系。

格式：G52 X_ Y_ Z_ ；

　　　　G52 X0 Y0 Z0；

G52：设立局部坐标系,该坐标系的参考基准是当前设定的有效坐标系原点,即使用 G54 ~ G59 设定的零件坐标系作为基准。

X_ Y_ Z_ ：是局部坐标系原点在零件坐标系中的位置,该值用绝对坐标加以指定,参见程序中语句 G52 X50 Y40,其实质仍然以椭圆中心为编程原点。

（2）关于镜像编程问题。坐标镜像编程指令可以沿着某一坐标轴或某一坐标点实现镜像加工,适用于加工零件形状呈轴对称或点对称的情况。

格式为：G51.1 X_ Y_ ；

　　　　G50.1；

G51.1：镜像编程生效。

G50.1：镜像编程取消。

使用镜像编程注意以下几点：

1）圆弧指令：G02、G03 互换。

2）刀具半径补偿：G41、G42 互换。

3）选择坐标系：CW、CWW（旋转方向）互换。

4）在同时使用镜像、缩放、旋转指令时应注意：机床处理是按镜像、缩放、旋转的顺序进行的,在编程时应该按顺序指定,取消时按相反顺序,在旋转、缩放方式下不能指定镜像编程。

（3）通常将一个零件加工程序编写成一个独立的子程序，在主程序中镜像编程生效时调用该子程序进行对称轮廓的加工，如子程序中出现的宏程序代码，子程序调用指令应采用 G65 调用格式，而不能用 M98 指令。

（4）FANUC 系统版本众多，镜像编程指令及其使用方法也不尽相同，在实际加工时要以系统使用说明书为准。

（5）程序 4 及其编程要点介绍镜像编程的用法及其注意事项，虽然并没有体现出简化编程的优势，在零件形状呈轴对称或点对称等场合镜像编程具有强大的优势。

> 程序 5：采用同心椭圆偏置方式（见图 5-5）进行加工，实现椭圆的粗、精加工宏程序代码

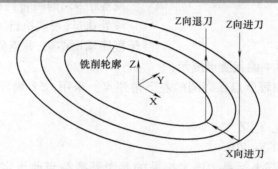

图 5-5　椭圆粗、精加工刀路轨迹示意图

```
O5006；
G15 G17 G21 G40 G49 G54 G80 G90；
T1 M06；
G0 G90 G54 X0 Y0；
G43 Z20 H01
M03 S2000；
M08；
G0 X65 Y0；              （X 、Y 轴移动到 X65、Y0 处）
G0 Z1；
#105 = 0；               （设置#105 号变量初始值,控制铣削深度变化）
N60 #105 = #105 - 2；    （#105 号变量依次递减 2mm,控制 Z 轴铣削深度）
#106 = 20；              （控制 X 单向余量）
#107 = 21；              （控制 Y 单向余量）
#104 = 0.2；             （控制 X、Y 向的精加工余量）
#120 = 150；             （控制进给量）
```

N80 G0 Z[#105 +2 +0.5]；

G01 Z[#105] F150；

#110 =10；　　　　　　　　　　　　（控制刀具半径补偿值）

N50 #100 =0；　　　　　　　　　　（角度赋初始值）

N10 #101 =[30 +#106 +#110 +

　　#104] * COS[#100]；　　　　　（计算#101 号变量的值,每次铣削对应的

　　　　　　　　　　　　　　　　　　　X 的值）

#102 =[19 +#107 +#110 +#104]

　　* SIN[#100]；　　　　　　　　　（计算#102 号变量的值,每次铣削对应的

　　　　　　　　　　　　　　　　　　　Y 的值）

G01 X[#101] Y[#102] F[#120]；　（铣削椭圆）

#100 =#100 +1；　　　　　　　　　（#100 号变量依次增加 1）

IF [#100 LE 360] GOTO 10；　　　（条件判断语句,若#100 号变量的值小于

　　　　　　　　　　　　　　　　　　　或等于 360,则跳转到标号为 10 的程

　　　　　　　　　　　　　　　　　　　序段处执行,否则执行下一程序段）

IF [#104 LT 0.5] GOTO 90；　　　（条件判断语句,若#104 号变量的值小于

　　　　　　　　　　　　　　　　　　　0.5,则跳转到标号为 90 的程序段处

　　　　　　　　　　　　　　　　　　　执行,否则执行下一程序段）

#106 =#106 -10；　　　　　　　　　（#106 号变量依次减少 10mm）

#107 =#107 -10.5；　　　　　　　　（ #107 号变量依次减少 10.5mm）

IF [#106 GT 0] GOTO 50；　　　　（条件判断语句,若#106 号变量的值大于

　　　　　　　　　　　　　　　　　　　0,则跳转到标号为 50 的程序段处执

　　　　　　　　　　　　　　　　　　　行,否则执行下一程序段）

G01 X65 Y0；

G0 Z10；

IF [#105 GT -10] GOTO 60；　　（条件判断语句,若#105 号变量的值大于

　　　　　　　　　　　　　　　　　　　-10,则跳转到标号为 60 的程序段处

　　　　　　　　　　　　　　　　　　　执行,否则执行下一程序段）

M05；

M09；

T2 M06；

G90 G0 G54 X0 Y0；

M03 S2000；

G0 X65 Y0；　　　　　　　　　　　（X、Y 轴快速移刀）

G43 G0 Z20 H02；

M08；

#104＝#104－0.2；　　　　　　　　　（#104 号变量减 0.2mm）

#120＝100；　　　　　　　　　　　　（进给量重新赋值）

GOTO 80；

N90 G91 G28 Z0；

G91 G28 Y0；

M05；

M09；

M30；

实例 5-1 程序 5 编程要点提示：

（1）程序 O5006 采用同心椭圆等距偏置的方式进行 X、Y 方向余量的加工，实现了椭圆的粗、精加工，规划的刀路轨迹如图 5-5 所示。

（2）同心椭圆偏置方法算法及其应用：

1）同心椭圆偏置方法的基本算法。根据毛坯尺寸，先采用较大的椭圆尺寸进行凸轮廓的铣削加工，铣削好一个椭圆凸轮廓后，Z 轴抬刀到安全平面，X、Y 轴快速移动到下一次椭圆加工的起始位置，同步减少椭圆长、短半轴的尺寸值，再进行下一次椭圆轮廓的铣削，直到椭圆长、短半轴的尺寸值和图样中要求尺寸相等为止。

2）同心椭圆编程的关键。

由基本算法可知，在编程之前要计算和确定好椭圆的起始长、短半轴的值以及每次的增量值，只有这样才能实现同心椭圆的等距偏置，保证长、短半轴的值和图样中要求的值相等。

3）同心偏置方法的应用的场合。

同心椭圆法适合凹、凸圆弧，凹、凸椭圆弧，以及双曲线、抛物线等型面的铣削粗加工。

（3）本实例采用 GOTO 绝对跳转语句，使用该语句注意避免出现死循环现象。

（4）#104 变量用来控制精加工的余量。

5.1.4　本节小结

本节通过铣削椭圆轮廓的宏程序应用实例，介绍了采用椭圆解析方程、参数方程两种不同的编程方法，本实例的编程思路不仅适用于椭圆轮廓的铣削编程，对于双曲线、抛物线、三角函数线等非圆型面轮廓的铣削加工都具有参考价值。该类零件宏程序编写步骤归纳如下（以 G17 平面为例）：

（1）将曲线的解析方程简化为：X＝…Y…两者之间的表达式。

（2）在该式中设置#101 号变量为 X 值，#100 号变量为 Y 值，则方程可以用变量表示为：#101＝…#100…。

（3）计算和确定#101 号变量所对应的#100 号变量的变化范围。

（4）根据零件尺寸确定方程坐标系原点的平移值，保证编程坐标系原点和方程坐标系原点为同一个点，偏移量为曲线方程坐标系原点到编程坐标系原点的距离。

（5）再基于拟合法原理，采用直线插补（G01 X…Y…F…）指令逐渐逼近形成椭圆曲线形状的刀路轨迹。

5.1.5　本节习题

（1）复习椭圆、双曲线、抛物线以及三角函数等曲线方程的相关数学知识，以及旋转坐标系、局部坐标系以及镜像编程等高级编程指令在数控铣手工编程中的应用。

（2）编程题，要求：

① 采用循环语句编写图 5-1 所示零件加工的宏程序代码。

② 和本节提供的宏程序代码进行比较，找出异同点。

5.2　实例 5-2：铣削 1/2 椭圆轮廓的宏程序应用实例

5.2.1　零件图以及加工内容

加工零件如图 5-6 所示，材料为 45 钢，在长方体上铣削一个 1/2 椭圆形状（半椭圆）的轮廓，椭圆的解析方程为：$X^2/30^2 + Y^2/20^2 = 1$，即椭圆长半轴（X 轴）为 30mm，椭圆短半轴（Y 轴）为 20mm，毛坯尺寸为 100mm × 80mm × 30mm，要求编写铣削 1/2 椭圆轮廓的宏程序代码。

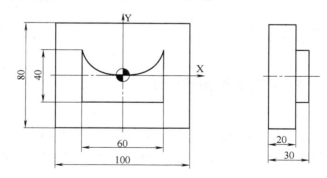

图 5-6　零件加工图（铣削 1/2 椭圆轮廓）

5.2.2　零件图的分析

该实例要求毛坯上方长方体 60mm × 38mm × 10mm 尺寸的基础上，铣削 1/2

椭圆形状的凸台，凸台铣削深度为10mm，加工和编程之前需要考虑以下方面：

（1）机床的选择：FANUC系统数控铣床。

（2）装夹方式：采用机用虎钳或螺栓、压板的方式均可。

（3）刀具的选择：铣削该零件刀具半径不能大于轮廓曲线的最小曲率半径，尽可能选择刀具半径较小的刀具进行加工。

① 直径为12mm的立铣刀（1号刀具）。

② 直径为6mm的立铣刀（2号刀具）。

（4）安装寻边器，找正零件的中心。

（5）量具的选择：

① 0～150mm游标卡尺。

② 0～150mm游标深度卡尺。

③ 椭圆形圆弧样板。

④ 百分表。

（6）编程原点的选择：X、Y向的编程原点选择在长方体中心位置，Z向编程原点选择在零件的上表面，存入G54零件坐标系。

（7）转速和进给量的确定：ϕ12mm铣刀的转速为1500r/min，进给量为150mm/min；ϕ6mm铣刀的转速为2500r/min，进给量为100mm/min。铣削1/2椭圆轮廓的工序卡见表5-3。

表5-3　铣削1/2椭圆轮廓的工序卡

工序	主要内容	设备	刀　具	切 削 用 量		
				转速/(r/min)	进给量/(mm/min)	背吃刀量/mm
1	粗铣轮廓	数控铣床	ϕ12mm立铣刀	1500	150	2
2	精铣轮廓	数控铣床	ϕ6mm立铣刀	2500	100	0.2

5.2.3　算法以及程序流程框图的设计

1. 算法的设计

（1）该实例属于1/2椭圆弧轮廓的加工，可以基于椭圆解析方程、参数方程来编制程序代码，变量选用、算法设计思路可以参考实例5-1铣削整椭圆轮廓宏程序方法。

（2）根据椭圆参数方程进行编程分析如下：

椭圆参数方程为：$X = 30 * COS（\theta）$、$Y = 20 * SIN（\theta）$，从该参数方程可知椭圆任意角度θ对应着椭圆轮廓上相应点的坐标值（X、Y）。

（3）采用同心椭圆刀路轨迹偏置的方式铣削1/2椭圆轮廓。

1）1/2 椭圆轮廓可看做：初始小尺寸的椭圆轮廓长/短半轴通过等距偏移，由小增大形成大尺寸的椭圆轮廓。

2）设置变量#100 = 360（注意角度赋初始值是 360 而不是 0）控制椭圆旋转角度的变化，设置变量#101 = 12 作为 X 轴的起始值，设置变量#102 = 8 作为 Y 轴的起始值，铣削一次 1/2 椭圆轮廓后，通过语句#101 = #101 + 3 和#102 = #102 + 2 实现刀路轨迹的等距偏置，最后通过条件语句 IF［#101 LE 30］GOTO n1 以及语句 IF［#102 LE 20］GOTO n2 实现 1/2 椭圆铣削循环过程。

3）由于编程原点设置在长方体中心，而椭圆中心和它不在同一个点，因此需要采用平移的方式，将椭圆中心和编程原点实现重合，如图 5-7 所示，当然也可以采用 G52 建立局部坐标系的方式来实现平移。

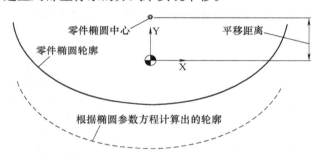

图 5-7　椭圆轮廓刀路轨迹偏移示意图

2. 刀具轨迹图以及程序流程框图的设计

根据以上算法设计和分析，规划精加工单条椭圆轮廓刀路轨迹如图 5-8 所示，按照同心椭圆偏置法铣削椭圆轮廓的刀路轨迹如图 5-9 所示，采用参数方程编制程序设计的流程框图如图 5-10 所示，采用"单向循环"铣削模式和同心椭圆等距偏置法的程序设计流程框图如图 5-11 所示。

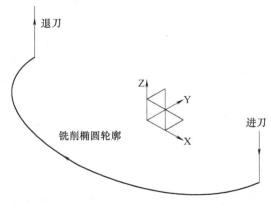

图 5-8　精加工刀路轨迹图

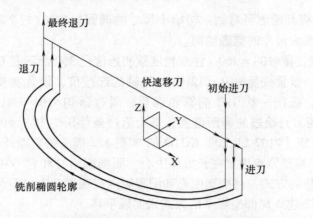

图 5-9　同心椭圆法铣削 1/2 椭圆轮廓刀路轨迹图

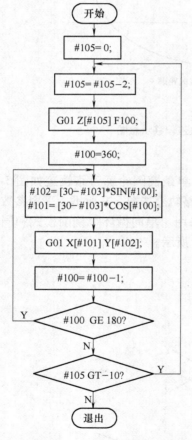

图 5-10　采用参数方程
程序设计流程框图

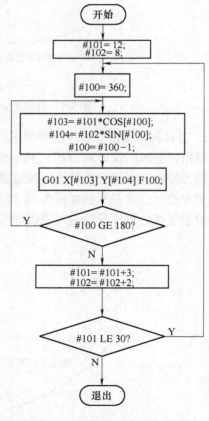

图 5-11　"单向循环"同心椭圆
程序设计流程框图

3. 根据算法以及流程框图编写加工的宏程序代码

程序 1：根据椭圆参数方程编写精加工宏程序代码

```
O5007；
G15 G17 G21 G40 G49 G54 G80 G90；
T2 M06；
G0 G90 G54 X0 Y0；
G43 G90 G0 Z50 H02；                    （Z 轴带上长度补偿快速移动到 Z50
                                          的位置）

M03 S1500；                             （主轴正转转速为 1500r/min）
M08；                                   （打开切削液）
G52 X0 Y20；                            （建立局部坐标系）
G0 X50 Y0；                             （X、Y 轴移到 X50、Y0 处）
#105 = 0；                              （设置#105 号变量，控制深度变化）
N20 #105 = #105 - 2；                   （#105 号变量依次减去 2mm）
G01 Z[#105] F500；                      （Z 轴进刀）
G01 X40 Y0 F500；                       （X、Y 轴移到 X40、Y0 处）
#100 = 360；                            （设置#100 号变量，控制角度的变化）
#103 = 3；                              （刀具半径值）
N10 #101 = [30 - #103] * COS[#100]；    （计算#101 号变量的 X 值）
#102 = [19 - #103] * SIN[#100]；        （计算#102 号变量的 Y 值）
G01 X[#101] Y[#102] F150；              （铣削椭圆轮廓）
#100 = #100 - 1；                       （#100 号变量依次减去 1）
IF [#100 GE 180] GOTO 10；              （条件判断语句，若#100 号变量的值
                                          大于或等于 180，则跳转到标号为
                                          10 的程序段处执行，否则执行下
                                          一程序段）

G0 Z10；                               （Z 轴抬刀到安全平面）
G0 X50 Y0；
IF [#105 GT - 10] GOTO 20；             （条件判断语句，若#105 号变量的值大
                                          于 -10，则跳转到标号为 20 的程序
                                          段处执行，否则执行下一程序段）

G91 G28 Z0；                           （Z 轴回参考点）
G52 X0 Y0；                            （取消局部坐标系）
G91 G28 Y0；                           （Y 轴回参考点）
M05；
```

M09；

M30；

实例 5-2 程序 1 编程要点提示：

（1）本程序采用椭圆参数方程编制的精铣 1/2 椭圆轮廓宏程序代码，适用于零件精加工。

（2）程序中采用局部坐标系 G52 指令将编程原点平移到椭圆的中心。

（3）采用单向进给路径方式分层铣削椭圆轮廓，每次铣削好一层之后，Z 轴要抬刀到安全平面，且 X、Y 轴要移动到上一次铣削的起始位置，参见程序中语句 G0 Z10 以及 G0 X50 Y0。

程序 2：采用单向同心偏置椭圆法编写的宏程序代码

O5008；	
G15 G17 G21 G40 G49 G54 G80 G90；	
T1 M06；	
G0 G90 G54 X0 Y0；	
G43 Z50 H01；	
M03 S1500；	（主轴正转转速为 1500r/min）
M08；	（打开切削液）
G0 X5 Y20；	（X、Y 轴移到 X5、Y20 处）
#105 = 0；	（设置#105 号变量值，控制深度变化）
G0 Z10；	（Z 轴移动到安全平面）
N20 #105 = #105 − 2；	（#105 号变量依次减去 2mm）
#101 = 12；	（设置#101 号变量，控制椭圆长半轴的值）
#102 = 8；	（设置#102 号变量，控制椭圆短半轴的值）
#110 = 5；	（设置刀具半径）
N30 #100 = 360；	（设置#100 号变量，控制椭圆的角度变化）
#103 = [#101 − #110] ∗ COS[#100]；	（计算#103 号变量的值，即 X 值）
G0 X[#103]；	（X 轴快速移刀）
G0 Z0.5；	（Z 轴移动到零件上方 0.5mm 处）
G01 Z[#105] F150；	（Z 轴进刀）
N10 #103 = [#101 − #110] ∗ COS[#100]；	（计算#103 号变量的值，即 X 值）
#104 = [#102 − #110] ∗ SIN[#100]；	（计算#104 号变量的值，即 Y 值）

#115 = 20 + #104;	（计算#115 号变量的值，即 Y 值）
G01 X［#103］Y［#115］F150;	（铣削椭圆轮廓）
#100 = #100 − 1;	（#100 号变量依次减去 1 的值）
IF［#100 GE 180］GOTO 10;	（条件判断语句，若#100 号变量的值大于或等于 180，则跳转到标号为 10 的程序段处执行，否则执行下一程序段）
G0 Z10;	（Z 轴抬刀）
#101 = #101 + 3;	（#101 号变量依次增加 3）
#102 = #102 + 2;	（#102 号变量依次增加 2）
IF［#101 LE 30］GOTO 30;	（条件判断语句，若#101 号变量的值小于或等于 30，则跳转到标号为 30 的程序段处执行，否则执行下一程序段）
IF［#105 GT − 10］GOTO 20;	（条件判断语句，若#105 号变量的值大于 − 10，则跳转到标号为 20 的程序段处执行，否则执行下一程序段）
G91 G28 Z0;	（Z 轴回参考点）
G91 G28 Y0;	（Y 轴回参考点）
M05;	（主轴停止）
M09;	（关闭切削液）
M30;	（程序结束，并返回到程序起始部分）

实例 5-2 程序 2 编程要点提示：

（1）本程序通过语句#115 = 20 + #104，采用等距平移法实现将椭圆中心平移至编程原点，即长方体的中心位置。

（2）该程序是采用同心偏置方法进行 1/2 椭圆轮廓的粗加工。因此，程序 O5008 粗加工和程序 O5007 精加工结合起来使用，可以实现零件粗、精加工的整个过程。

> **程序 3：采用往复式同心偏置法，铣削椭圆凹轮廓宏程序代码**

O5009;
G15 G17 G21 G40 G49 G54 G80 G90;
T1 M06;
G90 G54 G0 X0 Y0;
G0 X4 Y20;

```
G43 Z50 H01；
M03 S1500；
M08；                        （打开切削液）
G0 X50 Y0；                  （X、Y轴移到X50、Y0处）
M98 P5010；                  （调用子程序号为O5010，调用次数为1次）
G91 G28 Z0；
G91 G28 Y0；
M05；
M09；
T2 M06；
G0 G90 G54 X0 Y20；
G43 Z50 H01；
M03 S1000；
M08；                        （打开切削液）
G0 X50 Y0；                  （X、Y轴移到X50、Y0处）
M98 P5011；                  （调用子程序号为O5011，调用次数为1次）
G91 G28 Z0；                 （Z轴回参考点）
G91 G28 Y0；                 （X、Y轴回编程原点）
G52 X0 Y0；                  （局部坐标系取消）
M05；
M09；
M30；
……
O5010；
#107 = 0；                   （设置#107号变量，控制深度的变化）
N60 #107 = #107 - 2；        （深度依次递减2mm）
G0 Z0.5；                    （Z轴进刀）
G01 X4 Y20 F100；            （X、Y轴进给到X4、Y20处）
G01 Z[#107] F300；           （Z轴进给到铣削深度）
#110 = 3；                   （控制刀具半径）
#101 = 12；                  （设置#101号变量，控制椭圆长半轴的值）
#102 = 8；                   （设置#102号变量，控制椭圆短半轴的值）
#111 = 1；                   （设置标志变量）
#112 = 1；                   （设置步距）
N30 #100 = 360；             （设置#100号变量，控制椭圆的角度变化）
```

N10 #103 = [#101 - #110] * COS[#100]；（计算#103 号变量的值，即 X 的值 ）

#104 = [#102 - #110] * SIN[#100]；（计算#104 号变量的值，即 Y 的值 ）

#105 = #104 + 20；　　　　　　（#105 号变量的值等于 20 加上#104 号
变量的值）

G01 X[#103] Y[#105] F150；　　（直线插补椭圆）

#100 = #100 - #112；　　　　　（角度依次递减 1°）

#111 = #111 - 1；　　　　　　（#111 号变量减 1）

IF [#111 LT 0.5] GOTO 40；　　（条件判断语句，若#111 号变量的值小
于 0.5，则跳转到标号为 40 的程序
段处执行，否则执行下一程序段）

IF [#100 LE 360] GOTO 10；　　（条件判断语句，若#100 号变量的值小于或
等于 360，则跳转到标号为 10 的程序
段处执行，否则执行下一程序段）

#111 = #111 - 1；　　　　　　（#111 号变量减 1）

GOTO 50；　　　　　　　　　（无条件跳转到标号为 50 的程序段处执行）

N40 #111 = #111 + 1；　　　　（#111 号变量加 1）

IF [#100 GE 180] GOTO 10；　　（条件判断语句，若#100 号变量的值大于或
等于 180，则跳转到标号为 10 的程序
段处执行，否则执行下一程序段）

N50 #112 = -#112；　　　　　（#112 号变量取负值）

#111 = #111 + 1；　　　　　　（#111 号变量加 1）

#101 = #101 + 3；　　　　　　（#101 号变量加 3）

#102 = #102 + 2；　　　　　　（#102 号变量加 2）

IF [#101 LE 30] GOTO 30；　　（条件判断语句，若#101 号变量的值小于
或等于 30，则跳转到标号为 30 的程
序段处执行，否则执行下一程序段）

IF [#107 GT - 10] GOTO 60；　（条件判断语句，若#107 号变量的值大
于 - 10，则跳转到标号为 60 的程序
段处执行，否则执行下一程序段）

M99；

……

O5011；　　　　　　　　　　（该子程序省略）

……

实例 5-2 程序 3 编程要点提示：

（1）程序 O5011 是 1/2 椭圆的精加工程序，读者可以参见程序 O5005，在

此不再给出程序以及详细的分析。

（2）程序 O5010 编程的基本算法为同心等距偏置椭圆方法，参见程序 O5006 编程要点（2）所述的内容，在此不再赘述。

（3）程序 O5010 编程的关键是采用"往复循环"铣削模式来铣削椭圆轮廓，该铣削模式有两个关键步骤：

1）怎样实现步距的取负运算：依次铣削椭圆轮廓，使步距取负值，参见程序中 #112 = −#112 语句以及所在位置。

2）怎么实现往复加工铣削刀路：采用标志变量来实现循环加工刀路，参见程序中和标志变量相关的控制语句：#111 = 1、#111 = #111 −1、#111 = #111 +1。

5.2.4　本节小结

本节介绍数控铣 1/2 椭圆轮廓的应用实例，凹轮廓的加工无论在刀具直径大小的确定还是加工进给路径的选择，都比凸轮廓加工复杂。刀具选择要求其半径不能大于轮廓的最小曲率，加工路径要兼顾刀路轨迹最短和加工表面质量优的两个基本原则。

5.2.5　本节习题

（1）尝试采用子程序嵌套方法来编制本节零件加工的宏程序代码。

（2）尝试采用椭圆解析方程的方法，编制本节零件加工的宏程序代码。

（3）编程题：

① 根据图 5-12 所示零件，材料为 45 钢，采用同心等距偏置法，编写加工 3/4 凸台（外径 ϕ70mm）内部的 ϕ50mm 凹圆弧轮廓宏程序代码。

② 合理设计算法，画出程序设计流程框图。

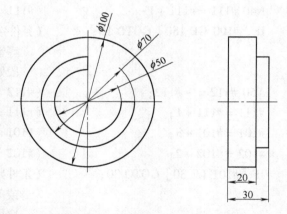

图 5-12　习题零件图（加工 ϕ50mm 凹圆弧轮廓）

5.3　实例 5-3：铣削倾斜椭圆的宏程序应用实例

5.3.1　零件图以及加工内容

加工如图 5-13 所示零件，在长方体上铣削一个倾斜椭圆（旋转轴椭圆）凸台轮廓，椭圆解析方程为：$X^2/30^2 + Y^2/20^2 = 1$，即椭圆长半轴（X 轴）为 30mm，短半轴（Y 轴）为 20mm，椭圆长半轴中心线与 X 轴正方向呈 15°夹角，毛坯为 120mm×80mm×40mm，材料为 45 钢，要求编写数控铣削倾斜椭圆轮廓的宏程序代码。

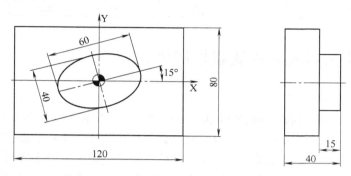

图 5-13　零件加工图（铣削倾斜椭圆凸台轮廓）

5.3.2　零件图的分析

该实例要求在长方体上铣削一个倾斜椭圆轮廓凸台，铣削高度为 15mm，加工和编程之前需要考虑以下方面：

（1）机床的选择：FANUC 系统数控铣床。

（2）装夹方式：从加工零件分析宜采用机用虎钳方式装夹零件。

（3）刀具的选择：

① 采用 ϕ12mm 立铣刀（1 号刀具）进行粗加工。

② 采用 ϕ6mm 立铣刀（2 号刀具）进行精加工。

（4）安装寻边器，找正零件的中心。

（5）量具的选择：

① 0～150mm 游标卡尺。

② 0～150mm 游标深度卡尺。

③ 椭圆形圆弧样板。

④ 百分表。

（6）编程原点的选择：X、Y 向编程原点选择在长方体的中心，Z 向编程原点设置在零件的上表面，存入 G54 零件坐标系。

（7）转速和进给量的确定：

① ϕ12mm 铣刀的转速为 1000r/min，进给量为 150mm/min。

② ϕ6mm 的刀具转速为 2000r/min，进给量为 100mm/min。

铣削倾斜椭圆轮廓的工序卡见表 5-4。

表 5-4 铣削倾斜椭圆轮廓的工序卡

工序	主要内容	设备	刀 具	切 削 用 量		
				转速 /(r/min)	进给量 /(mm/min)	背吃刀量 /mm
1	粗铣轮廓	数控铣床	φ12mm 立铣刀	1000	150	2
2	精铣轮廓	数控铣床	φ6mm 立铣刀	2000	100	0.2

5.3.3 算法以及程序流程框图的设计

1. 算法的设计

（1）该实例是斜椭圆弧轮廓的加工，轮廓所处的位置和实例 5-1 有相同之处，而区别在于：本实例椭圆的中心线（也称之为中心对称轴）与 X/Y 轴方向不重合。

该实例也可以采用椭圆解析方程、参数方程来编制加工程序代码，其变量的选用方法、算法的设计思路参考实例 5-1 铣削整椭圆轮廓的宏程序应用实例。

（2）本实例中，椭圆的中心线与 X 轴的正方向呈 15°的夹角，在整个程序中清楚表达该角度为编程的关键，现有以下两种方法解决：

1）FANUC 系统中，采用旋转坐标系 G68（G69）编程是解决旋转类零件最有效的指令。只要指定旋转中心和旋转角度，就可以按照零件的中心线作为 X/Y 轴进行编程。

例如：本实例中椭圆的旋转中心点为编程原点，旋转角度为 15°，按照 G68 角度正负指定的原则，该零件的旋转角度为正 15°。

关于旋转坐标系 G68（G69）编程指令以及更为详细的应用说明，可以参考相关数控系统的使用手册。

2）采用矩阵旋转的原理进行编程

该实例可以看做：倾斜椭圆是将椭圆绕其中心线旋转某个角度而成（通常取逆时针为正方向），可以采用椭圆解析方程或参数方程，通过数学表达式来表示旋转后椭圆上所有点的坐标值，再利用 G01 直线拟合的方式铣削斜椭圆整个轮廓。

把椭圆上所有点的集合看做一个矩阵形式，而斜椭圆上所有的点可以看做由矩阵旋转而成的另一个矩阵，公式为：

$$\begin{bmatrix} \cos\beta & -\sin\beta \\ \sin\beta & \cos\beta \end{bmatrix} \begin{bmatrix} X' \\ Y' \end{bmatrix} = \begin{bmatrix} X \\ Y \end{bmatrix}$$

其中 β 为旋转角度，[X′, Y′] 是旋转之前的坐标值，[X, Y] 是旋转之后的坐标值，由该式可以得出：$X = X' * \cos\beta - Y' * \sin\beta$ 和 $Y = X' * \sin\beta + Y' * \cos\beta$。

2. 刀具轨迹图以及程序流程框图的设计

根据以上算法设计和分析，规划铣削倾斜椭圆轮廓的刀路轨迹如图 5-14 所示，采用旋转坐标系方法的程序流程框图如图 5-15 所示，而采用矩阵旋转原理的程序流程框图如图 5-16 所示。

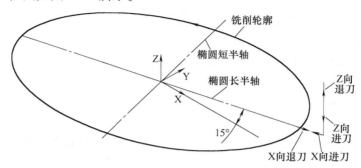

图 5-14 倾斜椭圆轮廓的刀路轨迹示意图

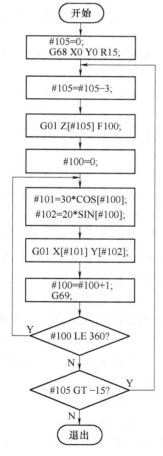

图 5-15 采用旋转坐标系
程序流程框图

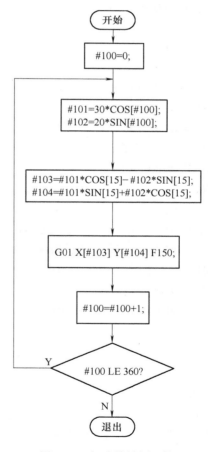

图 5-16 矩阵旋转原理铣
削椭圆轮廓程序流程框图

3. 根据算法以及流程框图编写加工的宏程序代码

程序1：采用旋转坐标系编写的宏程序代码

O5012；

G15 G17 G21 G40 G49 G54 G80 G90；

T1 M06；

G0 G90 G54 X0 Y0；

G43 G90 G43 Z50 H01

M03 S2000；　　　　　　　　　　　（主轴正转，转速为 2000r/min）

M08；　　　　　　　　　　　　　　（打开切削液）

#110 = 15；　　　　　　　　　　　（旋转角度）

G0 X50 Y0；　　　　　　　　　　　（X、Y 轴移到 X50、Y0 处）

G68 X0 Y0 R[#110]；　　　　　　　（建立旋转坐标系，旋转中心为 X0、
　　　　　　　　　　　　　　　　　　Y0，旋转角度为 15°）

#105 = 0；　　　　　　　　　　　　（设置#105 号变量，控制 Z 向深度
　　　　　　　　　　　　　　　　　　变化）

G01 X40 Y0 F150；　　　　　　　　（X、Y 轴移到 X40、Y0 处）

G0 Z0.5；

N20 #105 = #105 − 3；　　　　　　（#105 号变量依次减去 3mm）

G0 Z[#105 + 3.5]；

G01 Z[#105] F100；　　　　　　　（Z 轴进刀）

#100 = 0；　　　　　　　　　　　（设置#100 号变量，控制角度的变化）

#103 = 6；　　　　　　　　　　　（刀具半径值）

N10 #101 = [30 + #103] ∗ COS[#100]；（计算#101 号变量的值，即 X 值）

#102 = [20 + #103] ∗ SIN[#100]；（计算#102 号变量的值，即 Y 值）

G01 X[#101] Y[#102] F100；　　　（铣削椭圆轮廓）

#100 = #100 + 1；　　　　　　　（#100 号变量依次加 1）

IF [#100 LE 360] GOTO 10；　　　（条件判断语句，若#100 号变量的值
　　　　　　　　　　　　　　　　　　小于或等于 360，则跳转到标号为
　　　　　　　　　　　　　　　　　　10 的程序段处执行，否则执行下
　　　　　　　　　　　　　　　　　　一程序段）

G0 Z10；　　　　　　　　　　　　（Z 轴抬刀到安全平面）

G90；　　　　　　　　　　　　　　（转换为绝对值方式编程）

IF [#105 GT − 15] GOTO 20；　　（条件判断语句，若#105 号变量的值
　　　　　　　　　　　　　　　　　　大于 − 15，则跳转到标号为 20 的
　　　　　　　　　　　　　　　　　　程序段处执行，否则执行下一程

序段）

G69；　　　　　　　　　　（旋转坐标系编程方式取消恢复直角

坐标系）

G91 G28 Z0；　　　　　　　（Z 轴回参考点）

G91 G28 Y0；　　　　　　　（Y 轴回参考点）

M05；

M09；

M30；

实例 5-3 程序 1 编程要点提示：

（1）该程序是采用 FANUC 系统提供的编程指令 G68（G69）旋转坐标系来编写的宏程序代码。旋转坐标系 G69（G68）编程指令，在实例 2-4 铣削圆周槽的宏程序应用实例中进行过说明，在此不再赘述。

（2）对旋转坐标系的旋转角度 R 值设置一个变量，以适合不同旋转角度的编程要求。

（3）关于控制铣削椭圆循环过程的方法在实例 5-1 和 5-2 中进行了较为详细地分析，在此也不再赘述。

程序 2：采用矩阵旋转原理编写的宏程序代码

O5013；

G15 G17 G21 G40 G49 G54 G80 G90；

T1 M06；

G0 G90 G54 X0 Y0；

G43 Z50 H01；

M03 S2000；

M08；

#105 = 0；　　　　　　　　　（设置#105 号变量的值,控制深度变化）

G0 X40 Y0；　　　　　　　　（X、Y 轴移到 X40、Y0 处）

N20 #105 = #105 − 3；　　　　（#105 号变量依次减去 3mm）

G0 Z[#105 + 3.5]；

G01 Z[#105] F100；　　　　　（Z 轴进刀）

#100 = 0；　　　　　　　　　（设置#100 号变量,控制角度的变量）

#106 = 6；　　　　　　　　　（设置刀具半径）

N10 #101 = [30 + #106] ∗ COS

[#100]；　　　　　　　　（计算#101 号变量的值,未旋转椭圆的 X 值）

#102 = [20 + #106] ∗ SIN[#100]；　（计算#102 号变量的值,未旋转椭圆的 Y 值）

#103 = #101 ∗ COS[15] −

#102 * SIN[15];	(计算#103 号变量的值,旋转后椭圆的 X 值)
#104 = #101 * SIN[15] + #102 *	
COS[15];	(计算#104 号变量的值,旋转后椭圆的 Y 值)
G01 X[#103] Y[#104] F100;	(铣削斜椭圆轮廓)
#100 = #100 + 1;	(#100 号变量依次加 1)
IF [#100 LE 360] GOTO 10;	(条件判断语句,若#100 号变量的值小于或等于360,则跳转到标号为 10 的程序段处执行,否则执行下一程序段)
G0 Z10;	(Z 轴抬刀到安全平面)
IF [#105 GT −15] GOTO 20;	(条件判断语句,若#105 号变量的值大于 −15,则跳转到标号为 20 的程序段处执行,否则执行下一程序段)
G91 G28 Z0;	(Z 轴回参考点)
G91 G28 Y0;	(Y 轴回参考点)
M05;	
M09;	
M30;	

实例 5-3 程序 2 编程要点提示:

(1) 程序 O5013 采用矩阵旋转公式计算出旋转椭圆上各点的坐标值,再利用直线插补功能 (G01) 编写宏程序代码,通过数学表达式表示出椭圆旋转前后各点的对应关系。

(2) 计算倾斜椭圆轮廓上各点的坐标值步骤:

1) 计算未旋转之前椭圆上任意一点的坐标值,参见程序中的语句:#101 = [30 + #106] * COS[#100]、#102 = [20 + #106] * SIN[#100]。

2) 将旋转角度代入旋转坐标公式,直接套用旋转坐标公式,参见程序中的语句:#103 = #101 * COS[15] − #102 * SIN[15] 和#104 = #101 * SIN[15] + #102 * COS[15]。

(3) 关于整个椭圆的循环过程、Z 向分层铣削椭圆的变量设置以及循环的控制过程,参见实例 5-1 编程算法以及编程要点提示。

5.3.4 本节小结

本节通过铣削倾斜椭圆轮廓的宏程序应用实例,介绍了此类零件在铣削加工中的编程思路和方法。通过两种不同的方法编制宏程序代码:旋转坐标系 G69 (G68) 旋转编程指令和矩阵形式的坐标转换公式,这两种方法各有所长,在加工中可根据实际情况合理选择和应用。

旋转类零件在模具加工中较为常见，比如一模多腔，且腔体是呈环形排列的。对于这类情况如果采用自动编程方式，由软件生成的程序代码段容量往往很大；而借助宏程序编程方法，把加工一个型腔的刀路轨迹，编制成一个独立的子程序，然后结合旋转坐标系调用子程序的方式来实现多腔加工，程序的编制简洁而有效。

5.3.5　本节习题

编程题：根据图 5-17 所示零件，材料为 45 钢，编写倾斜半椭圆内外轮廓（内外椭圆轮廓的厚度为 15mm，椭圆中心不在长方体中心）加工的宏程序代码，并合理设计算法，画出程序设计流程框图。其中，椭圆轮廓的解析方程为 $X^2 \div 30^2 + Y^2 \div 20^2 = 1$。

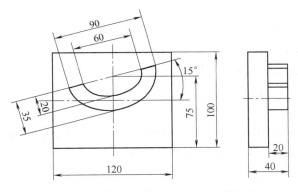

图 5-17　习题零件图（铣削椭圆内外轮廓）

5.4　实例 5-4：铣削椭圆型腔的宏程序应用实例

5.4.1　零件图以及加工内容

加工如图 5-18 所示的零件，材料为 45 钢，在长方体上铣削出一个整椭圆的内凹型腔，椭圆解析方程为 $X^2 \div 30^2 + Y^2 \div 20^2 = 1$，即椭圆长半轴为 30mm，椭圆短半轴为 20mm，毛坯尺寸为 120mm × 100mm × 40mm。要求编写铣削椭圆形状内凹型腔的宏程序代码。

5.4.2　零件图的分析

该实例要求在长方体上铣削出一个整椭圆形状的内凹型腔，铣削深度为 20mm，加工和编程之前需要考虑以下方面：

（1）机床的选择：FANUC 系统数控铣床。

（2）装夹方式：机用虎钳或螺栓、压板的方式均可以装夹。

（3）刀具的选择：

① 采用 φ10mm 的键槽立铣刀（1号刀具）用于轮廓的粗铣加工。

② 采用 φ8mm 的立铣刀（2号刀具）用于轮廓的精铣加工。

（4）安装寻边器，找正零件的中心。

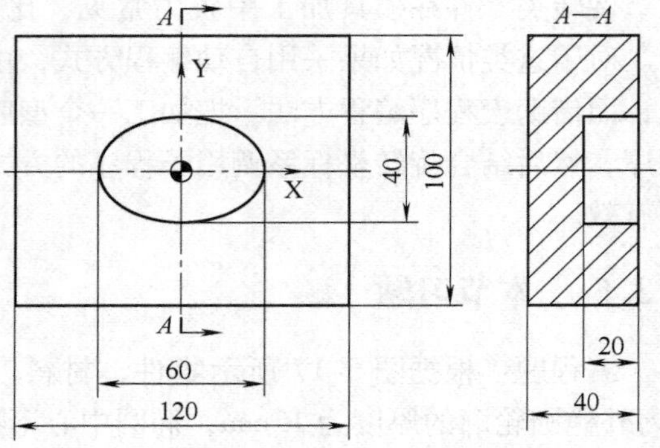

图 5-18　零件加工图（铣削椭圆型腔）

（5）量具的选择：

① 0～150mm 游标卡尺。

② 0～150mm 游标深度卡尺。

③ 椭圆形圆弧样板。

④ 百分表。

（6）编程原点的选择：X、Y 编程原点选择在长方体的中心，Z 向编程原点设置在零件的上表面，存入 G54 零件坐标系。

（7）转速和进给量的确定：

① φ10mm 铣刀转速为 1500r/min，进给量为 150mm/min。

② φ8mm 铣刀转速为 2000r/min，进给量为 100mm/min。

铣削椭圆型腔轮廓的工序卡见表 5-5。

表 5-5　铣削椭圆型腔轮廓的工序卡

工序	主要内容	设备	刀　具	切削用量		
				转速 /（r/min）	进给量 /（mm/min）	背吃刀量 /mm
1	粗铣轮廓	数控铣床	φ10mm 立铣刀	1500	150	2
2	精铣轮廓	数控铣床	φ8mm 立铣刀	2000	100	0.1

5.4.3　算法以及程序流程框图的设计

1. 算法的设计

（1）该零件铣削椭圆型腔轮廓和实例 5-1 铣削椭圆凸台轮廓只是内凹和外凸的区别，在变量的选择、算法的设计以及程序流程框图方面几乎一致。

（2）采用同心椭圆偏置方法，实现椭圆型腔的铣削加工参见实例 5-2 中所述，但在本实例椭圆内凹型腔的铣削中略有不同。从里到外的同心椭圆等距偏置方法的编程基本算法：先铣削一个长/短半轴尺寸较小的椭圆型腔轮廓，型腔铣削完毕后，同步增大椭圆长/短半轴尺寸值，再次铣削出下一个尺寸更大的椭圆型腔轮廓，如此反复，直到最终椭圆的长/短半轴尺寸一起增大至零件的尺寸，至此椭圆型腔加工完毕，可以看做椭圆型腔的各个轮廓通过等距偏置而形成的。

从里到外的同心椭圆偏置法编程的关键：长/短半轴尺寸值由小到大同步增大，依次增大至零件的加工尺寸。切记：长、短半轴有可能不同时增大至零件的最终尺寸；长/短半轴的尺寸值每次同步增大和每次增加相同的值不是同一个概念，同步增大可能是相同的值，也可能是不同的值。

在本实例中，设置变量#101 来控制椭圆的长半轴值、#102 控制椭圆的短半轴值，通过椭圆参数方程计算出任意角度椭圆轮廓上点的坐标，采用直线拟合插补形成椭圆轮廓的刀路轨迹；铣削完成一个椭圆轮廓后，通过语句#101 = #101 +6、#102 = #102 +4 同步增大椭圆的长/短半轴值，最后通过条件判断语句 IF ［#101 LE 30］GOTO n1 和 IF ［#102 LE 20］GOTO n2 实现铣削椭圆型腔轮廓的循环过程。

（3）铣削椭圆型腔的进刀方式：

封闭型腔加工时，无法采用轮廓法向的延长线切入和切出方式加工零件，Z轴进刀方式不同于开放式轮廓的进刀方式，可以采用预先钻落刀孔、螺旋进刀、Z 字斜线进刀等方式。

2. 刀具轨迹图以及程序流程框图的设计

根据以上算法设计和分析，规划铣削椭圆型腔轮廓的刀路轨迹如图 5-19 所示，基于椭圆参数方程进行编程的程序设计流程框图如图 5-20 所示，采用同心等距偏置法进行编程的程序设计流程框图如图 5-21 所示。

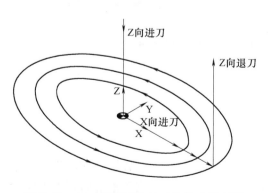

图 5-19　加工椭圆型腔的刀路轨迹示意图

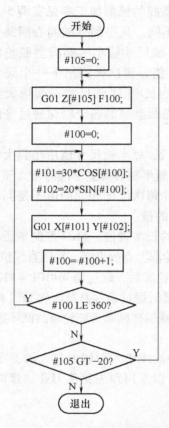

图 5-20　参数方程铣削椭圆型
腔程序设计流程框图

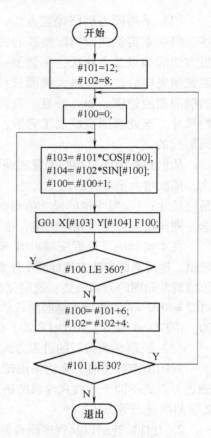

图 5-21　同心等距偏置椭圆法
铣程序设计流程框图

3. 根据算法以及流程框图编写加工的宏程序代码

程序 1：基于椭圆参数方程编制的宏程序代码

O5014；

G15 G17 G21 G40 G49 G54 G80 G90；

T1 M06；

G0 G54 G90 X0 Y0；

G43 Z50 H01；

M03 S2000；

M08；

G0 Z1；　　　　　　　　　　（Z 轴到达零件表面上方 1mm 处）

G01 Z－20 F100；　　　　　　（Z 轴进给到加工深度）

#103 = 1;	（设置#103 号变量,控制铣削椭圆步距）
G41 G01 X[30 – 1]Y0 D01;	（建立刀具半径左补偿）
#100 = 0;	（设置#100 号变量,控制椭圆角度变化）
N20 #101 = 30 * COS[#100];	（计算#101 号变量的值,程序中 X 的值）
#102 = 20 * SIN[#100];	（计算#102 号变量的值,程序中 Y 的值）
G01 X[#101] Y[#102] F100;	（直线插补椭圆型腔）
#100 = #100 + #103;	（#100 号变量依次增加#103 号变量的值）
IF [#100 LE 360] GOTO 20;	（条件判断语句,若#100 号变量的值小于或等于 360,则跳转到标号为 20 的程序段处执行,否则执行下一程序段）
G40 G01 X0 Y0;	（取消刀具半径补偿）
G0 Z10;	（Z 轴抬刀至安全平面）
G91 G28 Z0;	
G91 G28 Y0;	
M05;	
M09;	
M30;	

实例 5-4 程序 1 编程要点提示：

本实例程序 O5014,作为精加工椭圆内凹型腔的宏程序,和程序 O5001 的主要区别：

1）程序 O5014 用于加工椭圆的内凹型腔轮廓,程序 O5001 用于加工椭圆凸台轮廓。

2）两者在使用的刀具半径补偿方向是相反的,请结合程序 O5001 和程序 O5014 仔细分析其中的区别。

程序 2：采用 Z 字斜线进刀编制的宏程序代码

O5015;	
G15 G17 G21 G40 G49 G54 G80 G90;	
T1 M06;	
G0 G54 G90 X0 Y0;	
G43 Z50 H01;	
M03 S2000;	
M08;	
#105 = 0;	（设置#105 号变量,控制深度的变化）
G0 Z1;	（Z 轴到达零件表面上方 1mm 处）
N30 #105 = #105 – 2;	（#105 号变量依次减去 2mm）

#100 = 0；　　　　　　　　　　　　　（设置#100 号变量,控制椭圆角度的变化）

#103 = 1；　　　　　　　　　　　　　（设置#103 号变量,控制铣削椭圆步距）

#106 = 100；　　　　　　　　　　　　（设置进给量）

#107 = 5；　　　　　　　　　　　　　（设置刀具半径）

G01 X10 Z[#105] F100；　　　　　　（Z 轴 Z 字斜线进刀）

N20 #101 = [30 − #107] ∗ COS

　　[#100]；　　　　　　　　　　　　（计算#101 号变量的值,程序中的 X 值）

#102 = [20 − #107] ∗ SIN[#100]；　（计算#102 号变量的值,程序中的 Y 值）

G01 X[#101] Y[#102] F[#106]；　　（直线插补椭圆型腔）

#100 = #100 + #103；　　　　　　　（#100 号变量依次增加#103 号变量的值）

IF [#100 LE 360] GOTO 20；　　　　（条件判断语句,若#100 号变量的值小于
　　　　　　　　　　　　　　　　　　　或等于 360,则跳转到标号为 20 的程
　　　　　　　　　　　　　　　　　　　序段处执行,否则执行下一程序段）

G91 G0 Z1；　　　　　　　　　　　　（Z 轴抬刀 1mm）

G90；　　　　　　　　　　　　　　　（转换为绝对值方式编程）

G0 X0 Y0；　　　　　　　　　　　　　（X、Y 轴移动到 X0、Y0 处）

IF [#105 GT −20] GOTO 30；　　　　（条件判断语句,若#105 号变量的值大于
　　　　　　　　　　　　　　　　　　　−20,则跳转到标号为 30 的程序段处
　　　　　　　　　　　　　　　　　　　执行,否则执行下一程序段）

G91 G28 Z0；

G91 G28 Y0；

M05；

M09；

M30；

实例 5-4 程序 2 编程要点提示：

（1）本程序是铣削椭圆型腔的精加工程序，不能用于粗加工。

（2）Z 轴进刀方式为 Z 字斜线进刀切入零件，该进刀方式是两轴联动平缓地切入零件，在封闭型腔的加工中应用较多，其关键是：在进刀之前确定好刀具的位置，参见程序中语句 G0 X0 Y0、G0 Z1 和 G01 X10 Z[#105] F300 的作用。

（3）本程序采用 Z 字斜线进刀的进刀方式并实现了分层铣削椭圆型腔的加工。

（4）本程序采用刀心编程方式，避免了频繁建立刀具半径补偿和取消刀具半径补偿语句，使得编程简单有效。建议在铣削轮廓形状较为简单的条件下尽量采用刀心编程，因为采用刀具半径补偿形式进行编程，理论上编程过程相对简单，但是在实际编程中不是很容易控制，易造成过切或欠切现象。

（5）程序中如果椭圆角度变化是从 0°增至 360°，则采用刀具半径左补偿（G41）；如果角度变化是从 360°递减至 0°，则采用刀具半径右补偿（G42）。

程序 3：采用同心等距偏置椭圆方法编制的宏程序代码

```
O5016；
G15 G17 G21 G40 G49 G54 G80 G90；
T1 M06；
G0 G90 G54 X0 Y0；
G43 G90 G0 Z50 H01；
M03 S1500；
M08；
#105＝0；                                （设置#105 号变量,控制深度变化）
G0 Z2；                                  （Z 轴移动到安全平面）
N20 #105＝#105－2；                       （#105 号变量依次减去 2mm）
#101＝12；                               （设置#101 号变量,控制椭圆的长
                                          半轴的值）
#102＝8；                                （设置#102 号变量,控制椭圆短半
                                          轴的值）
#107＝5；                                （刀具半径值）
N30 #100＝0；                            （设置#100 号变量,控制椭圆的角
                                          度变化）
#103＝［#101－#107］* COS［#100］；       （计算#103 号变量的值,即 X 的值）
G0 X［#103］Y0；                         （X 轴快速进刀）
G01 Z［#105］F150；                      （Z 轴进刀）
#100＝0；                                （设置#100 号变量,控制椭圆角度
                                          变化）
N10 #103＝［#101－#107］* COS［#100］；    （计算#103 号变量的值,即 X 的值）
#104＝［#102－#107］* SIN［#100］；        （计算#104 号变量的值,即 Y 的值）
G01 X［#103］Y［#104］F150；             （铣削椭圆型腔弧轮廓）
#100＝#100＋1；                          （#100 号变量依次加 1）
IF［#100 LE 360］GOTO 10；               （条件判断语句,若#100 号变量的
                                          值小于或等于 360,则跳转到标
                                          号为 10 的程序段处执行,否则
                                          执行下一程序段）

G91 G0 Z2；                              （Z 轴抬刀）
```

G90;	（转换为绝对值方式编程）
#101 = #101 + 6;	（#101 号变量依次增加 6）
#102 = #102 + 4;	（#102 号变量依次增加 4）
IF［#101 LE 30］GOTO 30;	（条件判断语句,若#101 号变量的值小于或等于 30,则跳转到标号为 30 的程序段处执行,否则执行下一程序段）
G90 G0 Z10;	（Z 轴移动到安全平面 Z10 处）
IF［#105 GT − 20］GOTO 20;	（条件判断语句,若#105 号变量的值大于 − 20,则跳转到标号为 20 的程序段处执行,否则执行下一程序段）
G91 G28 Z0;	
G91 G28 Y0;	
M05;	
M09;	
M30;	

实例 5-4 程序 3 编程要点提示:

本程序采用同心等距偏置椭圆方法,依次从内到外一圈一圈地铣削整个椭圆型腔,既适用于毛坯的粗加工,也适用于精加工轮廓。

程序 4:采用同心椭圆偏置方法编制的粗、精加工宏程序代码

O5017;	
G15 G17 G21 G40 G49 G54 G80 G90;	
T1 M06;	
G0 G90 G54 X0 Y0;	
G43 G90 G0 Z50 H01;	
M03 S1500;	
M08;	
#120 = 200;	（设置#120 号变量,控制进给量）
#105 = 0;	（设置#105 号变量,控制深度变化）
#110 = 0.2;	（设置#110 号变量,控制椭圆精加工余量）
#117 = 5;	（设置#117 号变量,刀具半径值）
G0 Z2;	（Z 轴移动到安全平面）
N20 #105 = #105 − 2;	（#105 号变量依次减去 2mm）
#106 = 3;	（设置#106 号变量,控制椭圆粗加工铣削次数）
#107 = 30/#106;	（#107 号变量,椭圆 X 向每次铣削步距）

#108 = 20/#106;　　　　　　　　　（#108 号变量,椭圆 Y 向每次铣削步距）

N60 G0 Z[#105 + 2.5];

G01 Z[#105] F[#120];　　　　　　（Z 轴进刀）

IF [#110 LT 0.2] GOTO 70;　　　　（条件判断语句,若#110 号变量的值小于
　　　　　　　　　　　　　　　　　0.2,则跳转到标号为 70 的程序段处执
　　　　　　　　　　　　　　　　　行,否则执行下一程序段）

N30 #106 = #106 - 1;　　　　　　　（铣削次数减去 1）

#111 = 30 - #106 * #107;

#112 = 20 - #108 * #106;

N70 #100 = 0;　　　　　　　　　　（设置#100 号变量,控制椭圆的角度变化）

N10 #103 = [#111 - #117 - #110]　（计算#103 号变量的值,即 X 的值）
　* COS[#100];

#104 = [#112 - #117 - #110] *　　（计算#104 号变量的值,即 Y 的值）
　SIN[#100];

G01 X[#103] Y[#104] F[#120];　　（铣削椭圆型腔轮廓）

#100 = #100 + 1;　　　　　　　　　（#100 号变量依次加 1）

IF [#100 LE 360] GOTO 10;　　　　（条件判断语句,若#100 号变量的值小于
　　　　　　　　　　　　　　　　　或等于 360,则跳转到标号为 10 的程
　　　　　　　　　　　　　　　　　序段处执行,否则执行下一程序段）

IF [#110 LT 0.2] GOTO 80;　　　　（条件判断语句,若#110 号变量的值小于
　　　　　　　　　　　　　　　　　0.2,则跳转到标号为 80 的程序段处执
　　　　　　　　　　　　　　　　　行,否则执行下一程序段）

IF [#106 GT 0] GOTO 30;　　　　　（条件判断语句,若#106 号变量的值大于
　　　　　　　　　　　　　　　　　0,则跳转到标号为 30 的程序段处执
　　　　　　　　　　　　　　　　　行,否则执行下一程序段）

G91 G0 Z2;　　　　　　　　　　　（Z 轴抬刀）

G90 G0 Z10;

IF [#105 GT -20] GOTO 20;　　　　（条件判断语句,若#105 号变量的值大于
　　　　　　　　　　　　　　　　　-20,则跳转到标号为 20 的程序段处
　　　　　　　　　　　　　　　　　执行,否则执行下一程序段）

G91 G28 Z0;

G91 G28 Y0;

T2 M06;

G0 G90 G54 X0 Y0;

G43 G90 G0 Z50 H02;

M03 S2000；

M08；

#120 = 100；　　　　　　　　　　　　（进给量重新赋值）

#117 = 4；　　　　　　　　　　　　　（#117 号变量重新赋值,控制刀具半径）

#110 = #110 - 0.2；　　　　　　　　　（精铣余量减去 0.2mm）

GOTO 60；　　　　　　　　　　　　 （无条件跳转语句）

N80 G90 G0 Z10；

G91 G28 Z0；

G91 G28 Y0；

M05；

M09；

M30；

实例 5-4 程序 4 编程要点提示：

（1）本程序完成从毛坯到椭圆型腔的粗加工和精加工整个过程。

（2）本程序粗加工算法的核心为同心等距偏置椭圆方法，说明如下：

1）根据加工零件以及毛坯的尺寸，确定加工循环的次数，参见程序中语句 #106 = 3。

2）根据毛坯余量以及加工循环的次数，计算出每次加工的余量大小，参见程序中语句 #107 = 30/#106 和 #108 = 20/#106。

3）根据每次铣削的余量大小，结合椭圆参数方程，计算每个步距 X、Y 轴的移动量，参见程序中语句 #103 = [#111 - #117 - #110] * COS [#100]、#104 = [#112 - #117 - #110] * SIN [#100]。

（3）程序中 #110 号变量的作用：

1）用来控制椭圆精加工的余量，参见程序中语句 #103 = [#111 - #117 - #110] * COS [#100] 和 #104 = [#112 - #117 - #110] * SIN [#100]。

2）标志变量的作用，参见程序中语句 IF [#110 LT 0.2] GOTO 80。

5.4.4　本节小结

本节通过铣削椭圆型腔的宏程序应用实例，介绍了宏程序编程在铣削非圆型面型腔的编程方法以及技巧。

5.4.5　本节习题

编程题：

① 根据图 5-22 所示零件，材料为 45 钢，编写倾斜椭圆型腔（倾斜角度为 30°，凹腔深度为 20mm）加工的宏程序代码。

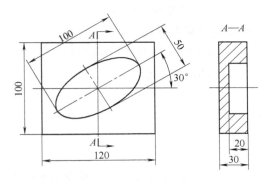

图 5-22 习题零件图（铣削倾斜椭圆型腔）

② 合理设计算法，画出程序设计流程框图。其中椭圆解析方程为 $X^2/50^2 + Y^2/25^2 = 1$。

5.5 实例 5-5：铣削正弦曲线轮廓的宏程序应用实例

5.5.1 零件图以及加工内容

加工如图 5-23 所示零件，材料为 45 钢，长方体上铣削正弦函数曲线形状的凸台轮廓，正弦函数方程：$Y = 20 * SIN(360 * X/60)$，$X \in [0, 360]$，要求编写数控铣削正弦函数曲线形状轮廓的宏程序代码。

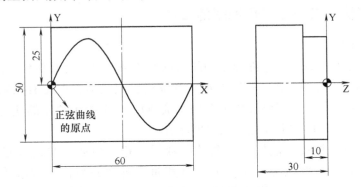

图 5-23 零件加工图（铣削正弦函数曲线轮廓）

5.5.2 零件图的分析

该实例的毛坯尺寸为 60mm（X 方向）×50mm（Y 方向）×30mm（Z 方向），铣削轮廓的深度为 10mm，加工和编程之前需要考虑以下方面：

（1）机床的选择：FANUC 系统数控铣床。

（2）装夹方式：机用虎钳装夹方式。

（3）刀具的选择：ϕ12mm 的立铣刀（1 号刀具）。

（4）安装寻边器，找正零件的中心。

（5）量具的选择：

① 0~150mm 游标卡尺。

② 0~150mm 游标深度卡尺。

③ 百分表。

（6）编程原点的选择：X、Y 向编程原点选择为长方体左侧棱边的中心或者长方体中心，本实例选择在左侧棱边的中心，Z 向编程原点选择在零件上表面，存入 G54 零件坐标系。

（7）深度方向分层加工的转速和进给量的确定：ϕ12mm 铣刀转速为1500r/min，进给量为 200mm/min，铣削椭圆轮廓的工序卡见表 5-6。

表 5-6　铣削椭圆轮廓的工序卡

工序	主要内容	设备	刀　具	切 削 用 量		
				转速/(r/min)	进给量/(mm/min)	背吃刀量/mm
1	粗铣轮廓	数控铣床	ϕ12mm 立铣刀	1500	200	2

5.5.3　算法以及程序流程框图的设计

1. 算法的设计

（1）该零件要求铣削正弦函数曲线形状的轮廓，总体上和圆锥曲线（例如：椭圆、双曲线、抛物线等）轮廓的加工和编程思路相似，但略有区别：圆锥曲线利用其参数方程，只需要设置 1 个中间变量#100 来控制角度的变化，由该角度变量计算出圆锥曲线上任意一点的坐标值。

（2）三角函数线（包括正、余弦函数线，正、余切函数线和正、余割函数线）以正弦函数线较为常见，下面对其曲线轮廓的编程进行叙述：由正弦函数方程的表达式可知，假设角度是自变量，位移（Y 值）是因变量，随着角度值的变化，Y 值也发生相应的变化。在一个"单位"圆中，正弦函数线的值都是小于等于 1，所以其值域为 [−1，1]，且呈周期性变化，最小的正周期是 2π。

（3）铣削正弦函数线形状的轮廓，根据编程原点选择的位置不同，有以下两种算法：

1）编程原点选择在长方体的中心。

根据正弦函数的解析方程进行编程，设置#100 号变量控制角度的变化，设置#102 号变量控制 Y 轴（位移）的变化，然后结合解析方程 Y = 20 * SIN［360 * X/60］，计算出 Y 值，采用直线插补拟合法进行正弦函数曲线轮廓的加工。

本编程的关键点：由于本实例中编程原点（在长方体的中心）和正弦函数线的原点（起始点）不在同一个点上，需要采用坐标点平移的方式，将正弦函数曲线的原心平移到编程原点，使编程原点和正弦函数曲线的中心重合。

2）编程原点选择在长方体左侧棱边的中心，和正弦曲线的原点重合。

第一步：基于正弦函数解析方程，通过设置#100 号变量控制角度的变化，代入方程得到 Y = 20 * SIN［#100］，从而计算出正弦曲线的 Y 值。

第二步：进一步分析 X 轴的变化规律：由于设置#100 号变量控制角度的变化，从零件图样中得知控制角度变化的范围为［0，360］，需要设置步距大小，本实例确定角度变化步距为 1°，即采用语句#100 = #100 + 1，可见角度变化的次数为 360 次。

第三步：在铣削正弦曲线轮廓的过程中，由于角度变化总次数为 360，因此曲线的 X 轴值会被分割成 360 个不同的值，相应地需要设置 360 个不同的 Y 值与之对应。

第四步：从图样分析可知，X 轴长度位移的变化范围为［0，60］，角度的变化范围为［0，360］，两者的变化规律应该一致，则 X 轴每次步距大小值为 60mm/360 = 1/6mm。

2. 刀具轨迹图以及程序流程框图的设计

根据以上算法设计和分析，规划铣削正弦函数曲线形状的凸台轮廓精加工刀路轨迹如图 5-24 所示，编程原点设置在长方体左侧棱边中心的程序设计流程框图如图 5-25 所示，编程原点设置在长方体中心的程序设计流程框图如图 5-26 所示，注意两者的细小区别。

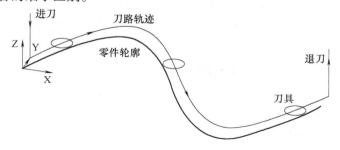

图 5-24　正弦函数轮廓精加工刀路轨迹示意图

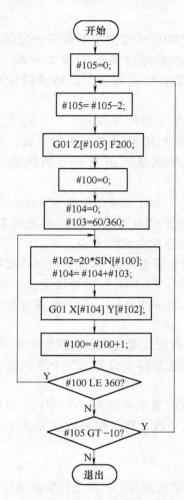

图 5-25　编程原点在长方体
左侧棱边中心流程框图

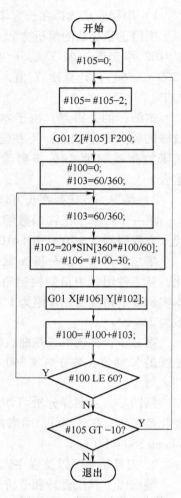

图 5-26　编程原点在长方体
中心流程框图

3. 根据算法以及流程框图编写的宏程序代码

程序 1：编程原点在长方体左侧棱边中心的宏程序代码

```
O5018；
G15 G17 G21 G40 G49 G54 G80 G90；
T1 M06；
G0 G90 G54 X0 Y0；
G43 G90 G0 Z50 H01；
M03 S1500；
```

M08；

G0 X - 20 Y0；　　　　　　　　（X、Y 轴移动到 X - 20、Y0 处）

#105 = 0；　　　　　　　　　　（设置#105 号变量的值,控制深度的变化）

N20 #105 = #105 - 2；　　　　　（#105 号变量依次减少 2mm）

G01 Z［#105］F200；　　　　　（Z 轴进刀）

G41 G01 D01 X - 10 Y0 F200；　（建立刀具半径左补偿）

#100 = 0；　　　　　　　　　　（设置#100 号变量,控制角度变化）

#101 = 360；　　　　　　　　　（设置#101 号变量,正弦函数线的终止角度）

#104 = 0；　　　　　　　　　　（设#104 号变量,控制 X 轴值）

#103 = 60/360；　　　　　　　（设置#103 号变量控制 X 轴变量的增量,
　　　　　　　　　　　　　　　　即步距）

N10 #102 = 20 * SIN［#100］；　（计算#102 号变量的值,控制 Y 轴值）

G01 X［#104］Y［#102］；　　　（铣削正弦函数线轮廓）

#104 = #104 + #103；　　　　　（#104 号变量依次增加#103 号变量值）

#100 = #100 + 1；　　　　　　　（#100 号变量依次增加 1°）

IF［#100 LE #101］GOTO 10；　（条件判断语句,若#100 号变量的值小于
　　　　　　　　　　　　　　　　或等于#101 号变量的值,则跳转到标
　　　　　　　　　　　　　　　　号为 10 的程序段处执行,否则执行下
　　　　　　　　　　　　　　　　一程序段）

G01 G40 X70 F200；　　　　　　（取消刀具半径补偿）

G0 Z10；　　　　　　　　　　　（Z 轴抬刀到安全平面）

G0 X - 20；　　　　　　　　　　（X 轴移到 X - 20）

Y0；　　　　　　　　　　　　　（Y 轴移到 Y0）

IF［#105 GT - 10］GOTO 20；　（条件判断语句,若#105 号变量的值大于
　　　　　　　　　　　　　　　　- 10,则跳转到标号为 20 的程序段处
　　　　　　　　　　　　　　　　执行,否则执行下一程序段）

M05；

M09；

G91 G28 Z0；

G91 G28 Y0；

M30；

实例 5-5 程序 1 编程要点提示：

（1）该程序编程原点在长方体左侧棱边的中心,正弦函数属于奇函数并且其图形关于坐标系原点对称,编程原点和正弦函数线的原点在同一个点,因此不需要采用坐标平移方式。

（2）程序 O5018 对应程序设计的流程框图如图 5-25 所示，该程序实现了深度方向的分层铣削正弦函数曲线轮廓的精加工过程，不适用于毛坯的粗加工。

（3）该程序编程的关键在于 X 值增量要和 Y 值一一对应。在三角函数曲线轮廓加工的宏程序编程中，如何协调 X 值和 Y 值合理的变化，是宏程序编程的关键点和难点所在，下面以正弦函数曲线轮廓编程为例进行分析。

对于正弦函数方程 Y = SIN（X），设置#100 号变量控制角度的变化，通过正弦函数表达式 Y = SIN［#100］计算出 Y 值的变化，显然#100 号变量不能直接作为控制 X 轴的变化量，其原因为#100 号变量作为角度，其变换范围为［0，360］，而实际上它作为零件长度（其变化对应的是直线位移性质的步距）的变化范围为［0，60］，可以看出 X 轴增量（步距）和#100 号角度变量的变化是不同步的，有两种方式解决以上不同步的问题：

1）#100 号变量变化的次数为 360（在本实例中角度每次变化量确定为 1°），根据正弦曲线方程计算出 Y 值有 360 个不同的值，需要将 X 轴长度变量的次数也确定为 360 等份（目的是为了和 Y 轴变化次数一致），而 X 轴实际长度的变化范围为［0，60］，得出 X 轴步距的每次变化量（设置#103 控制 X 轴每次的增量）为#103 = 60/360。

2）将正弦函数曲线表达式 Y = SIN（A）中的角度通过表达式改成弧度制，见语句 Y = SIN［360 * X/60］，这两种方法最终实现 X 值变化大小是一致的。

（4）程序 O5018 采用单向直线进给的方式，每一次轮廓铣削完毕后，需要将刀具抬至加工的起始位置，参见程序中语句 G0 Z10、G0 X-20、G0 Y0。

程序 2：编程原点在长方体中心的宏程序代码

O5019；	
G15 G17 G21 G40 G49 G54 G80 G90；	
T1 M06；	
G0 G90 G54 X0 Y0；	
G43 G90 G0 Z50 H01；	（Z 轴带上长度补偿快速移动到 Z50 的位置）
M03 S2000；	（主轴正转，转速为 2000r/min）
M08；	（打开切削液）
G0 X-50 Y0；	（X、Y 轴移动到 X-50 、Y0 处）
#105 = 0；	（设置#105 号变量的值,控制深度的变化）
N20 #105 = #105 - 2；	（#105 号变量依次减少 2mm）
G01 Z［#105］F200；	（Z 轴进刀）
G41 G01 D01 X-40 Y0 F200；	（建立刀具半径左补偿）
#100 = 0；	（设置#100 号变量,控制 X 轴的值）
#103 = 60/360；	（设置#103 号变量,控制 X 轴的增量）

N10 #102 = 20 ＊ SIN［360 ＊ #100 ／60］；　　（计算#102 号变量的值,控制 Y 轴
　　　　　　　　　　　　　　　　　　　　　　　　的值）

#106 = #100 − 30；　　　　　　　　　　　（计算程序中 X 坐标）

G01 X［#106］Y［#102］F200；　　　　　　（铣削正弦函数线轮廓）

#100 = #100 + #103；　　　　　　　　　　　（#100 号变量依次增加#103）

IF［#100 LE 60］GOTO 10；　　　　　　　　（条件判断语句,若#100 号变量的
　　　　　　　　　　　　　　　　　　　　　　　值小于或等于 60,则跳转到标
　　　　　　　　　　　　　　　　　　　　　　　号为 10 的程序段处执行,否
　　　　　　　　　　　　　　　　　　　　　　　则执行下一程序段）

G01 G91 G40 X10 F200；　　　　　　　　　（取消刀具半径补偿）

G90 G0 Z10；　　　　　　　　　　　　　　（Z 轴抬刀到安全平面）

G0 X − 50；　　　　　　　　　　　　　　　（X 轴移到 X − 50）

Y0；　　　　　　　　　　　　　　　　　　（Y 轴移到 Y0）

IF［#105 GT − 20］GOTO 20；　　　　　　　（条件判断语句,若#105 号变量的
　　　　　　　　　　　　　　　　　　　　　　　值大于 − 20,则跳转到标号为
　　　　　　　　　　　　　　　　　　　　　　　20 的程序段处执行,否则执行
　　　　　　　　　　　　　　　　　　　　　　　下一程序段）

M05；

M09；

G91 G28 Z0；

G91 G28 Y0；

M30；

实例 5-5 程序 2 编程要点提示：

（1）该程序的编程原点在长方体的中心,对应程序设计的流程框图如图 5-26 所示,编程原点和正弦函数曲线的原点不在同一个点,因此需要采用坐标平移的方式,将正弦曲线的原点平移到零件的编程原点,参见程序中的控制语句#106 = #100 − 30。

（2）程序 O5019 编程的关键点在于：#100 号变量控制 X 轴的值长度方向的变化范围,而不是控制角度的变化范围,注意和程序 O5018 中#100 号变量作为角度变量的区别。

5.5.4　本节小结

本节通过铣削正弦曲线轮廓的宏程序应用实例,介绍了宏程序在铣削三角函数曲线轮廓中的编程思路和方法,对所有三角函数曲线轮廓为加工型面的铣削、车削的宏程序编程具有参考价值。

以三角函数曲线为加工型面和以圆锥曲线为加工型面的宏程序编程方法有不同点：圆锥曲线可以利用圆锥曲线参数方程，（以 G17 平面为例）计算出对应角度所需要 X、Y 轴的值，通过角度的增量实现整个铣削循环来编写宏程序代码，而三角函数曲线轮廓的编程，在结合其方程的基础上，还要处理好角度变化和 X 轴长度步距大小的关系。

5.5.5　本节习题

编程题：

① 根据图 5-27 所示零件，材料为 45 钢，编写加工余弦函数曲线轮廓的宏程序代码。

② 合理设计算法，画出程序设计流程框图。其中：余弦函数方程为 Y = 20 ∗ COS（360 ∗ X/120 ），并且 X ∈ [0，360]。

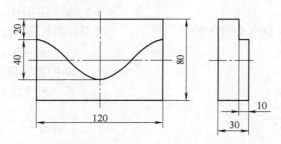

图 5-27　习题零件图（铣削余弦曲线轮廓）

5.6　本章小结

本章通过铣削整椭圆、1/2 椭圆（半椭圆）、倾斜椭圆（椭圆中心不在编程原点）、椭圆内凹型腔和正弦函数曲线轮廓等型面铣削实例，介绍了宏程序编程在非圆曲线型面中的编程方法和技巧。

本章所举实例的加工型面虽然简单，但其变量的定义方法、算法的设计思路可以拓展到其他以非圆曲线工程可以表达的型面的宏程序编程中去，一般利用其参数方程和解析方程，找出曲线轮廓上各个坐标点的变化规律，结合拟合法编程思想，编写其加工的宏程序代码。

编制非圆曲面的宏程序代码，离不开数学知识的支撑，熟悉各类曲线方程的特征和性质。要编制出高效、有效的宏程序，一方面要求编程者具有良好的工艺知识和经验，如选用切削用量参数和刀具以及设计刀路轨迹方式等；另一方面也要求编程者具有数学知识的功底。

5.7　本章习题

编程题：

① 根据图 5-28 所示零件，材料为 45 钢，编写加工由正弦曲线和椭圆曲线组合而成的凸台轮廓宏程序代码（注意：椭圆中心、正弦函数中心和长方体中心不重合）。

② 合理选择刀具、设计算法以及画出程序流程框图。其中：正弦曲线方程为 $Y = 20 * SIN(360 * X / 120)$，$X \in [0, 360]$，椭圆方程为 $X^2 / 60^2 + Y^2 / 25^2 = 1$。

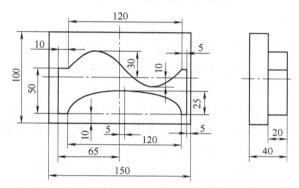

图 5-28　习题零件图（加工正弦曲线和椭圆曲线组合而成的轮廓）

第 6 章

数控铣宏程序的
螺纹加工

▶ **本 章 内 容 提 要** ◀

本章通过铣削单线螺纹、多线螺纹（以双线为例）、大螺距螺纹、锥度螺纹等应用实例，介绍数控铣宏程序编程在螺纹加工中的应用方法。螺纹加工常用的方法包括采用螺纹车刀车削螺纹，丝锥攻螺纹，板牙套螺纹以及滚压螺纹等，而随着数控系统和螺纹加工编程指令的发展，数控铣削螺纹的工艺应用越来越多，特别是在大螺距螺纹、大尺寸螺纹以及非规则牙型螺纹的数控加工场合。

在数控铣或加工中心上进行螺纹的铣削加工，X/Y 轴利用数控系统圆弧插补指令 G02/G03 以及联合 Z 轴的同步直线移动来实现空间螺旋线插补运动，从而实现螺纹铣削加工，采用同一把螺纹铣刀就可以加工不同形状和规格的外/内螺纹，具有加工效率高，运动形式控制方便的优点。

6.1 实例 6-1：铣削单线外螺纹的宏程序应用实例

6.1.1 零件图以及加工内容

如图 6-1 所示零件，在长方体的圆柱凸台上铣削一个单线外螺纹，导程为 2.5mm，螺纹大径为 φ22mm，小径为 φ20mm，螺纹的长度为 25mm，材料为 45 钢。要求编写数控铣削外螺纹的宏程序代码。

6.1.2 零件图的分析

该实例的 φ22mm 圆柱凸台已经加工完毕，要求采用数控铣削的方法来加工单线外螺纹，加工和编程之前需要考虑以下方面：

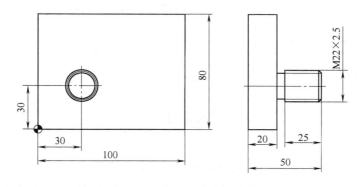

图 6-1　零件加工图（铣削 M22×2.5）

（1）机床的选择：FANUC 系统数控铣床。

（2）装夹方式：该零件既可以采用螺栓、压板的方式装夹，也可以采用机用虎钳的方式装夹。

1）单件生产宜采用螺栓、压板方式装夹零件。长方体四条棱边的中间位置采用压板压住，装夹时要保证零件水平放置在机床工作台面上。

2）批量生产宜采用机用虎钳方式（或采用专用夹具的方式）装夹零件，装夹时要保证零件水平放置在机用虎钳或专用夹具上。

（3）刀具的选择：整体式单齿螺纹铣刀（牙型角度为 60°，刀片材料为硬质合金）。

（4）安装寻边器，通过长方体两个侧边，找正如图 6-1 所示的编程原点。

（5）量具的选择：

① 0～150mm 游标卡尺。

② 0～150mm 游标深度卡尺。

③ 螺纹量具（通规、止规）来检验螺纹。

④ 百分表。

（6）编程原点的选择：X、Y 轴的编程原点选择方案有：

① 长方体上表面的中心。

② 螺纹轴的中心。

③ 长方体左下角的端点位置。Z 向编程原点选择在零件的上表面，存入 G54 零件坐标系。本实例以③作为 X、Y 轴的编程原点，如图 6-1 所示。

（7）转速、进给量和背吃刀量的确定：铣削螺纹可以采用高速铣削，转速为 3000r/min，进给量 500mm/min，铣削单头外螺纹的工序卡见表 6-1，其中背吃刀量一般采用递减原则。

表 6-1　铣削单线外螺纹的工序卡

工序	主要内容	设备	刀具	切削用量		
				转速/(r/min)	进给量/(mm/min)	背吃刀量/mm
1	铣外螺纹	数控铣床	60°螺纹刀具	3000	500	0.2、0.1

6.1.3　算法以及程序流程框图的设计

1. 算法的设计

（1）利用数控系统提供的圆弧插补指令 G02（或 G03）方式形成的 X/Y 轴圆弧运动，再结合 Z 轴的 G01 直线插补，即三轴联动形成了螺旋线插补，从而实现螺纹的铣削加工。

（2）设置#100 号变量进行控制径向的背吃刀量，铣削好一条完整的螺纹线后，通过语句#100 = #100 - 0.2，实现了螺纹径向的分层铣削。

假设螺纹的 Z 向进行一次螺旋插补的同时，径向也相应地发生变化，即螺旋插补半径（径向）随着螺纹深度的变化而变化，这形成了锥度螺旋线，详细参见后续实例 6-4。

（3）假设每次铣削螺旋线的起点不同，可以设置#110 号变量控制螺旋线加工的起始位置，通过#110 变量的值加上（或减去）一个螺距值，从而实现了多线螺纹的铣削加工，详细参见实例 6-2。

补充说明：单线螺纹的导程和螺距是相同的，多线螺纹的导程和螺距的关系为：螺纹的导程 = 螺距×线数。

（4）采用 G02、G03 实现螺旋线铣削的编程关键：

从螺旋线形成的原理来分析：螺纹的加工采用单齿螺纹刀进行铣削，在 G17 平面内 X、Y 轴进行整圆插补的同时，Z 轴进行直线插补（即 X、Y 和 Z 轴联动），Z 轴的移动量决定了螺纹导程的大小。

（5）螺纹的有效长度为其导程和有效圈数的乘积，在宏程序编程时以铣削螺纹的 Z 向深度是否到达螺纹的有效长度作为结束循环的判定条件。

调用子程序编程时，需要通过公式换算：螺纹的圈数 = 螺纹的有效长度÷螺距，得出的值作为调用"铣削一圈螺纹"子程序次数的依据。

螺纹加工起始位置要在离开螺纹的实际起始表面（圆柱的轴向端面）的位置，螺纹加工终止位置的深度要略大于螺纹的有效长度，一般超出的长度通常为一个导程值。

2. 程序流程框图设计

根据以上算法设计和分析，规划铣削单层螺纹的刀路轨迹如图 6-2 所示，单层螺纹铣削的程序设计流程框图如图 6-3 所示，径向分层铣削螺纹的程序设计流程框图如图 6-4 所示。

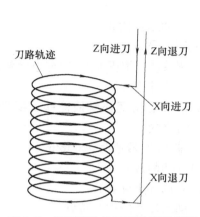

图 6-2　铣削螺纹的刀路轨迹示意图

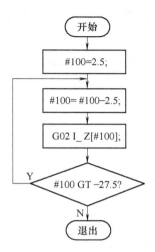

图 6-3　单层螺纹铣削程序设计流程框图

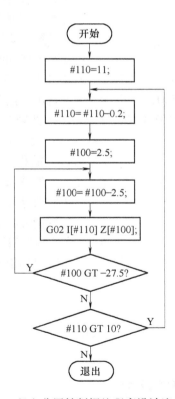

图6-4　径向分层铣削螺纹程序设计流程框图

3. 根据算法以及流程框图编写加工的宏程序代码

程序 1：编程原点在零件中心，精铣外螺纹的宏程序代码

O6001；

G15 G17 G21 G40 G49 G54 G80 G90； （机床初始化代码）

T1 M06； （调用 1 号刀具）

G0 G90 G54 X0 Y0； （快速移动到编程原点,检查坐标系建立的准确性）

G43 G0 Z50 H01； （Z 轴带上长度补偿快速移动到 Z50 的位置）

M03 S3000； （主轴正转,转速为 3000r/min）

M08； （打开切削液）

G52 X30 Y30； （建立局部坐标系）

G0 X0 Y0； （移动到外圆的中心位置）

G0 X50 Y0； （X、Y 轴移动到螺纹大径的外端）

G0 Z2.5； （Z 轴移动到零件表面 Z2.5 处）

G0 G41 X22 Y0 D01； （建立刀具半径左补偿）

#100 = 2.5； （设置#100 号变量,控制 Z 轴的移动量）

G01 X10 Y0 F500； （X 轴移动到螺纹加工的起始位置）

N10 #100 = #100 - 2.5； （#100 号变量依次减去 2.5mm）

G02 I - 10 Z[#100] F500； （铣削长度为一个导程的螺纹）

IF [#100 GT - 27.5] GOTO 10； （条件判断语句,若#100 号变量的值大于 - 27.5,则跳转到标号为 10 的程序段处执行,否则执行下一程序段）

G0 X22； （X 轴退刀）

G40 G0 X50 Y0； （取消刀具半径补偿）

G90 G0 Z100； （Z 轴退刀至安全平面）

G52 X0 Y0； （取消局部坐标系,恢复直角坐标系）

G91 G28 Z0；

G91 G28 Y0；

M05；

M09；

M30；

实例 6-1 程序 1 编程要点提示：

（1）该程序是铣削螺纹的精加工程序，适用于小螺距螺纹的铣削加工，如果螺纹的螺距较大（切深余量大），应采用径向分层铣削螺纹的方式来加工螺纹。

（2）从图 6-1 可知，螺纹导程为 2.5mm，因此每铣削一次螺旋线 Z 轴的移动量为 2.5mm，参见程序中的语句：#100 = #100 - 2.5 以及 G02 I - 10 Z［#100］的作用，其中圆弧插补指令 G02、G03 的选择和螺纹左（右）旋向有关。

（3）螺纹加工 Z 轴的起点位置以及螺旋铣削螺纹循环结束的判定条件如下分析：

铣削螺纹 Z 轴的起始位置应该离开零件的表面，在程序中离开零件表面的距离为 2.5mm，参见程序中的赋值语句#100 = 2.5 以及 Z 轴进给语句 G0 Z［#100］。

循环结束的判定条件采用语句 IF［#100 GT - 27.5］GOTO 10，在该语句中要注意关系判断运算符是"GT"而不是"GE"，两者之间的微小区别，见第 1 章有关运算符所述的内容。

（4）程序 O6001 采用刀具半径补偿编写的宏程序代码，在铣削螺纹时，刀具半径补偿值不是测量刀杆的半径值，这和一般类型的铣刀是不同的，在实际操作时 D01 值要根据以下情况确定：

1）根据螺纹的大径尺寸首先加工出圆柱体，然后测出其直径 D。

2）手动方式（或采用 T_M06 自动换刀的方式）在主轴上装上螺纹铣刀，起动主轴正转，X、Y 轴快速移动，使主轴轴心线与螺纹外圆的中心重合。

3）采用手动方式沿 X 轴（或 Y 轴）移动后，然后使主轴带动铣刀下降至一定的位置，沿 X 轴（或 Y 轴）反向移动，慢慢靠近圆柱表面。

4）当刀尖在圆柱表面有轻微划痕时，记下此时移动增量 A 值。

5）用 A 值减去圆柱体半径的值，即 P = A - D/2，此时 P 值就是刀具补偿值，把 P 值输入到机床参数 D01 中。

6）沿 X 轴（或者 Y 轴）反向移动后，使主轴带动铣刀上升。

程序 2：分层铣削螺纹的宏程序代码

O6002；	（程序号）
G15 G17 G21 G40 G49 G54 G80 G90；	（机床初始化代码）
T1 M06；	（调用 1 号刀具）
G0 G90 G54 X0 Y0；	（快速移动到编程原点,检查坐标系建立的准确性）
G43 Z50 H01；	（Z 轴带上长度补偿快速移动到 Z50 位置）
M03 S3000；	（主轴正转,转速为 3000r/min）
M08；	（打开切削液）
G52 X30 Y30；	（建立局部坐标系）

```
G0 X0 Y0;                              （移动到螺纹的中心位置）
G0 X50 Y0;                             （X、Y 轴移动到螺纹大径的外端）
#110 = 11;                             （设置#110 号变量,控制螺纹的牙
                                        型深度）
N20 G0 Z2.5;                           （Z 轴移动到零件表面 Z2.5 处）
G0 G41 X22 Y0 D01;                     （建立刀具半径左补偿）
#110 = #110 − 0.2;                     （#110 号变量依次减去 0.2mm）
#100 = 2.5;                            （设置#100 号变量,控制 Z 轴的移
                                        动量）
G01 X[#110] Y0 F200;                   （X 轴移动到螺纹加工的起始位置）
N10 #100 = #100 − 2.5;                 （#100 号变量依次减去 2.5mm）
G02 I − [#110] Z[#100] F500;           （铣削长度为一个导程的螺纹）
IF [#100 GT − 27.5] GOTO 10;           （条件判断语句,若#100 号变量的
                                        值大于 − 27.5,则跳转到标号
                                        为 10 的程序段处执行,否则执
                                        行下一程序段）
G0 X30;                                （X 轴退刀）
G40 G0 X50 Y0;                         （取消刀具半径补偿）
IF [#110 GT 10] GOTO 20;               （条件判断语句,若#110 号变量的
                                        值大于 10,则跳转到标号为 20
                                        的程序段处执行,否则执行下
                                        一程序段）
G90 G0 Z100;                           （Z 轴退刀至安全平面）
G52 X0 Y0;                             （取消局部坐标系,恢复直角坐标系）
G91 G28 Z0;
G91 G28 Y0;
M05;
M09;
M30;
```

实例 6-1 程序 2 编程要点提示：

（1）程序 O6002 在程序 O6001 的基础上增加一个控制径向牙型深度的变量 #110，实现了径向分层铣削螺纹的宏程序代码。

（2）实际生产中为了保证螺纹的精度和提高螺纹刀具的寿命，需要采用径向分层铣削螺纹的方式，分层铣削螺纹通常有两种方式：等深度铣削螺纹和等面积铣削螺纹。

1）等深度铣削就是每次铣削螺纹的径向背吃刀量是相同的，参见程序中的赋值语句#110＝11，即螺纹大径作为初始值，并逐渐递减来控制每次铣削螺纹的 X 值，通过语句#110＝#110－0.2 实现等深度铣削螺纹，最后通过条件判断语句 IF［#110 GT 10］GOTO 20 控制整个等深度铣削螺纹的循环过程。

2）等面积铣削螺纹就是每次铣削螺纹的背吃刀量是由大逐渐减小的一种方式，随着螺纹铣削深度的增加，螺纹铣刀承受的铣削力和切削温度会越来越大，会影响螺纹加工的质量和刀具寿命，因此在实际加工时随着铣削深度的增加，宜采用逐渐减小的背吃刀量。

3）等面积铣削螺纹比等深度铣削螺纹加工出来的螺纹质量更佳，建议在铣削螺纹的加工中采用等面积方式铣削螺纹。

（3）其他的编程总结部分，参见程序 O6001 编程要点提示部分所述。

程序 3：采用子程序嵌套的方式，编写的数控加工程序代码

```
O6003；
G15 G17 G21 G40 G49 G54 G80 G90；    （机床初始化代码）
T1 M06；                              （调用 1 号刀具）
G0 G90 G54 X0 Y0；                    （快速移动到编程原点，检查坐标系
                                       建立的准确性）
G43 Z50 H01；                         （Z 轴带上长度补偿快速移动到 Z50
                                       的位置）
M03 S3000；                           （主轴正转转速为 3000r/min）
M08；                                 （打开切削液）
G52 X30 Y30；                         （建立局部坐标系）
G0 X0 Y0；                            （移动到螺纹的中心位置）
G0 X50 Y0；                           （X、Y 轴移动到螺纹大径的外部）
#110＝11；                            （设置#110 号变量，控制每次螺纹的
                                       铣削起点位置）
G0 Z2.5；                             （Z 轴移动到 Z2.5mm 处）
M98 P106004；                         （调用子程序，调用子程序次数为
                                       10，子程序号为 O6004）
G90 G0 Z100；                         （Z 轴退刀至安全平面）
G52 X0 Y0；                           （取消局部坐标系，恢复直角坐标系）
G91 G28 Z0；
G91 G28 Y0；
M05；
M09；
```

M30；

……

O6004；	（一级子程序号）
#110 = #110 - 0.1；	（#110 号变量依次减去 0.1mm）
G90；	（转换为绝对值方式编程）
G0 G41 X30 Y0 D01；	（建立刀具半径右补偿）
G01 X[#110] Y0 F500；	（X 轴进给到每次螺纹加工的起点）
M98 P126005；	（调用子程序，调用子程序的次数为
	12 次，子程序号为 O6005）
G90 G0 X30 Y0；	（X、Y 轴移动到螺纹大径的外部）
G40 G0 X50 Y0；	（取消刀具半径补偿）
G0 Z2.5；	（Z 轴移动 Z2.5mm 处）
M99；	（返回主程序）

……

O6005；	（二级子程序号）
G91；	（转换为增量方式编程）
G02 X0 Y0 I - [#110] Z - 2.5 F500；	（螺旋铣削一个导程的螺纹）
G90；	（转换为绝对值方式编程）
M99；	（返回一级子程序）

……

实例 6-1 程序 3 编程要点提示：

（1）程序 O6003 是采用调用子程序嵌套方式编写径向分层铣削外螺纹的宏程序代码。

（2）采用调用子程序的方式铣削螺纹应注意以下方面：

1）在程序 O6003 中，将铣削一个螺距螺纹的程序代码编制成独立的子程序（见子程序 O6005），在主程序中调用该子程序实现螺纹铣削循环。其中计算调用子程序的次数是编程程序的关键。

子程序 O6005 被调用的次数为 12，具体分析如下：

语句 G0 Z2.5 是控制加工螺纹起始位置（Z 轴在零件表面 Z2.5mm 处），而螺纹的有效长度为 25mm，同时考虑螺旋线终止位置也需要一定的超程，一般采用多铣削一个螺距长度作为螺纹的最终位置，即铣削螺旋线的有效长度至少为 27.5mm。由此可知，本程序中螺旋线的总长度确定为 30mm，由 30/2.5 = 12 作为调用子程序的次数（12 次）依据。

2）设置#110 号变量来控制每次铣削螺纹的起始直径，参见程序中的语句 #110 = 11、#110 = #110 - 0.1、G02 X0 Y0 I - [#110] Z - 2.5 所起的作用，请读者结合上下文代码之间的关系进行详细分析。

（3）其他的编程总结部分参见程序 O6001 编程要点提示的内容。

6.1.4 本节小结

本节通过一个铣削圆柱外螺纹的宏程序应用实例，说明了宏程序在螺纹加工中应用的基本方法和思路，不仅适用于外螺纹的铣削加工，对内螺纹、多线螺纹、大螺距螺纹、梯形螺纹和变距螺纹等螺纹的加工也具有参考价值。

6.1.5 本节习题

编程题：

① 采用等面积铣削螺纹方式和工艺要求，编写图 5-1 所示的螺旋铣削宏程序和子程序嵌套的加工代码。

② 合理选用螺纹铣刀和设计算法、画出程序设计的流程框图。

6.2 实例 6-2：铣削多线外螺纹的宏程序应用实例

6.2.1 零件图以及加工内容

加工如图 6-5 所示的零件，在圆柱凸台上铣削一个非标双线圆柱外螺纹（M20×5/2），螺纹导程为 5mm，螺距为 2.5mm，大径 ϕ20mm，小径 ϕ15mm，螺纹有效长度为 45mm，材料为 45 钢。要求编写数控铣削双线外螺纹的宏程序代码。

6.2.2 零件图的分析

该实例在 ϕ20mm 外圆、端面和退刀槽已经加工完毕的基础上，要求铣削非标双线圆柱外螺纹 M20×5/2，加工和编程之前需要考虑以下方面：

（1）机床的选择：FANUC 系统数控铣床。

（2）装夹方式：该零件既可以采用自定心卡盘装夹，也可以采用机用虎钳的方式装夹。

（3）刀具的选择：单齿螺纹铣刀（牙型角度为 60°）。

（4）安装寻边器，找正圆柱的中心。

（5）量具的选择：

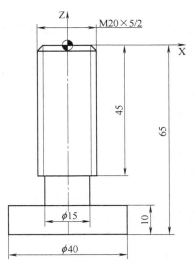

图 6-5 零件加工图（铣削双线圆柱外螺纹 M20×5/2）

225

① 0～150mm 游标卡尺。

② 0～150mm 游标深度卡尺。

③ 螺纹量具（通规、止规）来检验螺纹。

④ 百分表。

（6）编程原点的选择：本实例的 X、Y 轴编程原点选择在圆柱螺纹的中心，Z 向编程原点选择在圆柱的上端面，存入 G54 零件坐标系，如图 6-5 所示。

（7）转速和进给量确定：铣削螺纹可采用高速铣削，转速为 3000r/min，进给量为 500mm/min，铣削双线外螺纹工序卡见表 6-2。

表 6-2　铣削双线外螺纹工序卡

工序	主要内容	设 备	刀 具	切 削 用 量		
				转速/(r/min)	进给量/(mm/min)	背吃刀量/mm
1	铣外螺纹	数控铣床	螺纹铣刀	3000	500	依次为 0.5、0.3、0.2、0.1

6.2.3　算法以及程序流程框图的设计

1. 算法的设计

（1）双线螺纹和单线螺纹的区别在于：单线螺纹是一条螺旋线，双线螺纹是两条螺旋线，且组成双线螺纹的两条螺旋线起始和终止位置在轴向（Z 向）上相差值为螺纹导程的 1/2。

（2）在编制程序时，可以设置一个变量控制铣削螺旋线的起始位置（即 Z 向的初始值），第 1 条螺旋铣削完毕时，Z 向平移螺纹导程 1/2，再进行第 2 条螺旋线的铣削。

（3）如果 Z 向平移的值不是螺纹导程 1/2，而是一个较小的值（如 0.1mm），可以在大螺距螺纹铣削加工中作为赶刀量。

（4）设置#120 号变量控制 Z 向螺纹起始加工的轴向位置。

2. 刀路轨迹图以及程序流程框图的设计

根据以上算法设计和分析，规划铣削双线螺纹的刀路轨迹如图 6-6 所示，程序流程框图的设计如图 6-7

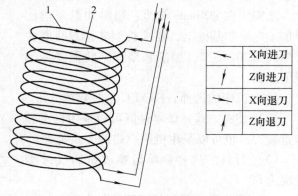

↗	X 向进刀
↗	Z 向进刀
↗	X 向退刀
↗	Z 向退刀

图 6-6　双线螺纹的刀路轨迹示意图

1—第 1 条螺旋线　2—第 2 条螺旋线

所示。

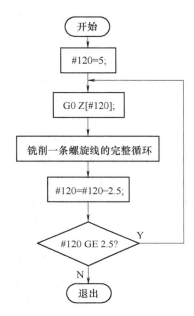

图 6-7 铣削双线螺纹程序流程框图

3. 根据算法以及流程框图编写加工的宏程序代码

程序 1：等深度径向分层铣削双线外螺纹的宏程序代码

O6006；

G15 G17 G21 G40 G49 G54 G80 G90；

T1 M06；

G0 G90 G54 X0 Y0；

G43 G0 Z50 H01；

M03 S3000；

M08；

G0 X50 Y0；

#120 = 5；   （设置#120 号变量，控制螺纹加工 Z 向起
                          始位置）

#121 = 50；   （设置#121 号变量，控制螺纹实际加工长度）

N30 #110 = 10.1；   （设置#110 号变量，控制螺纹牙型深度）

N20 #110 = #110 − 0.2；   （#110 号变量依次减去 0.2mm）

#100 = 0；   （设置#100 号变量，控制 Z 轴的移动量）

G0 Z[#100 + #120]；   （Z 轴移动到零件表面 Z[#100 + #120]处）

227

G0 G41 X11 Y0 D01;	（建立刀具半径左补偿）
G01 X［#110］Y0 F500;	（X轴移动到螺纹加工的起始位置）
N10 #100 = #100 - 5;	（#100号变量依次减去5mm）
G02 I - ［#110］Z［#100 + #120］;	（螺旋铣削一个导程的螺纹）
IF［#100 GT - #121］GOTO 10;	（条件判断语句,若#100号变量的值大于 - #121号变量的值,则跳转到标号为10的程序段处执行,否则执行下一程序段）
G01 X11 F500;	（X轴退刀）
G40 G0 X20 Y0;	（取消刀具半径补偿）
IF［#110 GT 7.5］GOTO 20;	（条件判断语句,若#110号变量的值大于7.5,则跳转到标号为20的程序段处执行,否则执行下一程序段）
#120 = #120 - 2.5;	（#120号变量依次减去2.5mm）
G0 Z［#120］;	（Z轴抬刀至螺纹加工起点位置）
#121 = 52.5;	（#121号变量重新赋值）
IF［#120 GE 2.5］GOTO 30;	（条件判断语句,若#120号变量的值大于或等于2.5,则跳转到标号为30的程序段处执行,否则执行下一程序段）
G91 G28 Z0;	
G91 G28 Y0;	
M05;	
M09;	
M30;	

实例6-2 程序1编程要点提示:

（1）程序O6006是等深度铣削双线螺纹的宏程序代码,本程序和实例6-1中的程序区别在于:程序O6006加工好第1条螺旋线后,Z轴要抬刀到第1条螺旋线加工的起始位置,Z轴在此基础上再上升（或下降）一个螺距（对于双线螺纹,为导程的1/2）的值,本实例中Z轴再下降一个螺距的值,作为第2条螺旋线加工的起始位置,再进行第2条螺旋线的铣削加工,语句#120 = 5和G0 Z［#100 + #120］用来控制螺旋线加工的起始位置。

（2）第1条螺旋线加工完毕后,Z轴抬刀至Z2.5处,进行第2条螺旋线的加工,第2条螺旋线加工完毕后,退出螺纹铣削的循环过程。

（3）请注意语句G02 I - ［#110］Z［#100 + #120］中的表达式:Z［#100 + #120］控制Z轴实际位置;条件判断语句IF［#100 GT - #121］GOTO 10控制螺

纹铣削的循环过程。

程序 2：等面积分层铣削双线螺纹的宏程序代码

O6007；

G15 G17 G21 G40 G49 G54 G80 G90；

T1 M06；

G0 G54 X0 Y0；

G43 Z50 H01；

M03 S3000；

M08；

G0 X50 Y0；

#121 = 50；　　　　　　　　　　（设置#121 号变量,控制螺纹实际加工深度）

#120 = 5；　　　　　　　　　　（设置#120 号变量,控制螺纹加工 Z 轴起始位置）

N30 #110 = 10；　　　　　　　　（设置#110 号变量,控制螺纹的牙型深度）

#105 = 0.5；　　　　　　　　　（设置#105 号变量,控制每次铣削的长度）

N20 #110 = #110 − #105；　　　　（#110 号变量依次减去#105 号变量的值）

#100 = 0；　　　　　　　　　　（设置#100 号变量,控制 Z 轴的移动量）

G0 Z[#100 + #120]；　　　　　　（Z 轴移动到零件表面 Z[#100 + #120]处）

G0 G41 X20 Y0 D01；　　　　　　（建立刀具半径左补偿）

G01 X[#110] Y0 F500；　　　　　（X 轴移动到螺纹加工的起始位置）

N10 #100 = #100 − 5；　　　　　　（#100 号变量依次减去 5mm）

G02 I − [#110] Z[#100 + #120]；　（螺旋铣削一个螺距的螺纹）

IF [#100 GE − #121] GOTO 10；　　（条件判断语句,若#100 号变量的值大于或等于 − #121 号变量值,则跳转到标号为 10 的程序段处执行,否则执行下一程序段）

G01 X15 F1000；　　　　　　　　（X 轴退刀）

G40 G0 X30 Y0；　　　　　　　　（取消刀具半径补偿）

IF [#110 GT 9] GOTO 20；　　　　（条件判断语句,若#110 号变量的值大于 9, 则跳转到标号为 20 的程序段处执行,否则执行下一程序段）

#105 = 0.3；　　　　　　　　　（#105 号变量重新赋值,第二层深度的铣削）

IF [#110 GT 8.25] GOTO 20；　　（条件判断语句,若#110 号变量的值大于 8.25,则跳转到标号为 20 的程序段处执行,否则执行下一程序段）

#105 = 0.1；　　　　　　　　　（#105 号变量重新赋值,第三层深度铣削）

IF［#110 GT 7.5］GOTO 20； 　　（条件判断语句,若#110 号变量的值大于
　　　　　　　　　　　　　　　　　　7.5,则跳转到标号为 20 的程序段处执
　　　　　　　　　　　　　　　　　　行,否则执行下一程序段)

G0 Z［#100＋#120］； 　　　　　　（Z 轴抬刀)

#120＝#120－2.5； 　　　　　　　（#120 号变量依次减去 2.5mm)

#121＝52.5； 　　　　　　　　　　（#121 号变量重新赋值)

IF［#120 GE 2.5］GOTO 30； 　　（条件判断语句,若#120 号变量的值大于或等
　　　　　　　　　　　　　　　　　　于 2.5,则跳转到标号为 30 的程序段处执
　　　　　　　　　　　　　　　　　　行,否则执行下一程序段)

G91 G28 Z0；

G91 G28 Y0；

M05；

M09；

M30；

实例 6-2 程序 2 编程要点提示:

(1) 程序 O6006 和程序 O6007 的区别：程序 O6006 每层铣削的深度是相同的，而程序 O6007 每层铣削的深度是不同的，相当于等面积铣削方式，不同方式变量的选用也不同。

(2) 在粗铣螺纹时需要采用较大的背吃刀量，参见程序中#105 的赋值语句#105＝0.5，铣削到一定的深度后，背吃刀量会减少，参见程序中的条件判断语句以及重新赋值的语句：IF［#100 GT 9］GOTO 20、#105＝0.3、IF［#100 GT 8.25］GOTO 20、#105＝0.1，这四条语句实现了等面积分层铣削螺纹；条件判断语句 IF［#110 GT 7.5］GOTO 20 实现了螺纹的精铣加工循环。

程序 3：采用子程序嵌套方式分层铣削双线螺纹代码

O6008；

G15 G17 G21 G40 G49 G54 G80 G90；

T1 M06；

G0 G90 G54 X0 Y0；

G43 Z50 H01；

M03 S3000；

M08；

#200＝5； 　　　　　　　　　　（设置#200 号变量,用来控制螺纹起始
　　　　　　　　　　　　　　　　　　位置)

#121＝0； 　　　　　　　　　　　（设置#121 号变量,标志变量)

G0 X50 Y0； 　　　　　　　　　　（X、Y 轴快速移刀)

G0 Z7.5;　　　　　　　　　　　　（Z 轴移动到零件端面 Z7.5 处）

M98 P26009;　　　　　　　　　　　（调用子程序,调用次数 2 次,子程序号
　　　　　　　　　　　　　　　　　　6009）

G91 G28 Z0;

G91 G28 Y0;

M05;

M09;

M30;

……

O6009;

G91;　　　　　　　　　　　　　　 （转换为增量方式编程）

G01 Z – 2.5 F500;　　　　　　　　　（Z 轴进刀）

G90;　　　　　　　　　　　　　　 （转换为绝对值方式编程）

M98 P6010;　　　　　　　　　　　 （调用子程序,调用 1 次,调用子程序名
　　　　　　　　　　　　　　　　　　O6010）

#121 = #121 + 1;　　　　　　　　　（#121 号变量依次增加 1）

IF［#121 GT 0.5］THEN #200 = 2.5;（条件赋值语句,若#121 号变量的值大
　　　　　　　　　　　　　　　　　　于 0.5,#200 号变量的值为 2.5）

M99;

……

O6010;

#110 = 10;　　　　　　　　　　　 （设置#110 号变量,控制螺纹径向）

#122 = 8;　　　　　　　　　　　　 （设置#122 号变量,螺纹铣刀的刀具半径）

#105 = 0.5;　　　　　　　　　　　 （设置#105 号变量,控制螺纹径向每次
　　　　　　　　　　　　　　　　　　进刀量）

G01 X［#110 + #122 + 1］Y0;　　　 （X 轴移动到 X［#110 + #122 + 1］处）

N20 #110 = #110 – #105;　　　　　 （#110 号变量依次减去#105 号变量的
　　　　　　　　　　　　　　　　　　值,每次径向的进刀位置）

G0 X［#110 + #122］;　　　　　　 （X 轴进给至螺纹径向加工的起点）

M98 P116011;　　　　　　　　　　 （调用子程序,调用 11 次,调用子程序
　　　　　　　　　　　　　　　　　　名 O6011）

G01 X30 F1000;　　　　　　　　　 （X 轴退刀）

G90 G0 Z［#200］;　　　　　　　 （Z 轴退刀）

IF［#110 GT 9］GOTO 20;　　　　 （条件判断语句,若#110 号变量的值大
　　　　　　　　　　　　　　　　　　于 9,则跳转到标号为 20 的程序段

	处执行,否则执行下一程序段)
#105 = 0.3;	(#105 号变量重新赋值,第二层深度的铣削)
IF〔#110 GT 8.4〕GOTO 20;	(条件判断语句,若#110 号变量的值大于 8.4,则跳转到标号为 20 的程序段处执行,否则执行下一程序段)
#105 = 0.1;	(#105 号变量重新赋值,第三层深度铣削)
IF〔#110 GT 7.5〕GOTO 20;	(条件判断语句,若#110 号变量的值大于 7.5,则跳转到标号为 20 的程序段处执行,否则执行下一程序段)
G01 X30 F1000;	(X 轴退刀)
M99;	
……	
O6011;	
G91;	(转换为增量方式编程)
G02 I −〔#110〕Z〔0 −5〕F500;	(螺旋铣削一个螺距的螺纹)
G90;	(转换为绝对值方式编程)
M99;	

实例 6-2 程序 3 编程要点提示:

(1) 程序 O6008 采用子程序嵌套并结合宏变量编写双线螺纹的加工程序代码。

(2) 采用子程序嵌套的方式,关键在于各个子程序之间的衔接关系,在第 2 章作过详细的说明,此处不再赘述。

(3) 请结合程序分析:选用#200 号变量、#121 号变量的意义,以及语句 #121 = #121 +5 和 IF〔#121 GT 0.5〕THEN #200 =2.5 所起的作用。

6.2.4 本节小结

本节通过铣削双线外螺纹的宏程序应用实例,介绍了宏程序在双线螺纹加工中的应用,双线螺纹的铣削方法对其他多线螺纹的铣削加工都具有参考价值。

多线螺纹铣削宏程序编制的关键在于:铣削完一条螺旋线后,确定好相应的 Z 轴抬刀位置,再进行下一条螺旋线的铣削,如此循环,直至完成所有螺旋线的加工。

6.2.5　本节习题

编程题：

① 根据图 6-8 所示的零件，材料为 45 钢，编写圆柱外螺纹铣削加工的宏程序代码，其中螺距为 5mm（大螺距加工）。

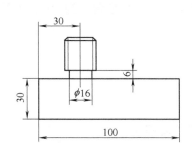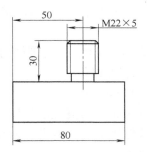

图 6-8　习题零件图（铣削 M22×5 外螺纹）

② 合理选用刀具和切削用量，合理设计算法，画出程序设计流程框图。提示：本习题大螺距加工，铣削余量较大，需要采用多次上、下赶刀来加工。

6.3　实例 6-3：铣削内螺纹的宏程序应用实例

6.3.1　零件图以及加工内容

加工如图 6-9 所示的零件，铣削 M20×1.5 单线圆柱内螺纹，螺纹的导程为 1.5mm，内孔小径为 ϕ18.5mm，内螺纹的轴向长度为 50mm，材料为 45 钢。要求编写数控铣削内螺纹的宏程序代码。

6.3.2　零件图的分析

该实例棒料外径为 ϕ50mm，内孔的内径尺寸和两侧端面均已加工完毕，在此基础上铣削单线圆柱内螺纹，加工和编程之前需要考虑以下方面：

（1）机床的选择：选择 FANUC 系统数控铣床。

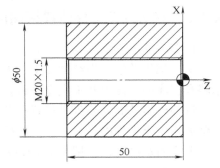

图 6-9　零件加工图
（铣削圆柱内螺纹）

（2）装夹方式：需要在数控铣床工作台面上安装一个自定心卡盘，为了防止螺纹铣刀碰撞到卡盘，需要采用以下两种方式装夹：

1）如果单件生产：装夹时需要在零件的下方放置等高块，注意等高块放置的位置，要远离零件的中心，防止螺纹铣刀铣到等高块造成刀具和零件的损坏。装夹好零件后，要采用百分表找正零件是否水平放置在铣床工作台面上。

2）如果批量生产，可以车削一个和零件相配套的卡套放置在卡盘上进行装夹，卡套内孔要有台阶，保证螺纹铣刀不会铣削到夹具。

（3）刀具的选择：机夹式单齿内螺纹铣刀（牙型角度为60°，刀杆直径小于16mm）。

（4）安装寻边器，找正圆柱的中心。

（5）量具的选择：

① 0～150mm游标卡尺。

② 0～150mm游标深度卡尺。

③ 螺纹专用塞规（通规、止规）来检验螺纹。

④ 百分表。

（6）编程原点的选择：X、Y向的编程原点选择在圆柱的中心位置，Z向编程原点选择在圆柱体的上端面，存入G54零件坐标系。

（7）转速和进给量的确定：铣削螺纹可以采用高速铣削，转速为2500r/min，进给量为200mm/min，铣削圆柱内螺纹工序卡见表6-3。

表6-3　铣削圆柱内螺纹工序卡

工序	主要内容	设 备	刀 具	切 削 用 量		
				转速/(r/min)	进给量/(mm/min)	背吃刀量/mm
1	铣内螺纹	数控铣床	内螺纹铣刀	2500	200	0.3、0.15

6.3.3　算法以及程序流程框图的设计

1. 算法的设计

该实例为单线内螺纹的加工，内螺纹的铣削加工和外螺纹的铣削加工在编程思路和程序的算法上几乎完全一致，只是它们的进、退刀方式有所不同。

铣削外螺纹时，从零件端面的外部进刀，从径向X轴的正方向退刀，退刀的距离要大于零件的最大外径，然后Z轴快速抬刀。

铣削内螺纹时，一般从孔的内部进刀，从孔的中心位置径向退刀，然后Z轴快速抬刀。

2. 刀路轨迹图以及程序流程框图的设计

本实例的刀路轨迹图、程序设计流程框图、变量的设置方法请参考实例6-1中图6-2、图6-3和图6-4，所不同的是，内螺纹的加工、进刀和退刀动作均在内孔中完成。

3. 根据算法以及流程框图编写加工的宏程序代码

程序 1：精铣（单层铣削）圆柱内螺纹的宏程序代码

O6012；

G15 G17 G21 G40 G49 G54 G80 G90；

T1 M06；

G0 G90 G54 X0 Y0；

G43 Z50 H01；

M03 S2500；

M08；

#100 = 1.5；　　　　　　　　　（设置#100 号变量,控制 Z 轴的移动量）

#101 = 20/2；　　　　　　　　　（设置#101 号变量,控制螺纹小径的牙型深度）

G0 G90 Z1.5；　　　　　　　　　（Z 轴移动到零件表面 Z1.5 处）

G01 G42 X9 Y0 D01 F1000；　　　（建立刀具半径右补偿）

G01 X[#101] Y0 F800；　　　　　（X 轴移动到螺纹加工的起始位置）

N10 #100 = #100 − 1.5；　　　　（#100 号变量依次减去 1.5mm）

G02 I − [#101] Z[#100] F200；　（螺旋线插补一个螺距的螺纹）

IF [#100 GT − 51] GOTO 10；　　（条件判断语句,若#100 号变量的值大于

　　　　　　　　　　　　　　　　　　−51,则跳转到标号为 10 的程序段处执

　　　　　　　　　　　　　　　　　　行,否则执行下一程序段）

G40 G0 X0 Y0；　　　　　　　　　（取消刀具半径补偿）

G0 Z5；

G91 G28 Z0；

G91 G28 Y0；

M05；

M09；

M30；

实例 6-3 程序 1 编程要点提示：

（1）该程序是铣削圆柱内螺纹的精加工程序，适用于小螺距内螺纹的加工，如果内螺纹的螺距较大，应采用分层铣削螺纹的方式铣削螺纹。

（2）程序 O6012 采用刀具半径补偿编写的宏程序代码，在铣削螺纹时，刀具半径补偿值不是测量刀杆的半径值，这和一般的铣刀是不同的，在实际操作机床时 D01 的值要根据以下情况确定：

1）根据螺纹的小径尺寸加工出螺纹底孔，然后测出的底孔值 ϕD。

2）手动方式（或采用 T_M06 自动换刀的方式）在主轴上装上螺纹铣刀，起动主轴正传，X、Y 轴快速移动，让主轴与螺纹底孔的中心重合。

3）然后使主轴下降，下降一定的位置，沿 X 轴（或 Y 轴）移动，慢慢靠近底孔的壁面。

4）当刀尖在圆柱内表面有划痕时，记下此时的移动增量 A 值。

5）用底孔半径的值减去 A 值，得出 P = D/2 - A，此时 P 值就是刀具半径补偿值，把 P 值输入到机床参数 D01 中。

6）沿 X、Y 轴反向移动后，使主轴上升。

7）注意和程序 O6001 中的刀具半径补偿方式有所不同，不可混淆。

（3）螺纹铣削起始位置、终止位置的条件判断语句和螺距（导程）有关。铣削螺旋线的长度要能被螺距（导程）整除，同时，螺纹铣削的初始位置高于螺纹实际的起始位置；螺纹铣削的长度要略长于螺纹实际长度。

程序 2：分层铣削圆柱内螺纹的宏程序代码

```
O6013；
G15 G17 G21 G40 G49 G54 G80 G90；
T1 M06；
G0 G90 G54 X0 Y0；
G43 G0 Z50 H01；
M03 S2500；
M08；
#110 = 18.5/2；                              (设置#110 号变量,控制螺纹底孔半径值)
#100 = 1.5；                                 (设置#100 号变量,控制螺纹长度(Z 向
                                             位置))
N20 G0 Z[#100]；                            (Z 轴移动到零件表面 Z1.5 处)
#110 = #110 + 0.3；                         (#110 号变量依次增加 0.3mm)
G01 G42 X[#110 - 1] Y0 D01 F2000；          (建立刀具半径右补偿)
G01 X[#110] Y0 F200；                       (X 轴移动到螺纹加工的起始位置)
N10 #100 = #100 - 1.5；                     (#100 号变量依次减去 1.5mm)
G02 I - [#110] Z[#100] F200；               (螺旋线插补一个螺距的螺纹)
IF [#100 GT - 51] GOTO 10；                 (条件判断语句,若#100 号变量的值大
                                             于 - 51,则跳转到标号为 10 的程序
                                             段处执行,否则执行下一程序段)
G40 G0 G90 X0 Y0；                          (取消刀具半径补偿)
#100 = 1.5；                                (#100 号变量重新赋值)
IF [#110 LT [20/2]] GOTO 20；               (条件判断语句,若#110 号变量的值小
                                             于 20/2,则跳转到标号为 20 的程序
                                             段处执行,否则执行下一程序段)
```

G90 G0 Z5；

G91 G28 Z0；

G91 G28 Y0；

M05；

M09；

M30；

实例 6-3 程序 2 编程要点提示：

（1）程序 O6013 是分层铣削内螺纹的宏程序加工代码，详细的编程要点提示参见程序 O6002 编程要点提示部分的内容。

（2）螺纹铣削可以不采用刀具半径补偿的方式编制宏程序代码，唯一不同点是需要加上螺旋插补的螺旋半径，螺旋半径的插补方式和计算刀具半径补偿值的方式一样，即：内螺纹螺旋插补半径为 R = A + 0.65P，其中 A 值为采用程序 O6012 编程要点中所述方法测量出来的值，P 值为螺纹的导程。

程序 3：采用子程序嵌套分层铣削圆柱内螺纹的宏程序代码

O6014；

G15 G17 G21 G40 G49 G54 G80 G90；

T1 M06；

G0 G90 G54 X0 Y0；

G43 G0 Z50 H01；

M03 S2500；

M08；

G0 Z1.5；   （Z 轴快速移动到 Z1.5 处）

#100 = 1；

#102 = 4；   （设置#102 号变量，螺纹铣刀的刀具半径）

M98 P56015；   （调用子程序，调用 5 次，调用子程序名
                                       O6015）

G0 Z5；

G91 G28 Z0；

G91 G28 Y0；

M05；

M09；

M30；

······

O6015；

G0 X[18.5/2 − #102]；   （X 轴移动到螺纹径向的加工起点）

M98 P6016；　　　　　　　　　　（调用子程序,调用 1 次,调用子程序名
　　　　　　　　　　　　　　　　　　O6016）

#100 = #100 + 1；　　　　　　　　（#100 依次增加 1）

G90 G0 X[10 – #102 – 1]；　　　　（X 移动到 10 – #102 – 1 处）

Z[1.5]；　　　　　　　　　　　　（Z 轴抬刀至安全平面）

M99；

……

O6016；

G91；　　　　　　　　　　　　　　（转换为增量方式编程）

G01 X0.15 F200；　　　　　　　　（径向进刀至加工起点）

#101 = 18.5/2 + #100 * 0.15；　　（计算#101 号变量的值,控制螺旋半径）

G90；　　　　　　　　　　　　　　（转换为绝对值方式编程）

G0 X[#100]；　　　　　　　　　　（X 轴移动到螺纹起点）

M98 P366017；　　　　　　　　　　（调用子程序,调用 36 次,调用子程序名
　　　　　　　　　　　　　　　　　　O6017）

M99；

……

O6017；

G91 G02 I – [#101] Z[–1.5] F200；　　（铣削螺纹）

G90 M99；

……

实例 6-3 程序 3 编程要点提示：

（1）程序 O6014 采用刀心编程，#102 号变量控制螺纹铣刀的刀具半径值，#102号变量的值在实际操作机床中，根据程序 O6013 编程要点中所述的方式测量得出。

（2）程序 O6014 编程的关键在于子程序的嵌套衔接和螺纹铣削时螺旋半径测量的方法。

（3）采用等深度分层铣削螺纹，每层铣削螺纹的螺旋线半径是不同的，其解决方法：设置#101 号变量控制螺纹径向的铣削次数，每次铣削螺纹的深度恒定，通过#101 = #100 * [每次径向背吃刀量]，计算出螺旋半径值。

6.3.4　本节小结

本节通过一个铣削单线内螺纹的宏程序应用实例，详细说明了宏程序在内螺纹加工中的编程思路和方法。本实例和实例 6-1 具有较多的相同点，可以和实例6-1 结合起来阅读。

一般箱体加工中，内螺纹是常见的加工类型，较小螺距采用 G84 攻螺纹加工，大螺距的内螺纹宜选择上述三轴联动铣削进行加工。

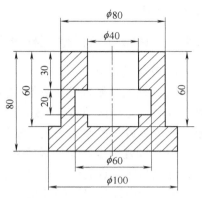

6.3.5　本节习题

（1）请采用刀心编程方式编制图 6-9 所示内螺纹加工的宏程序代码。

（2）比较内螺纹和外螺纹在加工方式和编程思路以及参数选择等方面的异同点。

（3）编程题：根据图 6-10 所示的零件，材料为 45 钢，编写 $\phi60$mm 内型腔铣削的宏程序代码（借鉴内螺纹铣削方法）。合理选用刀具和设计算法，画出程序设计流程框图。

图 6-10　习题零件图

（铣削 $\phi60$ 内型腔）

6.4　实例 6-4：铣削圆锥内螺纹的宏程序应用实例

6.4.1　零件图以及加工内容

加工如图 6-11 所示的零件，加工单线圆锥内螺纹，螺纹的螺距为 5mm，螺纹长度为 25mm，螺纹大端的大径（底径）为 $\phi30$mm，圆锥半角为 5°（圆锥角为 10°），通过计算得到螺纹大端的小径（顶径）为 $\phi25.7$mm，材料为 45 钢。要求编写数控铣削圆锥内螺纹的宏程序代码。

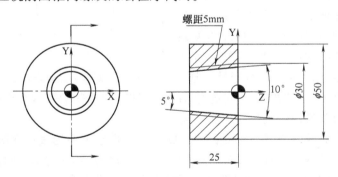

图 6-11　零件加工图（铣削圆锥内螺纹）

6.4.2　零件图的分析

本实例圆锥内螺纹的铣削加工和实例 6-3 内螺纹的铣削加工，在装夹方式、刀（量）具的选择、编程原点设置等方面具有相似之处，具体分析内容可参考实例6-3所述。

6.4.3 算法以及程序流程框图的设计

1. 算法的设计

（1）铣削圆锥内螺纹和圆柱内螺纹都是利用数控系统圆弧插补G02、G03得以实现的，刀具运动轨迹呈螺旋线形式，显然锥度螺纹铣削加工无论从铣削的参数设置还是数学模型的表述，需要考虑更多的因素。

（2）圆柱内螺纹螺旋线插补每个螺距的螺旋半径都是相同的，即螺纹起始点的位置和终止点的位置在同一个圆柱面上，因此采用G02、G03实现螺旋插补时，无需考虑圆柱半径的变化。

（3）圆锥内螺纹在螺纹长度变化的同时螺旋半径也发生相应的变化。以一个螺距来分析：螺纹起始点位置和终止点位置不在同一个圆柱面上，采用螺旋线插补时需要考虑螺旋线起始半径，同时考虑螺旋线的终止半径。换句话说，上一个螺距的螺旋线终止半径就是下一个螺距的螺旋线起始半径，这是圆锥内螺纹采用数控铣宏程序编制的关键依据。

（4）根据圆锥内螺纹在一个螺距上半径变化的规律，建立图6-12所示数学模型，在此以任意一个螺距的情况为例进行详细分析：

设置螺旋线的起始半径为#100号变量，螺旋线的终止半径为#101号变量，螺距为恒定的值5mm，角度为5°。

根据三角函数关系可以得出：#100号变量与#101号变量之间的数学关系表达式为#100 − #101 = 5 * TAN［5］，螺旋半径的变化量用#102号变量控制。

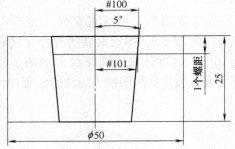

图6-12　圆锥内螺纹半径变化数学模型
（以一个螺距的径向变化进行分析）

（5）圆锥内螺纹加工径向起始值和终止值以及条件语句的判定，虽然可以借鉴圆柱内螺纹的方式，但是圆锥内螺纹存在数学关系的表达和函数计算误差的问题，程序把螺旋插补运动通过数学表达式转化为锥度插补运动时，会存在插补误差，所以圆锥内螺纹的加工要比圆柱内螺纹困难得多。

2. 刀路轨迹图以及程序流程框图的设计

根据上述算法设计和分析，规划的圆锥内螺纹的刀路轨迹如图6-13所示，增量编程程序设计流程框图如图6-14所示。

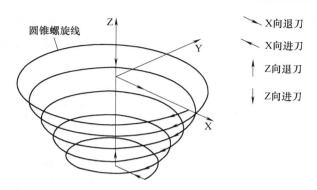

图 6-13　铣削圆锥内螺纹刀路轨迹示意图

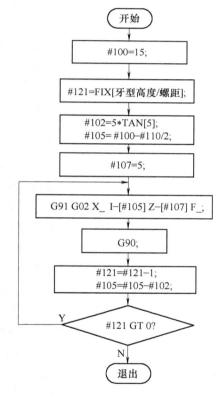

图 6-14　铣削圆锥内螺纹程序设计流程框图

3. 根据算法以及流程框图编写加工的宏程序代码

程序 1：精加工圆锥内螺纹的宏程序代码

O6018；　　　　　　　　　　　　　　　　（程序号）

G15 G17 G21 G40 G49 G54 G80 G90；　　　（机床初始化代码）

T1 M06；	（调用 1 号刀具）
G0 G90 G54 X0 Y0；	（快速移动到编程原点，检查坐标系建立的准确性）
G43 G0 G90 Z50 H01；	（Z 轴带上长度补偿快速移动到 Z50 的位置）
M03 S1200；	（主轴正转，转速为 1200r/min）
M08；	（打开切削液）
G0 X0 Y0；	（移动到螺纹的中心位置）
#100 = 15；	（设置#100 号变量，控制圆锥内螺纹的大端半径）
#110 = 8；	（设置#110 号变量，控制刀具直径）
#102 = 5 * TAN［5］；	（设置#102 号变量，控制一个螺距的大端半径和小端半径的差值）
#105 = #100 - #110/2；	（设置#105 号变量的值，圆锥内螺纹加工的起始半径）
#107 = 0；	（设置#107 号变量的值，控制螺纹的加工深度）
G0 Z10；	（进给到零件表面 10mm 处）
G0 X［#105］Y0；	（进给到螺纹加工的起点）
G01 Z0 F300；	（直线进给到零件表面 Z0 处）
#121 = ［25/5］；	（计算加工的次数）
N10 #100 = #105 - #102；	（螺旋线的小端半径，即下一个螺距的大端半径）
#107 = #107 - 5；	（#107 号变量依次减去 5）
#108 = #108 + #102；	（#108 号变量依次加上#102 号变量的值）
G02 X［#100］I - ［#108］Z［#107］；	（铣削圆锥内螺纹）
#121 = #121 - 1；	（#121 号变量依次减去 1）
IF［#121 GT 0］GOTO 10；	（条件判断语句，若#121 号变量的值大于 0，则跳转到标号为 10 的程序段处执行，否则执行下一程序段）
G90 G0 X0 Y0；	

G91 G28 Z0；　　　　　　　　　　　　（Z轴回参考点）

G91 G28 Y0；

M05；　　　　　　　　　　　　　　　（主轴停止）

M09；　　　　　　　　　　　　　　　（关闭切削液）

M30；　　　　　　　　　　　　　　　（程序结束并返回程序的起始

　　　　　　　　　　　　　　　　　　　　部分）

实例 6-4 程序 1 编程要点提示：

（1）程序 O6018 是圆锥内螺纹的精加工程序，如用于螺纹的精铣加工，需要根据螺纹牙型高度和余量大小的分配，合理安排螺纹加工余量的去除次数，实现内螺纹的径向分层铣削加工。

（2）铣削圆锥内螺纹的关键在于：用数学表达式表示在一个螺距上螺纹大端半径和小端半径之间的变量关系，然后利用 G02、G03 圆弧插补指令，实现圆锥内螺纹的插补，因此需要将机床参数 No. 3410 的值修改为 0，否则机床会出现报警，参见 FANUC 0i-M 系统参数说明书。

（3）G02、G03 圆弧插补指令铣削整圆指令的格式为：在默认 G17 平面中 G02\G03X_ Y_ I_ J_ 。其中，I、J 为在对应轴上的投影矢量值。

当用于锥度螺旋线插补时，G02\G03X_ Y_ I_ J_ 中 X_为螺旋线的终止位置，I 为螺旋线的起始位置在 X 轴上的投影矢量值，这也是程序 O6018 编程的关键点之一。以第一次铣削一个螺距的圆锥内螺纹为例进行详细的分析：

铣削第一个螺距的螺纹起始半径为：螺纹大端的半径值减去螺纹铣刀的半径值，即#105 = #100 - #110/2；铣削第一个螺距的螺纹终止半径为大端半径值减去#102 号变量的值，即#100 = #105 - #102；#107 号变量控制牙型高度，#107 = #107 - 5，结合插补锥度螺旋线的编程格式可知，程序中语句 G02 X［#100］I - ［#108］Z［#107］实现了铣削一个螺距的圆锥内螺纹插补运动。

（4）语句 IF［#121 GT 0］GOTO 10 实现了铣削整个圆锥内螺纹的循环过程。

（5）#110 号变量值在实际加工时，可以参考程序 O6012 编程要点提示所述方式进行测量，本实例设置的#110 = 8 只作为参考值。

（6）由程序 O6012 可知，圆锥螺纹加工在 Z 向的起始点位于工件的上表面（Z0），螺纹加工完毕后，X 轴反向退刀。螺纹加工起始位置、终止位置没有进行相应的延伸，原因在于：圆锥螺纹长度的变化会引起螺纹直径的变化。该程序若应用到实际加工中，可以采用 CAD 软件进行延伸，找出圆锥螺纹延伸后的直径值，在本实例中不再赘述。

程序 2：采用增量编程方式编写圆锥内螺纹的宏程序代码

O6019；

```
G15 G17 G21 G40 G49 G54 G80 G90；
T1 M06；
G0 X0 Y0；
G43 Z50 H01；
M03 S1200；
M08；
G0 X0 Y0；                          （移动到螺纹的中心位置）
#106＝25；                          （设置#106 号变量，即螺纹长度，为绝
                                     对值）
#107＝5；                           （设置#107 号变量，螺纹的导程）
#121＝FIX［#106/#107］；            （计算#121 号变量的值，即螺纹的加工
                                     次数）
#100＝15；                          （设置#100 号变量，控制圆锥内螺纹的
                                     大端半径）
#110＝8；                           （设置#110 号变量，控制刀具直径）
#102＝5＊TAN［5］；                 （设置#102 号变量，控制一个螺距大端
                                     半径和小端半径的差值）
#105＝#100－#110/2；               （螺纹加工起始半径，螺纹铣刀回转半
                                     径值）
G90 G0 Z10；                        （Z 轴快速移到零件表面 10mm 处）
G90 G0 X［#105］Y0；               （移到 X［#105］Y0 处，螺纹加工的起始
                                     位置）
G01 G90 Z0 F300；                   （Z 轴直线进给到零件表面 Z0 处）
N10 G91 G02 X－［#102］I－［#105］
   Z－［#107］F150；                （铣削圆锥内螺纹）
#105＝#105－#102；                  （#105 号变量依次减去#102 号变量的值）
#121＝#121－1；                     （#121 号变量依次减去 1）
IF［#121 GT 0］GOTO 10；            （条件判断语句，若#121 号变量的值大
                                     于 0，则跳转到标号为 10 的程序段
                                     处执行，否则执行下一程序段）
G90 G0 G54 X0 Y0；
G90；                               （转换为绝对值方式编程）
G0 Z5；
G91 G28 Z0；
G91 G28 Y0；
```

M05；

M09；

M30；

实例 6-4 程序 2 编程要点提示：

（1）程序 O6019 和程序 O6018 是圆锥内螺纹的精加工程序，它们的区别在于：程序 O6018 采用绝对值方式编写的宏程序代码，而程序 O6019 采用增量方式编写的宏程序代码，可以仔细比较两者程序上的区别。

（2）本实例铣削圆锥内螺纹的编程思路同样适合于圆锥外螺纹的宏程序代码。

6.4.4　本节小结

本节介绍了铣削圆锥内螺纹加工的宏程序应用实例，通过修改 FANUC 0i-M 系统的机床参数，把圆柱螺旋线插补转换成锥度螺旋线插补，从而实现了圆锥内螺纹的铣削加工，这种方法有很大的商榷之处，也是编著者通过上机反复操作、观察得出的编程经验，在理论上有待进一步的提升。由于不同数控系统修改机床内部参数不尽相同，在此建议：不熟悉机床参数的修改目的和要求时，上述编程方法应谨慎使用，以免出现系统报警和加工失败。

6.5　本章小结

本章通过铣削圆柱单线外螺纹、双线外螺纹、圆柱内螺纹、圆锥内螺纹加工的宏程序应用实例，介绍数控铣在标准和非标螺纹铣削加工中的实现方法和编程思路。

目前数控系统高级版本具备螺旋线插补功能，和本书上述内容相比在编程上更为简单，但是刀路轨迹和型面轮廓的形成原理是一样的。

6.6　本章习题

编程题：

① 根据图 6-15 所示的零件，材料为 45 钢，编写铣削单线圆柱外梯形螺纹（螺距为 6mm）的宏程序代码。

② 合理选择刀具，设计有效的变量和合理的算法，画出程序设计流程框图。

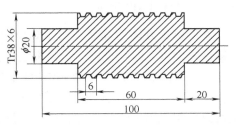

图 6-15　习题零件图（铣削梯形外螺纹）

第 7 章

数控铣宏程序的倒角、
倒圆加工

本章内容提要

倒角、倒圆加工在传统的铣削加工中一般采用成形刀具完成加工，成形刀具加工的优点是加工效率高，缺点是需要定制成形刀具，并且一把成形刀只能适用于一种尺寸型面的加工，成本大。而采用宏程序编程，只需要一把刀具就可适用于不同尺寸的倒斜角、倒圆角类零件的加工，降低成本，适合单件和小批零件的加工。

本章通过铣削圆锥内孔、孔口倒 90° 圆角、孔口倒 45° 斜角和矩形型腔棱边倒 R 角等加工的宏程序应用实例。

7.1 实例 7-1：铣削圆锥内孔的宏程序应用实例

7.1.1 零件图以及加工内容

加工如图 7-1 所示的零件，需要铣削出中间的一个圆锥内孔，圆锥内孔的大端直径为 50mm，圆锥内孔的小端直径为 20mm，孔深（轴向长度）为 50mm，材料为 45 钢，要求编写数控铣削圆锥内孔的宏程序代码。

7.1.2 零件图的分析

本实例长方体毛坯尺寸为 100mm（X 向）×80mm（Y 向）×50mm（Z 向），在高度方向（Z 向）铣削一个圆锥通孔，加工和编程之前需要考虑以下方面：

（1）机床的选择：选择 FANUC 系统数控铣床。

（2）装夹方式：从加工的零件来分析，既可以采用螺栓、压板的方式装夹，也可以采用机用虎钳的方式装夹，具体如下：

1）采用单件生产宜采用螺栓、压板的方式装夹零件，在长方体四条棱边的中间位置，采用压板压住，装夹时要保证零件水平竖直放置在机床工作台面上。

2）成批量生产宜采用机用虎钳方式或采用专用夹具的方式装夹零件，装夹时要保证零件水平竖直放置在机用虎钳或专用夹具上。

3）本实例铣削为一个通孔，在装夹时注意：需要

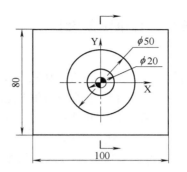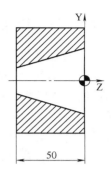

图 7-1　零件加工图（铣削圆锥内孔）

在零件下方放置等高块，等高块的放置位置要稍离孔加工的位置。

（3）刀具的选择：

① 中心钻头（作为 1 号刀具）。

② ϕ20mm 的钻头（作为 2 号刀具）。

③ ϕ12mm 的立铣刀（3 号刀具），铣刀有效切削刃长度要大于 50mm。注意实际加工中最好采用球刀或者圆角铣刀，采用平底铣刀加工的表面质量相对较差。

（4）安装寻边器，找正零件的中心。

（5）量具的选择：

① 0～150mm 游标卡尺。

② 0～150mm 游标深度卡尺。

③ 锥度孔塞规（用来检验圆锥内孔）。

④ 百分表。

（6）编程原点的选择：X、Y 向编程原点选择在零件的中心（锥孔圆心），Z 向编程原点选择在零件上表面，存入 G54 坐标系中。

（7）转速和进给量的确定：

① 中心钻转速为 800r/min，进给量为 80mm/min。

② ϕ20mm 钻头转速为 450r/min，进给量为 50mm/min。

③ 立铣刀转速为 2500r/min，进给量为 1200mm/min。

铣削圆锥内孔工序卡见表 7-1。

表 7-1　铣削圆锥内孔工序卡

工序	主要内容	设 备	刀 具	切削用量		
				转速/（r/min）	进给量/（mm/min）	背吃刀量/mm
1	钻中心孔	数控铣床	中心钻头	800	80	1
2	钻 ϕ20mm 孔	数控铣床	ϕ20mm 钻头	450	50	3
3	铣圆锥内孔	数控铣床	ϕ12mm 立铣刀	2500	1200	0.1

7.1.3 算法以及程序流程框图的设计

1. 算法的设计

（1）本实例是圆锥内孔的铣削加工，从表 7-1 所示圆锥内孔加工工序中可知：加工顺序为钻中心孔、钻直径 φ20mm 的圆柱通孔（实际中预先钻 φ10mm 通孔，再钻 φ20mm 通孔）和铣削圆锥内孔。钻孔的宏程序应用已在第 4 章中进行了分析，本实例仅讨论圆锥内孔的铣削加工。

（2）圆锥内孔的加工可以采用成形刀具进行加工，也可以采用标准立铣刀，借助宏程序（或者 CAM 自动编程）方法进行铣削加工，本节对后者方法进行讨论。

（3）圆锥内孔可以看做：在轴向上由无数个径向半径不同的圆集合而成，为了找出各个圆半径之间的变化规律，可以建立如图 7-2 所示的数学模型并选用有效的变量，设置#101 号变量控制圆锥内孔的大端半径值，#100 号变量控制圆锥内孔的小端半径值，#102 变量控制圆锥内孔的轴向深度，根据图 7-2 所示数学模型计算出任意深度上对应的圆半径值。

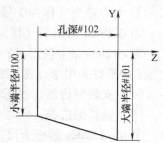

图 7-2 圆锥孔加工数学模型示意图

（4）本例中圆锥内孔的大端孔为 φ50mm，小端为 φ20mm，孔深度为 50mm，显然孔大小断面的直径差为 30mm，深度方向（Z 轴的方向）的长度值变化为 50mm，采用宏程序编程的关键在于：找出孔径的变化范围和深度变化范围的关系。

在本实例中，将深度方向的变化值作为自变量，径向变化值作为因变量，找出两者内在的对应关系。

（5）首先确定 Z 轴方向上总的铣削层数，再根据铣削层数确定相邻两层之间的径向变化值，设置#103 号变量控制总的铣削层数，根据铣削圆锥内孔的总深度计算出 Z 向每层铣削深度值为#104 = #102/#103。

（6）本实例圆锥内孔的半径变化值为 15mm，再根据上述得到 Z 向总的铣削层数，可以计算出相邻两层之间的半径变化量为#105 = 15/#103。

（7）铣削方式的选用：既可以采用"自上而下"铣削模式进行铣削，也可以采用"自下而上"铣削模式进行铣削。

"自上而下"的铣削模式，在每层铣削中由于刀具直径小于毛坯的余量，因此 Z 向在相应铣削深度时，需要进行多次铣削以去除大量的加工余量。

"自下而上"的铣削模式，由于铣削半径是不断增大的，不需要进行多次铣削。

根据实践经验判断：采用"自上而下"铣削模式进行铣削，比"自下而上"铣削模式要相对复杂些。

2. 程序流程框图设计

根据以上算法设计和分析，规划铣削圆锥内孔的刀路轨迹如图 7-3 所示（中间过程刀路轨迹省略了），采用"自下而上"铣削模式的程序设计流程框图如图 7-4 所示。

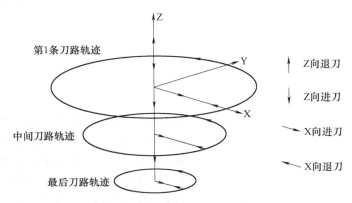

图 7-3　铣削圆锥内孔刀路轨迹示意图

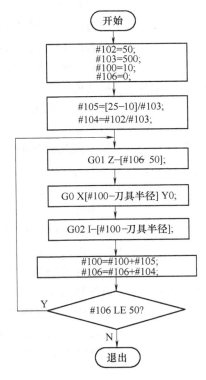

图 7-4　"自下而上"铣削模式程序设计流程框图

3. 根据算法以及流程框图编写加工的宏程序代码

程序 1：采用"自下而上"铣削模式铣削圆锥内孔的宏程序代码

```
O7001；
G15 G17 G21 G40 G49 G54 G80 G90；
T3 M06；
G0 G90 G54 X0 Y0；
G43 Z50 H03；
M03 S2500；
M08；
#102＝50；                    （设置#102 号变量,控制锥度孔深度）
#103＝500；                   （设置#103 号变量,控制 Z 层总的铣削层数）
#101＝10；                    （设置#101 号变量,控制锥度孔小端半径）
#100＝50/2；                  （设置#100 号变量,控制锥度孔大端半径）
#104＝#102/#103；            （设置#104 号变量,控制 Z 层步距）
#105＝［25－10］/#103；      （设置#105 号变量,控制相邻两层之间半径
                              的增量）
#106＝0；                     （设置#106 号变量,控制 Z 轴的深度）
#107＝5；                     （设置#107 号变量,控制刀具半径）
G0 Z1；                       （Z 轴快速进给到 Z1 处）
G00 X［#101－1－#107］Y0 D01；（X 轴进刀）
N10 G01 Z［#106－50］F300；   （进给到铣削的深度）
G91 G01 X1；                  （增量编程,X 轴进给 1mm）
G90 G01 X［#101－#107］；     （到达圆弧铣削的起始点）
G02 I－［#101－#107］F1200；  （铣削一个整圆）
#101＝#101＋#105；            （铣削一层后半径相应减小至下一层圆的
                              半径）
#106＝#106＋#104；            （Z 层增加相应的变化量）
G91 G01 X－1；                （X 轴退刀 1mm）
G90；                         （转换为绝对值方式编程）
IF［#106 LE 50］GOTO 10；     （条件判断语句,若#106 号变量的值小于或
                              等于 50,则跳转到标号为 10 的程序段
                              处执行,否则执行下一程序段）
G0 Z5；                       （Z 轴快速退出零件表面）
G91 G28 Z0；
G91 G28 Y0；
```

M05；

M09；

M30；

实例 7-1 程序 1 编程要点提示：

（1）本程序 O7001 是采用"自下而上"铣削模式铣削圆锥内孔的宏程序代码，其编程的思路为：圆锥内孔可以看做在轴向深度上由无数个径向半径不同的圆组成，Z 轴进刀至一定的轴向深度，铣削相应半径大小的整圆，然后 Z 轴抬刀至下一层的铣削高度，再次铣削相应半径大小的整圆，如此循环完成整个铣削过程，其中圆锥内孔的深度作为循环过程结束的判定条件。

（2）编程的关键在于计算每一层铣削高度对应的孔半径值，方法如下：

首先确定深度方向 Z 层铣削的总层数，用圆锥内孔的深度除以铣削层数，即可得出 Z 层的步距（变化量）；圆锥内孔的大端半径减去小端半径，再除以 Z 层总的铣削层数，即可得出相邻两层之间的半径变化量，参见程序中的语句#105 = [25 − 10]/#103 以及#104 = #102/#103。

圆锥内孔的深度变化和半径的变化是同步增加的，因此两者都可以作为铣削循环过程结束的判定条件，本程序 O7001 是采用圆锥内孔的深度作为循环结束的判断条件。

程序 2：采用"自上而下"铣削模式精加工圆锥内孔的宏程序代码

O7002；

G15 G17 G21 G40 G49 G54 G80 G90；

T3 M06；

G0 G90 G54 X0 Y0；

G43 Z50 H03；　　　　　　　　（Z 轴带上长度补偿快速移动到 Z50 的位置）

M03 S2500；　　　　　　　　　（主轴正转转速为 2500r/min）

M08；　　　　　　　　　　　　（打开切削液）

#102 = 50；　　　　　　　　　 （设置#102 号变量，控制锥度孔深度）

#103 = 500；　　　　　　　　　（设置#103 号变量，控制 Z 层总的铣削层数）

#101 = 10；　　　　　　　　　 （设置#101 号变量，控制锥度孔小端半径）

#100 = 50/2；　　　　　　　　 （设置#100 号变量，控制锥度孔小端半径）

#104 = #102/#103；　　　　　　（设置#104 号变量，控制 Z 层步距）

#105 = [25 − 10]/#103；　　　　（设置#105 号变量，控制相邻两层之间半径的增量）

#106 = 0；　　　　　　　　　　（设置#106 号变量，控制 Z 轴的深度）

#107 = 5；　　　　　　　　　　（设置#107 号变量，控制刀具半径）

G0 Z1；　　　　　　　　　　　（Z 轴快速进给到 Z1 处）

G00 X［#100 – 1 – #107］Y0；　　　　（X 轴移动到距离孔 1mm 处）

N10 G90 G01 Z［#106］F1000；　　　（进给到铣削的深度）

G91 G01 X1；　　　　　　　　　　　（增量编程，X 轴进给 1mm）

G90；　　　　　　　　　　　　　　　（转换为绝对值方式编程）

G01 X［#100 – #107］；　　　　　　　（到达圆弧铣削的起始点）

G02 I –［#100 – #107］F1200；　　　（铣削一个整圆）

#100 = #100 – #105；　　　　　　　　（铣削一层后半径相应减小至下一层圆的半径）

#106 = #106 – #104；　　　　　　　　（Z 层增加相应的变化量）

G91 G01 X – 1；　　　　　　　　　　（增量编程 X 轴退刀 1mm）

G90；　　　　　　　　　　　　　　　（转换为绝对值方式编程）

IF［#106 GE – 50］GOTO 10；　　　　（条件判断语句，若#106 号变量的值大于或
　　　　　　　　　　　　　　　　　　　　等于 – 50，则跳转到标号为 10 的程序段
　　　　　　　　　　　　　　　　　　　　处执行，否则执行下一程序段）

G0 Z5；　　　　　　　　　　　　　　（Z 轴快速退出零件表面）

G91 G28 Z0；

G91 G28 Y0；

M05；

M09；

M30；

实例 7-1 程序 2 编程要点提示：

（1）程序 O7001 是采用"自下而上"铣削模式铣削圆锥内孔的宏程序代码，程序 O7002 是采用"自上而下"铣削模式铣削圆锥内孔的宏程序代码。

（2）程序 O7002 是铣削圆锥内孔的精加工程序代码，适用于已经去除大量余量的精加工轮廓，不适合用于粗加工。

（3）请比较程序 O7001 和程序 O7002 宏程序代码的微小区别。

程序 3：采用"自上而下"铣削模式粗加工圆锥内孔的宏程序代码

O7003；

G15 G17 G21 G40 G49 G54 G80 G90；

T3 M06；

G0 G90 G54 X0 Y0；

G43 Z50 H03；　　　　　　　　　　　（Z 轴带上长度补偿快速移动到 Z50
　　　　　　　　　　　　　　　　　　　的位置）

M03 S2500；　　　　　　　　　　　　（主轴正转转速为 2500r/min）

M08；　　　　　　　　　　　　　　　（打开切削液）

#102 = 50；　　　　　　　　　　　　（设置#102 号变量，控制锥度孔深度）

#103 = 100；	（设置#103 号变量,控制 Z 层总的铣削层数）
#101 = 10；	（设置#101 号变量,控制锥度孔小端半径）
#100 = 50/2；	（设置#100 号变量,控制锥度孔大端半径）
#104 = #102/#103；	（设置#104 号变量,控制 Z 层步距）
#105 = [25 − 10]/#103；	（设置#105 号变量,控制相邻两层之间半径的增量）
#106 = 0；	（设置#106 号变量,控制 Z 轴的深度）
#107 = 5；	（设置#107 号变量,控制刀具半径）
G0 Z1；	（Z 轴快速进给到 Z1 处）
N10 G01 Z[#106] F1000；	（进给到铣削的深度）
#110 = FIX[[#100 − 10]/1]；	（计算粗铣的次数）
G00 X[#100 − #110 ∗ 1 − 1 − #107] Y0；	（X 轴进给至距圆弧加工起点 1mm 处）
WHILE [#110 GE 0] DO 1；	（如果#110 号变量大于等于 0,在 WHILE 和 END1 之间循环,否则跳出循环）
G01 X[#100 − #110 ∗ 1] − #107 Y0 F500；	（到达圆弧铣削的起始点）
G02 I − [#100 − #110 ∗ 1 − #107] F1200；	（铣削一个整圆）
#110 = #110 − 1；	（#110 号变量依次减少 1mm）
END 1；	
#100 = #100 − #105；	（铣削一层后半径相应增大至下一层圆的半径）
#106 = #106 − #104；	（Z 层增加相应的变化量）
IF [#106 GT − 50] GOTO 10；	（条件判断语句,若#106 号变量的值大于 − 50,则跳转到标号为 10 的程序段处执行,否则执行下一程序段）
G0 Z5；	（Z 轴快速退出零件表面）
G91 G28 Z0；	（Z 轴回参考点）
G91 G28 Y0；	
M05；	
M09；	
M30；	

实例 7-1 程序 3 编程要点提示：

（1）程序 O7003 是采用"自上而下"铣削模式粗加工圆锥内孔的宏程序代码，该程序是在程序 O7002 的基础上增加一个变量#110 控制每层高度上径向的粗加工次数。

（2）程序 O7003 中计算每个高度上粗加工次数的方法：

Z 轴进刀到铣削深度后，半径方向的余量除以步距（在本程序中步距设置为 1mm）得出循环加工的次数，然后利用粗加工的次数计算出每次铣削的圆弧半径，铣削一层后次数依次减少 1，这就构成了铣削圆锥内孔的内层循环，即在一定铣削深度 X 向（径向）加工的次数。

径向循环结束后，Z 层深度和半径也进行了相应的变化，再进行下一层深度方向的铣削，深度方向的循环构成了程序的外层循环，因此程序 O7003 是个双层循环的宏程序代码。

（3）步距的选择在实际中应根据加工零件的材料、刀具、转速、进给量等综合因素来考虑，本程序 O7003 设置步距为 1mm，作为参考值。

（4）程序 O7003 作为零件粗加工的程序，在实际加工中，粗加工完成后，根据粗加工余量的大小，再次进行单刀（精铣）轮廓加工，因此程序 O7003 和程序 O7002 综合使用可以完成整个圆锥内孔的粗、精加工过程。

7.1.4　本节小结

本节通过一个铣削圆锥内孔的宏程序应用实例，详细说明了宏程序在圆锥内孔加工中的编程思路和方法。圆锥内孔加工一般采用"自下而上"铣削模式或"自上而下"铣削模式的加工方法，这两种加工方式在实际编程中各自具有相应的应用价值。

本实例圆锥内孔的编程思路和方法适用于任意斜率孔的加工，也适用于孔口任意角度的倒斜角加工。

7.1.5　本节习题

（1）画出程序 O7003 的程序设计流程框图，并和图 7-4 采用"自下而上"铣削模式的程序流程框图进行比较。

（2）比较"自下而上"和"自上而下"两种加工方式在铣削加工中的各自应用场合以及编制宏程序代码的主要区别。

（3）编程题。

① 根据图 7-5、图 7-6 所示的零件，材料为

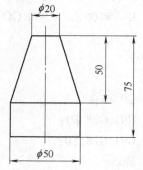

图 7-5　习题零件图
（铣削外圆锥面）

45 钢，分别编写铣削外圆锥面和倒斜角铣削加工的宏程序代码。

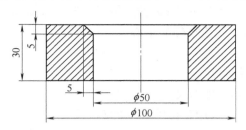

图 7-6 习题零件图（直径 ϕ50mm，底孔已经加工完毕）

② 选用合理的刀具和切削用量，合理设计程序的算法，画出程序设计流程框图。

7.2 实例 7-2：孔口倒圆的宏程序应用实例

7.2.1 零件图以及加工内容

加工如图 7-7 所示的零件，在通孔的孔口上加工一个倒圆，孔口直径为 50mm，倒圆的圆弧半径为 10mm，倒圆的深度为 10mm，底孔已经加工，材料为 45 钢。要求编写数控铣孔口倒圆的宏程序代码。

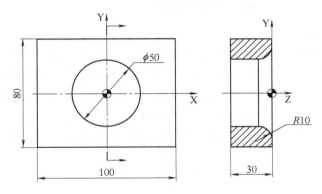

图 7-7 零件加工图（铣削 R10 倒圆角）

7.2.2 零件图的分析

该零件长方体毛坯尺寸为 100mm（X 向）×80mm（Y 向）×30mm（Z 向），加工和编程之前需要考虑以下方面：

（1）机床的选择：选择 FANUC 系统数控铣床。

（2）装夹方式：既可以采用螺栓、压板的方式装夹，也可以采用机用虎钳的方式装夹。

（3）刀具的选择：直径 ϕ10mm 的立铣刀（3 号刀具）。

（4）安装寻边器，找正零件的中心。

（5）量具的选择：

① 0～150mm 游标卡尺。

② 0～150mm 游标深度卡尺。

③ 圆弧 R10 的（样板用来检验 R10 的圆角）。

④ 百分表。

（6）编程原点的选择：X、Y 向的编程原点选择在零件中心位置，Z 向编程原点在零件的上表面，存入 G54 零件坐标系中。

（7）转速和进给量的确定：立铣刀转速为 4000r/min，进给量为 2000mm/min，铣削孔口 1/4 圆角工序卡见表 7-2。

表 7-2　铣削孔口 1/4 圆角工序卡

工序	主要内容	设　备	刀　具	切　削　用　量		
				转速/（r/min）	进给量/（mm/min）	背吃刀量/mm
1	铣削倒圆	数控铣床	立铣刀	4000	2000	10 * SIN［1］

7.2.3　算法以及程序流程框图的设计

1. 算法的设计

（1）本实例铣削孔口倒圆的宏程序编程应用实例，孔口圆角型面可以看做无数个半径不同的圆组合而成的图形集合，因此，孔口倒圆可以采用圆的参数方程或圆的解析方程建立数学模型，找出刀路轨迹形成的规律，然后编写加工的宏程序代码。

（2）根据圆方程来建立的数学模型如图 7-8 所示。

孔口倒圆的编程思路为：Z 轴下降至铣削第 1 层铣削深度，铣削一个整圆，再下

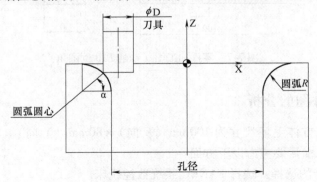

图 7-8　孔口倒圆建立数学模型示意图

降至下一层的铣削深度，再次铣削一个整圆，每一层铣削圆的半径大小是不相同的。

孔口倒圆程序编制的关键：计算任意深度上对应的圆半径大小，有以下两种办法来计算任意深度对应的圆半径大小，以及确定合理的变量。

1）根据圆的参数方程：$X = R * COS(\alpha)$、$Z = R * SIN(\alpha)$。

设置#100 号变量控制圆参数方程角度的变化，则任意角度对应的 Z 值（深度值）可用表达式#101 = R * SIN［#100］来表示，对应的 X 值（圆半径）可以用表达式#102 = R * COS［#100］来表示。

通过表达式的控制，半径值随着深度变化而变化，在本实例中孔口倒圆，通过条件判断语句：IF［#100 GE 0］GOTO n 或 IF［#100 LE 90］GOTO n 来控制整个倒圆铣削的循环过程。不同的条件判断语句实现的加工方式不同：IF［#100 GE 0］GOTO n 是采用"自上而下"的铣削模式，IF［#100 LE 90］GOTO n 是采用了"自下而上"的铣削模式。

2）根据圆的解析方程：$X^2 + Z^2 = R^2$。

设置#100 号变量控制倒圆深度（Z 值）的变化，利用圆的解析方程计算出 Z 对应的 X 值，在程序中可以设置#101 号变量控制任意深度对应倒圆的半径值：#101 = SQRT［R * R − #100 * #100］。

通过表达式的控制，倒圆半径大小随着深度变化而变化，在本实例中孔口倒 1/4 圆，因此通过条件判断语句：IF［#100 LE 90］GOTO n 来控制整个倒圆铣削的循环过程。

2. 程序流程框图设计

根据以上算法设计和分析，规划孔口倒圆的刀路轨迹如图 7-9 所示，采用"自下而上"铣削模式铣削倒圆的程序设计流程框图如图 7-10 所示（中间其他刀路轨迹省略，图中未作表达），采用"自上而下"铣削模式铣削倒圆的程序设计流程框图如图 7-11 所示。

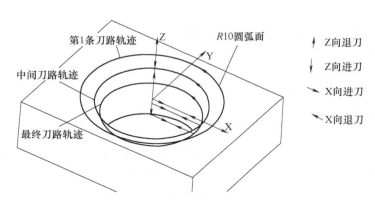

图 7-9　采用"自上而下"铣削模式铣削倒圆刀路轨迹示意图

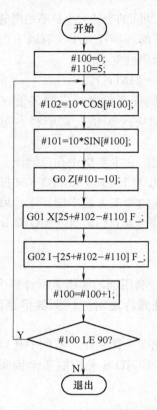

图 7-10 "自下而上"铣削倒圆
程序设计流程框图

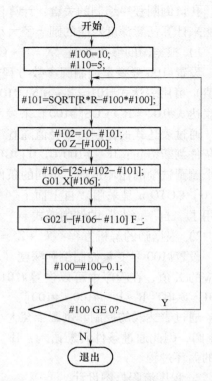

图 7-11 "自上而下"铣削倒圆程序设计
流程框图

3. 根据算法以及流程框图编写加工的宏程序代码

程序 1：采用"自下而上"铣削模式铣削孔口倒圆的宏程序代码

```
O7004；
G15 G17 G21 G40 G49 G54 G80 G90；
T3 M06；
G0 G90 G54 X0 Y0；
G90 G0 G43 Z50 H03；
M03 S4000；
M08；
#100 = 0；                        （设置#100 号变量，控制角度的变化）
#105 = 10；                       （设置倒圆半径）
#110 = 5；                        （设置刀具半径）
G0 Z1；                          （Z 轴快速进给到 Z1 处）
```

N10 #102 = #105 * COS[#100]；　　（计算#102 号变量的值,角度对应的 X）

#101 = #105 * SIN[#100]；　　　（计算#101 号变量的值,角度对应的 Z）

#104 = #101 – 10；　　　　　　　（零件 Z 轴坐标零点与方程零点向下平移10）

#106 = [25 + #105 – #102]；　　　（计算#106 号变量的值,程序中对应的 X 的值）

G01 Z[#104] F3000；　　　　　　　（进给到铣削的深度）

G00 X[#106 – 1 – #110] Y0 D01；　（X 轴进给）

G01 X[#106 – #110] F1000；　　　（进给到圆弧加工起点位置）

G02 I – [#106 – #110] F2000；　　（铣削一个整圆）

#100 = #100 + 1；　　　　　　　　（角度依次增加1°）

IF [#100 LE 90] GOTO 10；　　　　（条件判断语句,若#100 号变量的值小于或等于90,则跳转到标号为 10 的程序段处执行,否则执行下一程序段）

G01 Z5 F3000；　　　　　　　　　（Z 轴退出零件表面）

G91 G28 Z0；

G91 G28 Y0；

M05；

M09；

M30；

实例 7-2 程序 1 编程要点提示：

（1）程序 O7004 是采用"自下而上"铣削模式铣削倒圆的宏程序代码,其编程的思路：倒圆型面可以看做由无数个半径不同的圆所组成,Z 轴进刀至一定的铣削深度,铣削相应半径的整圆,然后 Z 轴抬刀至下一层的铣削高度,再次铣削相应半径的整圆,如此循环,倒圆的半径值作为循环过程结束的判定条件。

（2）编程的关键在于计算每一层铣削深度所对应的孔半径,可以借助圆的参数方程或解析方程,具体算法可以参考算法设计部分以及程序中的语句。

（3）程序 O7004 是采用"自下而上"铣削模式来铣削倒圆的,注意程序中 #100号变量的赋值语句,以及条件判断语句 IF [#100 LE 90] GOTO 10；如果要采用"自上而下"铣削模式铣削孔口倒圆,仅需改变程序中相关的语句即可（例如：#100 = 90、#100 = #100 – 1、IF [#100 GE 0] GOTO 10 等语句）。

（4）程序 O7004 采用直线进、退刀的方式,此进、退刀的方式会在零件表面产生接刀痕迹,如果需要改善该状况,进、退刀方式可以采用圆弧切入、切出的方式。

程序 2：采用"圆的解析方程"编制倒圆铣削的宏程序代码

O7005；

```
G15 G17 G21 G40 G49 G54 G80 G90；
T3 M06；
G0 G54 G90 X0 Y0；
G43 G90 G0 Z50 H03；
M03 S4000；
M08；
#100 = 10；                        （设置#100 号变量,控制深度的变化）
#105 = 10；                        （倒圆半径）
#104 = 25；                        （设置#104 号变量,孔的半径）
#111 = 0.1；                       （设置#111 号变量,即步距）
#110 = 5；                         （设置#110 号变量,刀具半径）
G0 Z1；                            （Z 轴快速进给到 Z1 处）
G42 G00 X[#106 − 3] Y0 D01；       （建立刀具半径右补偿）
N10 #101 = SQRT[#105 ∗ #105
      − #100 ∗ #100]；            （计算#101 号变量的值,倒圆的 X 值）
#102 = 10 − #101；                 （程序倒 R10 圆弧 Z 轴对应的半径值）
#106 = [25 + #102 − #101]；        （计算#106 号变量的值,程序中对应的 X
                                     的值）
G01 Z − [10 − #100] F3000；        （进给到铣削的深度）
G01 X[#106] F2000；                （进给到圆弧加工起点位置）
G02 I − [#106] F2000；             （铣削一个整圆）
#100 = #100 − #111；               （减少一个步距值）
IF [#100 GE 0] GOTO 10；           （条件判断语句,若#100 号变量的值大于
                                     或等于0,则跳转到标号为 10 的程序
                                     段处执行,否则执行下一程序段）
G40 G0 X0 Y0；                     （取消刀具半径补偿）
M09；                              （关闭切削液）
G01 Z5 F3000；                     （Z 轴退出零件表面）
G91 G28 Z0；
G91 G28 Y0；
M05；
M09；
M30；
```

实例 7-2 程序 2 编程要点提示：

（1）程序 O7005 是基于 "圆的解析方程" 数学模型基础上，编制倒圆铣削

的宏程序代码，编程思路为：

1）根据#100号变量值计算出对应的圆半径值，即#101号变量的值。

2）其中，#101号变量由图7-8可知，不是倒圆半径的值，在程序中倒$R10$圆半径的值为#102 = 10 – #101。

3）根据图7-8进一步可知，程序中铣削圆半径的值为#106 = [25 + #102 – #110]。

4）Z轴下降到铣削深度（#100号变量对应的值），进行铣削整圆，通过条件判断语句IF［#100 LE #105］GOTO 10实现了整个铣削圆角的循环过程。

（2）该编程的思路和实例7-1有相似之处，实例7-1的编程思路可以应用于孔口倒圆、倒斜角等零件的加工。

（3）设置#111号变量控制步距的变化，步距大小和零件加工表面质量有关。

（4）可以采用G01直线拟合的方式来铣削整圆，具体见下面的程序O7006。

程序3：采用"自上而下"铣削模式和G01直线拟合的方式铣削倒圆的宏程序代码

```
O7006;
G15 G17 G21 G40 G49 G54 G80 G90;
T3 M06;
G0 G90 G54 X0 Y0;
G43 Z50 H03;
M03 S4000;
M08;
#100 = 10;                      （设置#100号变量,控制深度的变化）
#105 = 10;                      （倒圆半径）
#104 = 25;                      （设置#104号变量,孔的半径）
#111 = 0.1;                     （设置#111号变量,即步距）
G0 Z1;                          （Z轴快速进给到Z1处）
G41 G00 X[25]Y0 D01;            （建立刀具半径左补偿）
N10 #101 = SQRT[#105 * #105
    – #100 * #100];             （计算#101号变量,倒圆的X值）
#106 = [25 + #105 – #101];      （计算#106号变量,程序中对应的X值）
G01 Z[#100 – 10] F3000;         （进给到铣削的深度）
G01 X[#106] F3000;              （进给到圆弧加工起点位置）
#103 = 0;                       （设置#103号变量,控制圆的起始角度）
N20 #113 = #106 * COS[#103];    （计算#113号变量,对应圆半径的X值）
```

#114 = #106 * SIN[#103];	（计算#114 号变量,对应圆半径的 Y 值）
G01 X[#113] Y[#114] F3000;	（铣削圆弧）
#103 = #103 + 1;	（#103 号变量依次增加 1,角度增加 1°）
IF [#103 LE 360] GOTO 20;	（条件判断语句,若#103 号变量的值小于
	或等于 360,则跳转到标号为 20 的程
	序段处执行,否则执行下一程序段）
#100 = #100 − #111;	（#100 号变量依次减去#111 号变量的值）
IF [#100 GE 0] GOTO 10;	（条件判断语句,若#100 号变量的值大于
	或等于 0,则跳转到标号为 10 的程序
	段处执行,否则执行下一程序段）
G40 G0 X0 Y0;	（取消刀具半径补偿）
M09;	（关闭切削液）
G0 Z5;	（Z 轴退出零件表面）
G91 G28 Z0;	
G91 G28 Y0;	
M05;	
M09;	
M30;	

实例 7-2 程序 3 编程要点提示:

（1）程序 O7006 是采用"自上而下"铣削模式和 G01 直线拟合的方式铣削倒圆的宏程序代码,该程序是在程序 O7005 的基础上增加一个循环语句而实现 G01 直线拟合法加工倒圆的宏程序代码。

（2）程序 O7006 编程的关键:每层铣削的圆半径都是不一样的,因此,要设置一个变量控制圆半径的变化,参见程序中语句#113 = #106 * COS[#103]、#114 = #106 * SIN[#103],而#106 号变量是根据圆的解析方程计算的,参见程序中语句#106 = [25 + #105 − #101]。

（3）其他编程要点提示参见程序 O7004、O7005 的编程要点提示的内容。

7.2.4 本节小结

本节通过一个孔口倒圆的宏程序应用实例,介绍了宏程序在孔口倒圆类零件铣削加工中的编程思路和方法。孔口倒圆加工和圆锥内孔的加工一样,一般采用"自上而下"进刀方式或"自下而上"的进刀方式,这两种加工方式在实际加工中具有各自的应用价值。

本实例倒圆铣削的编程思路,也适用于任意圆角半径、圆角深度的倒圆、倒斜角铣削加工场合,其编程思路大致为:将孔口倒圆、倒斜角类零件的加工型面，看做孔口由无数的圆通过平移而组成的图形集合，需要采用 G02、G03 圆弧插补指令和 G01 直线插补指令来完成零件的铣削加工，编程的关键是要控制好每层铣削整圆半径的变化量。

7.2.5　本节习题

（1）画出程序 O7005 程序设计的流程框图并和图 7-11 "自上而下" 进刀方式铣削倒圆程序设计流程框图进行比较，找出其异同点。

（2）尝试采用 WHILE 语句改写程序 O7006 并进行比较，找出其异同点。

（3）采用增量编程方式编写实例 7-2 的宏程序代码。

（4）编程题：

① 根据图 7-12 所示零件，材料为 45 钢，编写孔口倒圆加工的宏程序代码。

② 选用合理的刀具和切削用量，合理设计算法，画出程序设计流程框图。

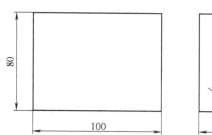

图 7-12　习题零件图（1 侧棱边倒 R10 圆角，另 1 侧棱边倒 R5 圆角）

7.3　实例 7-3：孔口倒 45°角的宏程序应用实例

7.3.1　零件图以及加工内容

加工如图 7-13 所示的零件，加工孔口倒 45°角，孔口直径为 50mm，倒角深度和宽度均为 5mm，底孔已经加工，材料为 45 钢。要求编写数控铣孔口倒斜角的宏程序代码。

7.3.2　零件图的分析

本零件毛坯为圆柱体，尺寸为 ϕ100mm ×50mm，加工和编程之前需要考虑以下方面：

（1）机床的选择：选择 FANUC 系统数控铣床。

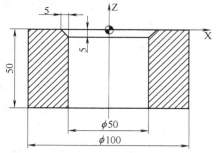

图 7-13　零件加工图（铣削 45°角）

（2）装夹方式：从加工的零件来分析，既可以采用机用虎钳（专用夹具）也可以采用自定心卡盘夹持的方式装夹零件。

采用自定心卡盘夹持，用百分表校正零件，保证零件水平装在数控铣的工作台面上。

（3）刀具的选择：直径为 10mm 的立铣刀，作为 3 号刀具。

（4）安装寻边器，找正零件的中心。

（5）量具的选择：

① 0～150mm 游标卡尺。

② 0～150mm 游标深度卡尺。

③ 样板尺（用来检验 45°角）。

④ 百分表。

（6）编程原点的选择：X、Y 向的编程原点选择在圆柱体中心位置，Z 向的编程原点选择在零件上表面的位置，存入 G54 零件坐标系中。

（7）转速和进给量确定：转速为 4000r/min，进给量为 2000mm/min，铣削孔口倒斜角工序卡见表 7-3。

表 7-3　铣削孔口倒斜角工序卡

工序	主要内容	设　备	刀　具	切削用量		
				转速/(r/min)	进给量/(mm/min)	背吃刀量/mm
1	铣削斜角	数控铣床	立铣刀	4000	2000	0.2

7.3.3　算法以及程序流程框图的设计

1. 算法的设计

（1）本实例是孔口倒 45°角的宏程序应用实例，孔口斜角可以看做无数个半径不同的圆组成的图形集合，因此，孔口倒 45°角可以采用圆的参数方程或圆的解析方程建立数学模型，根据数学模型找出刀路轨迹之间的规律，并采用宏程序编制加工的程序代码。

（2）根据孔口 X、Z 方向的值和孔口倒 45°角的半径值，并依据圆方程来建立的数学模型如图 7-14 所示。

孔口倒 45°角的编程思路为：Z 轴下降至铣削第 1 个铣削深度，然后铣削一个整圆，Z 轴下降至下一层的铣削深度，再次铣削一个整圆，每一层铣削圆的半径大小都是不相同的，它们根据一定的规律变化。

（3）孔口倒 45°角宏程序代码的编制，关键要计算任意高度对应铣削的圆半径，可以通过以下办法来计算任意高度对应的圆半径，以及选用有效的变量：

1）根据图 7-14 所示建立的数学模型，利用三角函数关系计算出孔口倒斜角的 X 值与 Z 向深度的函数关系表达式。

2）设置#100 号变量，控制倒角的角度，在本实例中#100 = 45 为恒定的角

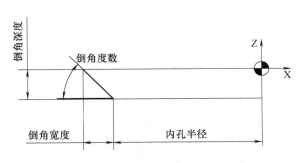

图 7-14　孔口倒 45°角的数学模型示意图

度值，对于不同角度的倒角，该变量应该赋予不同的值。

3）设置#101 号变量，控制倒角的深度，并作为自变量和最终结束循环过程的判定条件。

4）设置#102 号变量，控制和倒角深度#101 变量对应的铣削一层的圆半径大小，#102 号变量的值随着#101 号变量的值而变化，作为表达式的因变量。

5）设置#103 号变量，控制步距变量的大小，步距变化的大小和加工表面的质量和加工效率相关，在实际加工中需要酌情赋值。

6）在铣削孔口倒 45°角加工中，需要采用表达式表示#101 号变量和#102 号变量之间的关系，由三角正切函数可知：#101/#102 = TAN［#100］，得出#102 = #101/TAN［#100］，通过循环语句#101 = #101 + #103 以及条件判断语句 IF［#101 LE 5］GOTO n 来实现整个孔口倒 45°角的循环加工过程。

2. 程序流程框图设计

根据以上算法设计和分析，规划孔口倒 45°角的刀路轨迹如图 7-15 所示，采用"自下而上"铣削模式铣削倒 45°角的程序设计流程框图如图 7-16 所示。

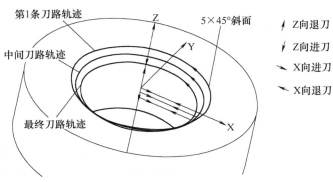

图 7-15　孔口倒斜角的刀路轨迹示意图

265

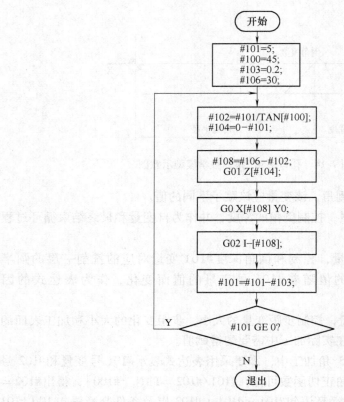

图 7-16 采用"自下而上"铣削模式铣削倒 45°角程序设计流程框图

3. 根据算法以及流程框图编写加工的宏程序代码

程序 1：采用"自下而上"铣削模式和绝对值方式编程加工孔口倒 45° 角的宏程序代码

```
O7007;
G15 G17 G21 G40 G49 G54 G80 G90;
T3M06;
G0 G90 G54 X0 Y0;
G43 Z50 H03;
M03 S4000;
M08;
#101 = 5;                    (设置#101 号变量,控制倒角的深度)
#100 = 45;                   (设置#100 号变量,控制倒角的角度)
#103 = 0. 2;                 (设置#103 号变量,控制步距的大小)
```

#106 = 30；	（设置#106 号变量,控制底孔半径）
G0 Z1；	（Z 轴快速进给到 Z1 处）
G42 G00 X[#106 – 3] Y0 D03；	（建立刀具半径右补偿）
N10 #102 = #101/TAN[#100]；	（利用三角函数定量计算#102 号变量的值）
#104 = 0 – #101；	（计算#104 号变量的值,程序中对应的铣削深度）
#108 = #106 – #102；	（计算#108 号变量的值,程序中对应的 X 的值）
G01 Z[#104] F3000；	（进给到铣削的深度）
G01 X[#108] F2000；	（进给到圆弧的加工起点）
G02 I – [#108] F2000；	（铣削一个整圆）
#101 = #101 – #103；	（计算下一层铣削的深度）
IF [#101 GE 0] GOTO 10；	（条件判断语句,若#101 号变量的值大于或等于0,则跳转到标号为 10 的程序段处执行,否则执行下一程序段）
G40 G0 X0 Y0；	（取消刀具半径补偿）
G0 Z5；	（Z 轴退出零件表面）
G91 G28 Z0；	
G91 G28 Y0；:	
M05；	
M09；	
M30；	

实例 7-3 程序 1 编程要点提示：

（1）程序 O7007 是孔口倒 45°角的宏程序，孔口倒斜角是孔加工零件最为常见的加工型面，在实际加工中一般选择 45°倒角刀结合钻孔循环指令进行加工，45°倒角刀属于常规刀具，采用 45°倒角刀进行孔口加工，有利于提高加工的效率。

在实际加工中，如果孔口倒角的度数不是 45°倒角，倒角宽度和深度不对称时，就需要重新定制成形刀具，因此本实例的编程思路和算法，在实际加工中具有参考价值。

（2）程序 O7007 是采用"自下而上"铣削模式铣削孔口倒 45°角的宏程序，其编程关键在于需要计算每层铣削深度对应的圆半径值，因此，根据图 7-14 所示建立的数学模型，利用三角函数关系找出铣削深度 Z 和铣削圆半径之间的关系表达式，然后分层铣削不同深度、不同半径的圆，这些不同深度对应不同半径大小的圆集合就组成了孔口斜角型面。

（3）采用"自下而上"铣削模式进行孔口斜角的铣削加工时需要注意 Z 向

的表达式,参见程序中的语句#104＝0－#101、G01 Z[#104] F300。

(4) 由于孔口倒45°角和孔口倒圆角在宏程序代码的编程思路和算法具有较大的相同之处,可以参考实例7-2编程要点提示部分。

程序2:采用"自下而上"铣削模式和增量方式编程加工孔口倒45°角的宏程序代码

```
O7008;
G15 G17 G21 G40 G49 G54 G80 G90;
T3 M06;
G0 G90 G54 X0 Y0;
G0 G43 Z50 H03;
M03 S4000;
M08;
#101 = 5;                                    (设置#101号变量,控制倒角的
                                              深度)

#100 = 45;                                   (设置#100号变量,控制倒角的
                                              角度)

#103 = 0.2;                                  (设置#103号变量,控制步距的
                                              大小)

#106 = 30;                                   (设置#106号变量,控制底孔
                                              半径)

G0 Z1;                                       (Z轴快速进给到Z1处)
#107 = 5;                                    (刀具半径值)
N10 #102 = #101/TAN[#100];                   (利用三角函数定量计算#102
                                              号变量的值)

#104 = 5 - #101;                             (计算#104号变量的值,程序
                                              中对应的铣削深度)

G01 Z[- #104] F300;                          (进给到铣削的深度)
G90 G01 X[#106 - 5 - #107] Y0 F2000;         (X向进给)
G91;                                         (转换为增量方式编程)
G01 X[#102] F1000;                           (进给到圆弧的加工起点)
G91 G02 I - [#106 - 5 - #107 + #102]
  J0 F2000;                                  (铣削一个整圆)
G90;                                         (转换为绝对值方式编程)
#101 = #101 - #103;                          (计算下一层铣削的深度)
```

IF［#101 GE 0］GOTO 10；　　　　　（条件判断语句,若#101 号变量
　　　　　　　　　　　　　　　　　　　的值大于或等于 0,则跳转
　　　　　　　　　　　　　　　　　　　到标号为 10 的程序段处执
　　　　　　　　　　　　　　　　　　　行,否则执行下一程序段)

G01 Z1 F500；　　　　　　　　　　　（Z 轴退出零件表面)
G91 G28 Z0；
G91 G28 Y0；：
M05；
M09；
M30；

实例 7-3 程序 2 编程要点提示：

（1）程序 O7008 是采用"自下而上"铣削模式铣削孔口倒 45°角的宏程序代码,和程序 O7007 区别在于：程序 O7007 是采用刀具半径补偿和绝对值方式编写的宏程序代码,而程序 O7008 是采用刀心编程和增量方式编写的宏程序代码。

（2）程序 O7008 中的语句：G90 G01 X［#106 − 5 − #107］Y0 F2000、G91 G02 I −［#106 − 5 − #107 + #102］J0 F2000,前面已作叙述,在此不再赘述。

7.3.4　本节小结

实例 7-3 铣削孔口 45°角的宏程序编程思路适用于孔口任意角度的斜角、任意深度的圆角的加工。

孔口倒圆、倒角类零件的加工大致算法：孔口的圆角可以看做无数个半径不同的圆组成的图形集合,根据零件加工图样,建立数学模型找出变量之间的关系,再次根据零件加工图,计算刀具刀位点和变量表达式之间的关系,最后通过铣削不同深度、不同半径的整圆来实现孔口倒圆、倒角类零件的加工。

7.3.5　本节习题

（1）采用"自上而下"进给方式,编写实例 7-3 孔口倒 45°角加工的宏程序代码,并和程序 O7007、O7008 进行比较,找出其中的异同点。

（2）采用 WHILE…END m 循环控制语句,编写实例 7-3 孔口倒 45°角加工的宏程序代码,并和程序 O7007、O7008 进行比较,找出其中的异同点。

（3）编程题：

① 根据图 7-17 所示零件,材料为 45 钢,编写斜角加工的宏程序代码。

② 合理选用刀具和切削用量,合理设计算法,画出程序设计流程框图。

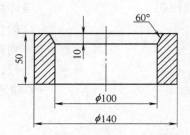

图 7-17 习题零件图（孔口倒 60°角）

7.4 实例 7-4：矩形内腔倒圆角的宏程序应用实例

7.4.1 零件图以及加工内容

如图 7-18 所示零件，矩形型腔的四周棱边倒 *R5* 圆角加工，矩形型腔尺寸为 80mm（长度）×60mm（宽度）×25mm（深度），倒圆角半径为 5mm，倒 *R5* 角深度为 5mm（即 1/4 圆角），材料为 45 钢。要求编写数控铣矩形型腔四周倒圆角的宏程序代码。

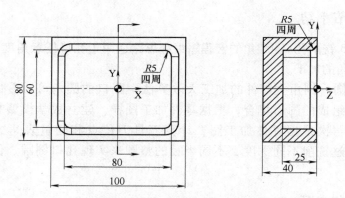

图 7-18 零件加工图（铣削棱边四周倒 *R5* 圆角）

7.4.2 零件图的分析

该零件毛坯尺寸为 100mm（长度）×80mm（宽度）×40mm（高度），加工和编程之前需要考虑以下方面：

（1）机床的选择：选择 FANUC 系统数控铣床。

（2）装夹方式：既可以采用机用虎钳，也可以采用螺栓、压板的方式装夹零件。采用螺栓、压板方式时，在零件棱边中间采用压板压住零件，用百分表校正零件，保证零件水平放置在工作台面上。

（3）刀具的选择：ϕ6mm 的立铣刀，作为 3 号刀具。该零件在实际加工中，对刀具半径有要求，即刀具半径不能大于矩形型腔的过渡圆弧半径。

（4）安装寻边器，四面分中，找正矩形的中心。

（5）量具的选择：

① 0～150mm 游标卡尺。

② 0～150mm 游标深度卡尺。

③ 圆弧 R5 的样板（检验 R5 的圆角）。

④ 百分表。

（6）编程原点的选择：X、Y 向的编程原点选择在零件（矩形）中心位置，Z 向编程零点选择在零件的上表面，存入 G54 零件坐标系中。

（7）转速和进给量确定：铣刀转速为 3000r/min，进给量为 500mm/min，矩形型腔四周倒圆角的工序卡见表 7-4。

表 7-4　矩形型腔四周倒圆角的工序卡

工序	主要内容	设　备	刀　具	切　削　用　量		
				转速/（r/min）	进给量/（mm/min）	背吃刀量/mm
1	倒圆角	数控铣床	ϕ6mm 立铣刀	3000	500	5 * SIN ［1］

7.4.3　算法以及程序流程图的设计

1. 算法的设计

（1）铣削矩形型腔四周圆角的应用实例，是在实例 7-2、实例 7-3、实例 7-4 的基础上延伸出来的，详细的算法说明可以参考以上实例的编程思路和算法。

（2）矩形型腔四周圆角的加工可以看做无数个不同深度、不同大小的矩形轮廓偏移而成，这些轮廓偏移根据 1/4 圆角规律组成的图形集合。因此，矩形型腔四周 R5 圆角可以采用圆的参数方程或圆的解析方程建立数学模型，找出刀路轨迹之间的变化规律，采用宏程序编制其加工的程序代码。

（3）根据加工零件图建立数学模型如图 7-19 所示。

矩形型腔倒 R5 圆角的编程思路：Z 轴下降至铣削深度，然后铣削一个矩形型腔的轮廓，Z 轴再下降至下一层的铣削深度，再次铣削一个矩形型腔的轮廓，每一层铣削一个矩形型腔的轮廓的大小都是不相同，它们根据 1/4 圆角的规律组成图形的集合。

从图 7-19 可知，矩形内腔倒 R5 圆角关键要计算任意高度对应矩形内腔轮廓的大小，以及确定有效的变量，其方法如下：

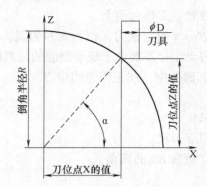

图 7-19　矩形型腔四周圆角数学模型示意图

根据圆的参数方程 $X = R * COS[\alpha]$、$Y = R * SIN[\alpha]$，设置#100 号变量控制圆参数方程角度，因此任意角度刀具 Z 值（#100 角度对应的 Z 值）可表达为$#101 = R * SIN[#100]$，X 值（#100 角度对应的 X 值）可表达为$#102 = R * COS[#100]$。

通过表达式控制半径随着深度变化而变化，在实例中孔口倒1/4 圆，因此通过条件判断语句 IF［#100 GE 0］GOTO n 或 IF［#100 LE 90］GOTO n 来控制整个倒圆循环的过程。不同条件判断语句实现的加工方式不同：IF［#100 GE 0］GOTO n 是自上而下加工方式，IF［#100 LE 90］GOTO n 是自下而上的加工方式。

（4）多元素倒角、倒圆和单元素倒圆、倒角编程的基本思路和算法实质上是一致的，只是以铣削型面轮廓的刀路轨迹代替了铣削圆的刀路轨迹。

2. 程序流程图设计

根据以上算法设计分析，规划矩形内腔倒 R5 圆角的刀路轨迹如图 7-20 所示，采用"自下而上"铣削模式铣削矩形内腔倒 R5 圆角程序流程框图如图 7-21 所示，采用"自上而下"铣削模式铣削矩形内腔倒 R5 圆角程序流程框图如图 7-22所示。

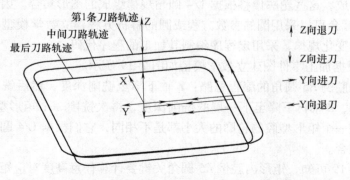

图 7-20　矩形内腔倒 R5 圆角的刀路轨迹示意图

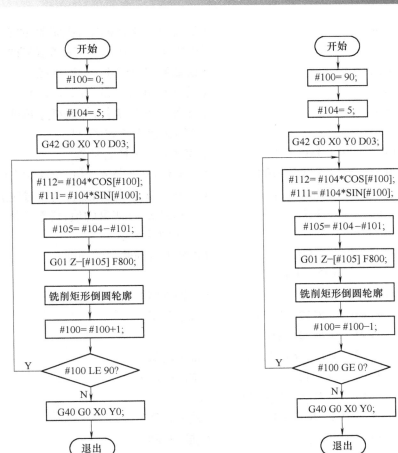

图 7-21　"自下而上"铣削模式铣削
　　　　　程序流程框图

图 7-22　"自上而下"铣削模式铣削
　　　　　程序流程框图

3. 根据算法以及流程图编写加工的宏程序代码

程序 1："自上而下"铣削矩形型腔四周 *R*10mm 圆角的宏程序代码

O7009；

G15 G17 G21 G40 G49 G54 G80 G90；

T3M06；

G90 G54 G0 X – 10 Y0；

G43 Z50 H03；

M03 S3000；

M08；

#100 = 90；　　　　　　　　　　　　（设置#100 号变量，控制角度的变化）

#102 = 30;	(设置#102 号变量,矩形型腔宽度的一半)
#103 = 40;	(设置#103 号变量,矩形型腔长度的一半)
#104 = 5;	(设置#104 号变量,倒圆半径)
#110 = 1;	(设置#110 号变量,控制步距)
#108 = 0;	(设置#108 号变量,控制终止角度)
G0 Z1;	(Z 轴快速进给到 Z1 处)
G42 G0 X0 Y0 D03;	(建立刀具半径右补偿)
N10 #111 = #104 ∗ SIN[#100];	(计算#111 号变量的值,角度对应的 Z)
#112 = #104 ∗ COS[#100];	(计算#112 号变量的值,角度对应的 X)
#105 = #104 – #111;	(计算#105 号变量的值,任意角度对应程序中的 Z 值)
G01 Z – [#105] F800;	(Z 轴进给到铣削的深度)
G01 X0 Y – [#102 – #112 + #104] D01 F500;	(Y 轴铣削)
G01 X – [#103 – #112] F500;	(铣削轮廓)
G02 X – [#103 – #112 + #104] Y – [#102 – #112] R[#104];	(铣削轮廓)
G01 Y[#102 – #112];	(铣削轮廓)
G02 X – [#103 – #112] Y[– #112 + #104 + #102] R[#104];	(铣削轮廓)
G01 X[#103 – #112];	(铣削轮廓)
G02 X[#103 – #112 + #104] Y [#102 – #112] R[#104];	(铣削轮廓)
G01 Y – [#102 – #112];	(铣削轮廓)
G02 X[#103 – #112] Y – [#102 – #112 + #104] R[#104];	(铣削轮廓)
G01 X0;	(铣削轮廓)
G40 G0 X0 Y0;	(取消刀具半径补偿)
#100 = #100 – #110;	(角度依次减少 1°)
IF [#100 GE #108] GOTO 10;	(条件判断语句,若#100 号变量的值大于或等于#108 号变量的值,则跳转到标号为 10 的程序段处执行,否则执行下一程序段)
G40 G0 X0 Y0;	(取消刀具半径补偿)
G0 Z5;	(Z 轴退出零件表面)

G91 G28 Z0；

G91 G28 Y0；

M05；

M09；

M30；　　　　　　　　　　　（程序结束,并返回到程序起始部分）

实例 7-4 程序 1 编程要点提示：

（1）程序 O7009 是采用"自上而下"铣削模式铣削矩形型腔倒 R5mm 圆角的宏程序。矩形型腔倒 R5 圆角的编程思路和孔口倒角基本相同，只是以铣削矩形型腔轮廓代替了铣削整圆的轮廓。从程序 O7007 程序代码和实例 7-2 至实例 7-4 程序代码进行比较，发现程序 O7007 轮廓线铣削的代码要比实例 7-2 至实例 7-4 中的程序代码复杂得多，是由于矩形型腔轮廓本身比孔口轮廓复杂，并不是编程的思路和算法复杂。

（2）程序 O7009 是采用"自上而下"铣削模式铣削矩形型腔倒 R5mm 圆角的宏程序应用代码，适用于精加工轮廓以及余量较小的粗加工。

（3）程序 O7009 的编程思路和算法适用于任意圆角大小、任意圆角深度的铣削加工。在实际编程中，圆角发生变化，只要改变#104 号变量以及控制角度的#108 号变量的值即可。

> **程序 2：采用"自下而上"铣削模式铣削矩形型腔四周倒 R10mm 圆角的宏程序代码**

O7010；

G15 G17 G21 G40 G49 G54 G80 G90；

T3 M06；

G90 G54 G0 X－10 Y0；

G43 Z50 H03；

M03 S3000；

M08；

#100 = 0；　　　　　　　　　　（设置#100 号变量,控制角度的变化）

#102 = 30；　　　　　　　　　　（设置#102 号变量,矩形型腔宽度的
　　　　　　　　　　　　　　　　　　　一半）

#103 = 40；　　　　　　　　　　（设置#103 号变量,矩形型腔长度的
　　　　　　　　　　　　　　　　　　　一半）

#104 = 5；　　　　　　　　　　　（设置刀具半径）

#110 = 1；　　　　　　　　　　　（设置#110 号变量,控制步距）

#108 = 90；　　　　　　　　　　（设置#108 号变量,控制终止角度）

```
G0 Z1;
G42 G0 X0 Y0 D03;                    （建立刀具半径右补偿）
N10 #111 = #104 * SIN[#100];         （计算#111 号变量的值,角度对应的Z）
#112 = #104 * COS[#100];             （计算#112 号变量的值,角度对应的X）
#105 = #104 - #111;                  （计算#105 号变量的值,任意角度对
                                       应程序中的 Z 值）
G01 Z - [#105] F800;                 （Z 轴进给到铣削的深度）
G01 X0 Y - [#102 - #112 + #104]
    D01 F500;                        （铣削轮廓）
G01 X - [#103 - #112] F500;          （铣削轮廓）
G02 X - [#103 - #112 + #104] Y -
    [#102 - #112] R[#104];           （铣削轮廓）
G01 Y[#102 - #112];                  （铣削轮廓）
G02 X - [#103 - #112] Y[-#112 +
    #104 + #102] R[#104];            （铣削轮廓）
G01 X[#103 - #112];                  （铣削轮廓）
G02 X[#103 - #112 + #104] Y[#102 -
    #112] R[#104];                   （铣削轮廓）
G01 Y - [#102 - #112];               （铣削轮廓）
G02 X[#103 - #112] Y - [#102 -
    #112 + #104] R[#104];            （铣削轮廓）
G01 X0;                              （铣削轮廓）
#100 = #100 + #110;                  （角度依次增加1°）
IF [#100 LE #108] GOTO 10;           （条件判断语句,若#100 号变量的值
                                       小于或等于#108 号变量的值,则
                                       跳转到标号为 10 的程序段处执
                                       行,否则执行下一程序段）
G40 G0 X0 Y0;                        （取消刀具半径补偿）
G01 Z5 F500;
G91 G28 Z0;
G91 G28 Y0;
M05;
M09;
M30;
```

实例 7-4 程序 2 编程要点提示：

（1）程序 O7010 是自下而上铣削矩形型腔倒 *R*5mm 圆角的宏程序应用代码。

（2）注意比较程序 O7009 和程序 O7010 两种不同铣削方式的程序代码的微小区别。其余编程要点提示见程序 O7009 编程要点提示。

7.4.4　本节小结

本节通过实例 7-4 矩形型腔轮廓倒圆角铣削的加工，介绍了多元素轮廓倒角的宏程序编程的基本思路。多元素轮廓倒圆、倒角加工在程序代码要比单元素轮廓倒圆、倒角要相对复杂些，这是由多元素轮廓决定的，而不是由编程的思路和算法决定的。

本节介绍的多元素轮廓倒角（倒圆）的编程思路和编程算法是最基本的编程思想。数控系统提供了最有效的编程指令 G10（可编程参数指令）对解决多元素倒角类工件的铣削加工具有独特的优势。由于本书编写的思想是数控铣宏程序入门书籍，因此不过多涉及像 G10、系统变量、宏程序四轴定位加工、四轴联动加工等相关的知识，读者如感兴趣可以参考相关的书籍。

7.4.5　本节习题

编程题：

① 根据图 7-23 所示零件，材料为 45 钢，编写矩形型腔棱边四周倒斜角 *C*5 铣削加工的宏程序代码。

② 合理选用刀具和切削用量，合理设计算法，画出程序设计流程框图。

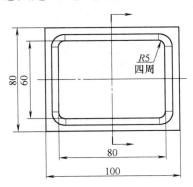 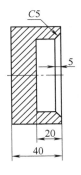

图 7-23　习题零件图（*C*5 倒角）

7.5　本章小结

倒角类零件的加工，对于单元素倒角编程的关键：根据零件加工图合理建立数学模型，利用数学知识构建变量之间的变化规律，找出各个变量之间的关系表达式，根据零件加工要求计算出刀位点的位置，并合理设置进给方式；在倒角类零件加工中，进给方式一般有"自下而上"和"自上而下"两种方式，在加工中根据实际情况合理选择。

多元素倒角可以借鉴单元素倒角的编程思路和基本算法，但由于多元素轮廓的复杂性要远远大于单元素轮廓，因此变量的数量和编写的宏程序代码要复杂些，FANUC 系统提供的可编程参数指令 G10（即通过改变半径补偿值改变加工轮廓的实际大小以若干个轮廓线代替轮廓曲面）是解决多元素倒角、倒圆的利器，由于本书是数控铣宏程序入门书籍，不过多涉及像 G10 等相关指令的用法，读者如感兴趣可以参考相关的书籍。

7.6　本章习题

编程题：

① 根据图 7-24 所示零件，材料为 45 钢，编写型腔上棱边倒斜角和型腔锥度四周侧面铣削加工的宏程序代码。

② 合理选用刀具和切削用量，合理选用变量和设计算法，画出程序设计流程框图。

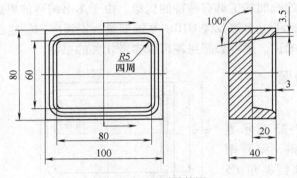

图 7-24　习题零件图

第 8 章

数控铣宏程序的圆柱面、斜面加工

本章内容提要

　　数控铣加工中经常需要用到 G17、G18、G19 等平面选择指令，一般加工平面默认为 G17 平面（X、Y 平面）进行加工的（本书前几章宏程序应用实例均建立在 G17 平面上），而实际加工中加工平面不是默认的 G17 平面的，可能需要使用 G18 和 G19 平面选择指令。

　　本章通过铣削 G18 平面上的圆柱面、1/4 圆弧面、45°斜面以及椭圆面加工的宏程序应用实例，叙述加工平面不在默认平面（G17 平面）中的圆弧、斜面、椭圆面等加工型面宏程序的编程思路和方法。

　　第 7 章中详细叙述了各类零件斜角铣削的宏程序编程及其算法，在此基础上，通过铣削圆弧面和其他类型斜面的宏程序应用实例，进一步提高编制此类零件宏程序的能力。

8.1 实例 8-1：铣削 G18 平面圆柱面的宏程序应用实例

8.1.1 零件图以及加工内容

　　加工图 8-1 所示零件，在 G18 坐标平面铣削一个半径为 50mm 半圆弧形状的轮廓，铣削厚度为 60mm，材料为 45 钢。要求编写数控铣削 G18 平面加工半圆弧的宏程序代码。

8.1.2 零件图的分析

　　本实例毛坯尺寸为 100mm（X 方向）×90mm（Z 方向）×60mm（Y 方向），加工和编程之前需要考虑以下方面内容：

　　（1）机床的选择：该实例要求在 G18 平面上铣削半圆轮廓，根据毛坯以及

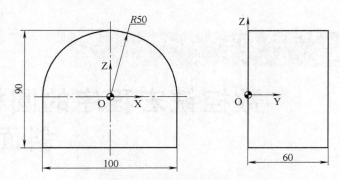

图 8-1 零件加工图（铣削 *R*50 圆弧轮廓）

加工图样的要求宜采用铣削加工，选择 FANUC 系统数控铣床。

（2）装夹方式：从加工零件的形状来分析，可以采用机用虎钳的方式装夹（或专用夹具装夹），装夹时要保证零件水平竖直放置。考虑到铣削深度为 60mm（Z 方向），因此在装夹时保证毛坯伸出机用虎钳高度 65～70mm。

（3）刀具的选择：该零件在实际加工中可以先采用圆角 *R* 铣刀进行粗加工，然后用球刀进行精加工。在本实例中为了叙述的方便，进行了简化，采用 φ10mm 的球刀（作为 2 号刀具）进行精加工。

（4）安装寻边器，确定零件圆弧轮廓中心作为 X 向编程原点。

（5）量具的选择：

① 0～150mm 游标卡尺。

② 0～150mm 游标深度卡尺。

③ *R*50 圆弧样板（用来检验 *R*50 圆弧）。

④ 百分表。

（6）本实例 X、Y 轴方向的编程原点有以下选择方式：

1）X 向选择图 8-1 所示点 O 为编程原点，Y 向（厚度 60mm 方向）编程原点有以下三种选择方式：

① 选择靠近操作人员一侧作为 Y0 位置。

② 选择操作人员的相对侧作为 Y0 位置。

③ 选择零件厚度（厚度为 60mm）的一半作为 Y0 位置。

2）X 向选择圆弧中心，Y 向参见以上所述，利用 G52 建立局部坐标系。

3）Z 向编程原点选择在圆弧的圆心位置。

4）存入 G54 零件坐标系。

综上所述，本实例选择的编程原点为图 8-1 中所示的 O 点。

（7）转速和进给量的确定：

① 粗加工转速为 600r/min，进给量为 150mm/min。

② 精加工转速为 2000r/min，进给量为 800mm/min。

铣削 G18 平面圆弧工序卡见表 8-1。

表 8-1　铣削 G18 平面圆弧工序卡

工序	主要内容	设　备	刀　具	切 削 用 量		
				转速 /(r/min)	进给量 /(mm/min)	背吃刀量 /mm
1	粗加工圆弧轮廓	数控铣床	圆角 R 铣刀	600	150	2
2	精加工圆弧轮廓	数控铣床	φ10mm 球刀	2000	800	0.1

8.1.3　算法以及程序流程框图的设计

1. 算法的设计

（1）本实例利用 G18 平面指令，根据圆弧参数方程以及选用合理变量的需要进行分析：零件半圆轮廓加工起始角度为 0°，终止角度为 180°，设置#100 号变量来控制加工圆弧角度的变化，根据圆参数方程计算出角度对应的 X、Z 轴的值，结合圆弧插补指令或者直线插补指令实现圆弧轮廓的加工。

（2）本实例的半圆轮廓可视为在厚度方向（Y 方向）由无数个半圆拟合而成的图形，可以设置#101 号变量控制 Y 向的变化，在 G18 平面铣削好一个半圆轮廓后，Y 向进给一个步距值，再次铣削一个半圆轮廓，如此循环直到完成整个半圆轮廓的铣削过程。

1）Y 向铣削的进刀方式有"单向往复"铣削模式和"双向往复"铣削模式两种加工方式，下面给予详细的叙述：

"单向往复"铣削模式：刀具进行一次圆弧轮廓的铣削后，X、Z 轴快速退刀至圆弧的加工起点（Z 轴先抬刀至安全平面，然后 X 轴抬刀至上次铣削圆弧加工起点），Y 轴进给一个步距值，为下一次圆弧轮廓的铣削做准备，如此循环，直到满足控制 Y 向循环过程结束的条件（完成整个厚度 60mm 的铣削），退出整个循环过程，零件加工完毕。

"双向往复"铣削模式：刀具进行一次圆弧轮廓的铣削后，不进行 X、Z 轴抬刀至安全平面，而是 Y 轴进给一个步距值，再进行下一次圆弧轮廓的铣削，如此循环直到满足控制 Y 向循环过程结束的条件，退出整个循环过程，零件加工完毕。

2）"单向往复循环"铣削模式在整个铣削过程中始终保持单一的切削方向，可以获得较高质量的加工表面，但整个加工路径较长，加工效率低，适合零件的精加工场合。

"双向往复循环"铣削模式加工路径较短，加工效率高，但是铣削过程中顺铣和逆铣交替进行，铣削力方向突然改变，适合于零件粗加工、半精加工的场合。

2. 程序流程框图设计

根据以上算法设计和分析，规划采用"双向往复循环"铣削模式的铣削刀路轨迹如图 8-2 所示，采用"单向往复循环"铣削模式的铣削刀路轨迹如图 8-3 所示（中间的刀路轨迹不在图中表示），采用"双向往复循环"铣削模式的程序设计流程框图如图 8-4 所示，采用"单向往复循环"铣削模式的程序设计流程框图如图 8-5 所示。

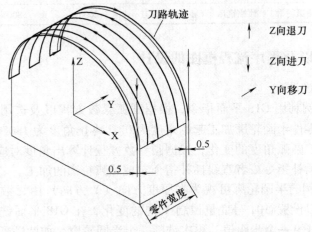

图 8-2 "双向往复循环"刀路轨迹示意图

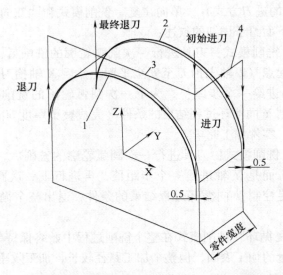

图 8-3 "单向往复循环"刀路轨迹示意图（省略中间刀路轨迹）

1—第 1 条刀路轨迹 2—最后刀路轨迹 3—X 向快速移刀 4—Y 向快速移刀

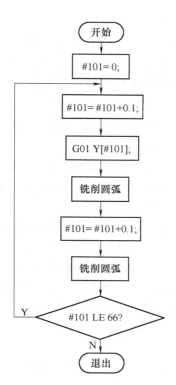

图 8-4　"双向往复循环"铣削程序
设计流程框图

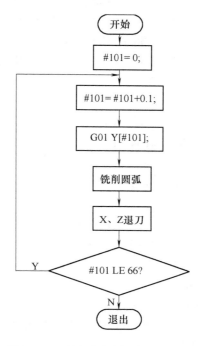

图 8-5　"单向往复循环"铣削程序
设计流程框图

3. 根据算法以及流程框图编写加工的宏程序代码

程序 1：采用"单向往复循环"铣削模式和指定 **G18** 平面指令铣削圆弧轮廓的宏程序代码

```
O8001；
G15 G17 G21 G40 G49 G54 G80 G90；
T2 M06；
G90 G54 G0 X0 Y0；
G0 Z100；
M03 S2000；
#101 = 0；            （设置#101 号变量，控制 Y 向的距离）
#100 = 0；            （设置#100 号变量，控制圆弧的起始
                       角度）
#102 = 180；          （设置#102 号变量，控制圆弧的终止
                       角度）
```

283

#103 = 5;	(刀具半径值)
#104 = [50 + #103] * COS[#100];	(计算圆弧起始的 X 轴的值)
#105 = [50 + #103] * SIN[#100];	(计算圆弧起始的 Z 轴的值)
#106 = [50 + #103] * COS[#102];	(计算圆弧终止的 X 轴的值)
#107 = [50 + #103] * SIN[#102];	(计算圆弧终止的 Z 轴的值)
#108 = 0.1;	(设置#108 号变量,控制 Y 向移动的步距)
N10 G0 Y[#101 - 6];	(Y 轴移动到圆弧加工的起始位置)
G0 X[#104 + 0.4];	(X 轴快速移动到圆弧加工的起始位置)
Z[#105 + 0.5];	(Z 轴快速移动到圆弧加工起始位置上的 0.5mm 处)
G01 Z[#105] F800;	(Z 轴以 G01 方式移动到加工的起点)
G01 Y[#101 - 5.5];	(Y 轴以 G01 方式移动到加工的起点)
G18;	(指定加工平面为 G18 平面)
M08;	(打开切削液)
G1 X[#104];	
G02 X[#106] Z[#107] R[50 + #103];	(在 G18 平面逆时针铣削圆弧)
G17;	(恢复 G17 加工平面)
G0 Z100;	(Z 轴抬刀至安全高度)
X[#104 + 1];	(X 轴快速移动至圆弧加工起始位置 1mm 处)
#101 = #101 + #108;	(Y 向增加一个步距值)
IF [#101 LE 66] GOTO 10;	(条件判断语句,若#101 号变量的值小于或等于 66,则跳转到标号为 10 的程序段处执行,否则执行下一程序段)
M05;	
M09;	
G91 G28 Z0;	
G91 G28 Y0;	
M30;	

实例 8-1 程序 1 编程要点提示:

(1) 程序 O8001 是在指定 G18 坐标平面上完成铣削半圆弧轮廓的宏程序代码,采用"单向往复循环"铣削模式会产生一定的"空切"现象,因此适用于半精加工和精加工。

（2）球头铣刀和根据球刀为基准建立编程数学模型的几点说明：

1）宏程序编程中使用球刀，一般都会选择球刀的球心作为建立数学模型以及数学关系运算的基准，刀路轨迹由零件轮廓偏置刀具半径形成。

2）实际机床操作时，Z轴零点偏置值，以刀尖为基准获得机床的偏置（该偏置值相对于机床Z向位置），根据数学模型计算出来的数值（程序中的数据），是以球刀刀心为基准建立数学模型计算获得的。因此Z轴进给到该程序中相应Z值和实际机床的位置存在一个刀具半径的误差。

解决问题的方法：实际操作机床测量刀具长度时，在获得刀具长度数值基础上，再进行一个刀具半径值的偏置。

（3）程序中设置#104＝[50＋#103]＊COS[#100]、#105＝[50＋#103]＊SIN[#100]、#106＝[50＋#103]＊COS[#102]、#107＝[50＋#103]＊SIN[#102] 四个变量表达式，是根据加工零件轮廓形状和球刀的球心为基准而建立的，其数学模型如图8-6所示，采用三角函数表达式来描述轮廓上刀位点的位置。

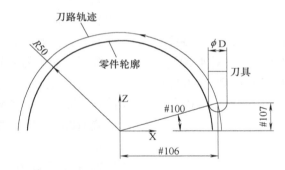

图8-6　基于数学模型建立的轮廓及其刀位点示意图

（4）#101号变量控制Y轴的距离，程序O8001采用的铣削方式为：从Y0.5位置开始，逐渐向Y向的最大值（Y正方向）慢慢逼近而形成铣削刀路轨迹，其中逼近的方向和编程原点（Y向零点）选择有关。

（5）#108号变量控制Y向逼近的步距值，在实际加工中兼顾加工表面的质量和加工效率的要求，合理确定#108号变量的大小，其值越大，加工效率越高，加工表面质量越差；其值越小，效果相反，但其值也不能太小。

Y向的步距确定，以Y向最大距离要能够整除#108号变量值为佳，否则产生不等步距进给的情况。

（6）机床默认的加工平面为G17平面，在切换和指定G18或G19加工平面结束后，建议（而不是规定）恢复机床默认的（G17）加工平面。

（7）其中语句G0 Y[#101－6]中的#101－6和IF［#101 LE 66］GOTO 10

中的作用：使刀具切入和退出零件时沿着零件的法向延长线方向。

程序 2：采用"双向往复循环"铣削模式和指定 G18 指令铣削圆弧轮廓的宏程序代码

```
O8002;
G15 G17 G21 G40 G49 G54 G80 G90;
T2 M06;
G0 G90 G54 X0 Y0;
G90 G43 G0 Z100 H02;
M03 S2000;
#101 = 0;                           （设置#101 号变量,控制 Y 向的距离）
#100 = 0;                           （设置#100 号变量,控制圆弧的起始
                                      角度）
#102 = 180;                         （设置#102 号变量,控制圆弧的终止
                                      角度）
#103 = 5;                           （刀具半径值）
#104 = [50 + #103] * COS[#100];     （计算圆弧起始的 X 轴的值）
#105 = [50 + #103] * SIN[#100];     （计算圆弧起始的 Z 轴的值）
#106 = [50 + #103] * COS[#102];     （计算圆弧终止的 X 轴的值）
#107 = [50 + #103] * SIN[#102];     （计算圆弧终止的 Z 轴的值）
#108 = 0. 1;                        （设置#108 号变量,控制 Y 向移动的
                                      步距）
G0 X[#104];                         （X 轴快速移动到圆弧加工的起始
                                      位置）
G0 Z[#105 + 0. 5];                  （Z 轴快速移动到圆弧加工起始位置
                                      上的 0.5mm 处）
G01 Z[#105] F800;                   （Z 轴以 G01 方式移动到加工的起点）
G00 Y[#101 - 5. 5];                 （Y 轴快速移动至圆弧加工的起点位
                                      置下 5.5mm 位置）
N10 #101 = #101 + #108;             （Y 向增加一个步距的值）
G18;                                （指定加工平面为 G18 平面）
M08;                                （打开切削液）
G01 Y[#101 - 5];                    （Y 轴移动到圆弧加工的起始位置）
G02 X[#106] Z[#107] R[50 + #103];   （在 G18 平面逆时针铣削圆弧）
#101 = #101 + #108;                 （Y 向增加一个步距的值）
```

G01 Y［#101］F800；	（Y 轴移动到圆弧加工的起始位置）
G03 X［#104］Z［#105］R［50＋#103］；	（在 G18 平面逆时针铣削圆弧）
G17；	（恢复 G17 加工平面）
M09；	（关闭切削液）
IF［#101 LE 66］GOTO 10；	（条件判断语句，若#101 号变量的值小于或等于 66，则跳转到标号为 10 的程序段处执行，否则执行下一程序段）
G17；	（恢复 G17 加工平面）
G90 G0 Z500；	（Z 轴抬刀值安全高度）
M05；	（关闭切削液）
G91 G28 Z0；	
G91 G28 Y0；	
M30；	

实例 8-1 程序 2 编程要点提示：

本程序 O8002 是指定 G18 平面指令并采用"双向往复循环"铣削模式铣削半圆弧轮廓的宏程序代码，该程序和程序 O8001 的区别是由铣削模式的不同而造成的。

程序 3：采用"单向往复循环"铣削模式，在 G18 平面上采用直线拟合铣削的宏程序代码

O8003；	
G15 G17 G21 G40 G49 G54 G80 G90；	
T2 M06；	
G0 G90 G54 X55 Y0；	
G0 Z100；	
M03 S2000；	
#101＝0；	（设置#101 号变量，控制 Y 向的距离）
#100＝0；	（设置#100 号变量，控制圆弧的起始角度）
#102＝180；	（设置#102 号变量，控制圆弧的终止角度）
#103＝5；	（刀具半径值）
#108＝0.2；	（设置#108 号变量，控制 Y 向移

	（动的步距）
#109 = 1；	（设置#109 号变量，控制角度的变化）
G18；	（指定加工平面为 G18 平面）
N10 G0 X55；	（X 轴快速移动到圆弧加工起始位置）
#101 = #101 + #108；	（Y 向增加一个步距的值）
#105 = [50 + #103] * SIN[#100]；	（计算程序中 Z 的坐标值）
G0 Z[#105 + 0.5]；	（Z 轴快速移动到圆弧加工起始位置上的 0.5mm 处）
G01 Z[#105] F800；	（Z 轴以 G01 方式移动到加工的起点）
G00 Y[#101 − 5.5]；	（Y 轴快速移动到距圆弧加工起点 5.5mm 位置）
M08；	（打开切削液）
G01 Y[#101 − 5]；	（Y 轴移动到圆弧加工的起始位置）
N20 #104 = [50 + #103] * COS[#100]；	（计算程序中 X 轴的坐标值）
#105 = [50 + #103] * SIN[#100]；	（计算程序中 Z 轴的坐标值）
G01 X[#104] Z[#105]；	（在 G18 平面直线拟合半圆）
#100 = #100 + #109；	（角度变量增加#109 号变量的值）
IF [#100 LE #102] GOTO 20；	（条件判断语句，若#100 号变量的值小于或等于#102，则跳转到标号为 20 的程序段处执行，否则执行下一程序段）
G90 G0 Z150；	（Z 轴抬刀）
#100 = 0；	（#100 号变量重新赋值）
IF [#101 LE 66] GOTO 10；	（条件判断语句，若#101 号变量的值小于或等于 66，则跳转到标号为 10 的程序段处执行，否则执行下一程序段）
G17；	（恢复 G17 加工平面）
M09；	（关闭切削液）
G90 G0 Z500；	（Z 轴抬刀至安全高度）

M05；　　　　　　　　　　　　　　（主轴停止）

G91 G28 Z0；

G91 G28 Y0；

M30；

实例 8-1 程序 3 编程要点提示：

（1）程序 O8003 和程序 O8002 都是指定 G18 平面指令，采用"单向往复循环"铣削模式铣削半圆弧轮廓的宏程序代码。

（2）程序 O8003 和程序 O8001 区别在于：程序 O8001 是利用数控系统提供的圆弧插补指令完成圆弧轮廓的铣削，而程序 O8003 是利用直线插补指令（G01），即直线拟合的方式完成圆弧轮廓的铣削过程。

8.1.4　本节小结

1）本节通过铣削 G18 平面半圆弧形状轮廓的宏程序应用实例，详细叙述此类零件的编程算法和编程思路。解决此类零件编程的关键：需要建立合理的数学模型，根据模型计算出刀位点的数学表达式。

2）本节所述的编程思路和算法，不局限于 G18 平面和圆弧轮廓的铣削加工场合，对 G17、G19 加工平面中各种型面的加工具有一定的参考价值。

3）关于编程原点的选择：在实际加工中（加工型面比较复杂），可以采用局部坐标系 G52 建立局部坐标系，将编程原点偏置至 X、Z 圆弧的圆心位置，而Y 向编程零点的选择，可以根据实际情况酌情考虑。

4）本节实例 O8001、O8002、O8003 的程序代码适用于半精加工或精加工场合。

8.1.5　本节习题

（1）比较采用不同平面指令 G17、G18 和 G19 铣削零件轮廓的异同点。

（2）采用 WHILE 循环语句和调用子程序方式，编写实例 8-1 的宏程序代码。

（3）编程题：

① 根据图 8-7、图 8-8 所示的零件，材料为 45 钢，运用 G18 平面指令编写

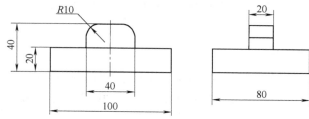

图 8-7　习题零件图（铣削两处 R10 轮廓）

圆弧轮廓加工的宏程序代码。

② 合理选用刀具和切削用量，合理设计算法，画出程序设计流程框图。

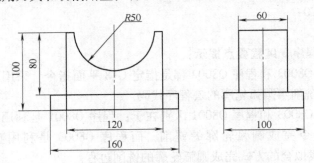

图 8-8　习题零件图（铣削 $R50$ 轮廓）

8.2　实例 8-2：铣削 1/4 圆弧轮廓的宏程序应用实例

8.2.1　零件图以及加工内容

如图 8-9 所示零件，铣削一个 1/4 圆弧形状的轮廓，圆半径为 30mm，Y 向铣削宽度为 50mm，材料为 45 钢。要求编写数控铣削 1/4 圆弧轮廓的宏程序代码。

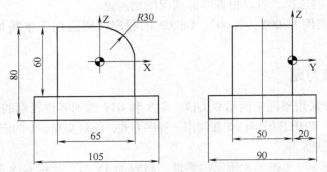

图 8-9　零件加工图（加工 $R30$ 圆弧轮廓）

8.2.2　零件图的分析

该毛坯尺寸为 105mm（X 向）×80mm（Z 向）×90mm（Y 向），需要铣削该零件凸台一角 1/4 圆弧形状的轮廓，加工和编程之前需要考虑以下方面内容：

（1）机床的选择：选择 FANUC 系统数控铣床。

（2）装夹方式：宜采用机用虎钳方式或专用夹具的方式装夹零件，用机用虎钳夹住零件长方体底座，装夹时要保证零件水平竖直放置。

（3）刀具的选择：实际加工中可以先采用 R 角圆鼻铣刀进行粗加工，然后用球刀进行精加工。在本实例中为了叙述的方便，进行了简化，采用 $\phi10$mm（作为 2 号刀具）的四刃平底立铣刀。

（4）安装寻边器，确定零件 Z 向的零点为圆弧的中心，设置零点偏置。

（5）量具的选择：

① 0~150mm 游标卡尺。

② 0~150mm 游标深度卡尺。

③ R30 圆弧样板（用来检验 R30 圆弧）。

④ 百分表。

（6）编程原点的选择：本实例 X 向选择圆弧的中心为编程原点，Y 向编程原点选择在靠近操作人员一侧，Z 向编程原点选择在圆弧的中心，存入 G54 零件坐标系。

（7）转速和进给量的确定：

① 粗加工的转速为 600r/min，进给量为 150mm/min。

② 精加工的转速为 2000r/min，进给量为 800mm/min。

铣削一个 1/4 圆弧轮廓工序卡见表 8-2。

表 8-2　铣削一个 1/4 圆弧轮廓工序卡

工序	主要内容	设　备	刀　具	切　削　用　量		
				转速 /（r/min）	进给量 /（mm/min）	背吃刀量 /mm
1	粗加工圆弧轮廓	数控铣床	圆鼻铣刀	600	150	2
2	精加工圆弧轮廓	数控铣床	$\phi10$mm 球刀	2000	800	30 * SIN[1]

8.2.3　算法以及程序流程框图的设计

1. 算法的设计

（1）本实例要求铣削一个 1/4 圆弧面的宏程序应用实例，要求铣削圆弧半径为 30mm，铣削圆弧宽度为 50mm。显然，实例 8-2 和实例 8-1 具有相似之处，都可以借鉴 G17 平面采用直线插补来拟合非直线轮廓的加工思路，都属于常见圆弧类型面的加工。

（2）本实例的编程算法和思路可以参考实例 8-1，在此再介绍另一种编程算法和思路。

（3）实例 8-2 所示零件的圆弧可以看做无数条直线拟合而成图形的集合，图形中任意两条直线的位置关系需要满足圆方程：$X^2 + Z^2 = 30^2$。根据圆弧上任意一点两个分量之间的内在关系，可以建立图 8-10 所示的数学模型。

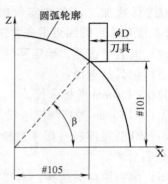

（4）根据图 8-10 所示的数学模型，设置#100 号变量控制圆弧角度 β 的变化，利用三角函数关系式计算角度#100 对应刀位点的两个分量值（X 值和 Z 值），在程序用#101 号变量表示 Z 值，#105 号变量表示 X 值。X、Y、Z 轴移动至铣削加工的起始位置，铣削一条直线，采用"双向往复循环"铣削模式，Z 轴移动至下一条直线 Z 向位置，再次铣削下一条直线，如此往复完成 1/4 圆弧的铣削。

图 8-10　铣削 1/4 圆弧的数学模型示意图

（5）形成刀路轨迹的铣削模式选择有"单向往复循环"和"双向往复循环"两种方式（8-1 实例中已作介绍）；完成 Y 向整个厚度的加工方式有"自下而上"和"自上而下"两种铣削模式，详见实例 7-1 算法设计中所述。

2. 程序流程框图设计

根据以上算法设计和分析，规划"双向往复循环"铣削刀路轨迹如图 8-11 所示，"单向往复循环"铣削刀路轨迹如图 8-12 所示（中间的刀路轨迹不在图中表示），请注意这两种刀路形式的区别；"双向往复循环"铣削的程序设计流程框图如图 8-13 所示，"单向往复循环"铣削的程序设计流程框图如图 8-14 所示，请注意这两种流程框图的区别。

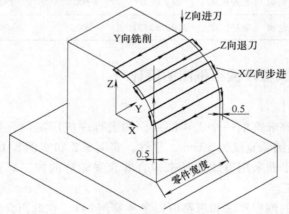

图 8-11　"双向往复循环"刀路轨迹示意图

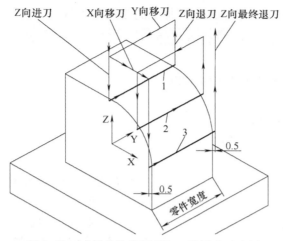

图 8-12　"单向往复循环"刀路轨迹示意图

1—第 1 条刀路轨迹　2—中间刀路轨迹　3—最终刀路轨迹

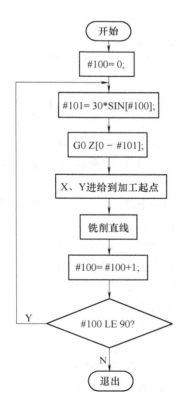

图 8-13　"双向往复循环"铣削程序
设计流程框图

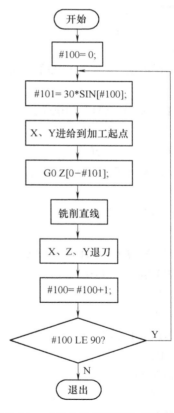

图 8-14　"单向往复循环"铣削程序
设计流程框图

293

3. 根据算法以及流程框图编写加工的宏程序代码

程序1："单向往复"模式铣削1/4圆弧宏程序代码

```
O8004;
G15 G17 G21 G40 G49 G54 G80 G90;
T2 M06;
G0 G90 G54 X0 Y0;
G0 G90 G43 Z100 H02;
M03 S2000;
#100 = 0;
```
（设置#100号变量,控制圆弧的起始角度）

```
#102 = 90;
```
（圆弧终止角度）

```
#103 = 5;
```
（设置#103号变量,刀具半径值）

```
#104 = 30;
```
（设置#104号变量,圆弧的半径）

```
#108 = 1;
```
（设置#108号变量,角度步距）

```
G0 X30.5;
```
（X轴移动至X30.5处）

```
Y - 5.5;
```
（Y轴移动至加工起点0.5mm处）

```
N10 #101 = [30 + #103] * SIN[#100];
```
（计算#101号变量的值,刀位点Z的值）

```
#105 = 30 * COS[#100];
```
（计算#105号变量的值,刀位点X的值）

```
G0 Z[#101 - 30];
```
（Z轴移动相应的铣削深度）

```
G00 X[#105 + #103 + 1];
```
（X轴快速移动至距圆弧加工起点1mm处）

```
Y[- #103 - 0.5];
```
（Y轴快速移动至距圆弧加工起点0.5mm处）

```
G01 X[#105 + #103] F200;
```
（X轴进给至圆弧加工起点）

```
G90 G01 Y[#103 + 0];
```
（Y轴进给圆弧加工起点）

```
G91;
```
（转换为增量方式编程）

```
M08;
```
（打开切削液）

```
G91 G01 Y72 F800;
```
（铣削直线）

```
G90;
```
（转换为绝对值方式编程）

```
G0 Z100;
```
（Z轴抬刀至安全高度）

```
Y - 5.5;
```
（Y轴移动至Y - 5.5处）

```
M09;
```
（关闭切削液）

```
#100 = #100 + #108;
```
（角度依次增加#108号变量的值）

IF［#100 LE #102］GOTO 10；　　　　　（条件判断语句,若#100 号变量的值
　　　　　　　　　　　　　　　　　　　　　小于或等于#102,则跳转到标号
　　　　　　　　　　　　　　　　　　　　　为 10 的程序段处执行,否则执行
　　　　　　　　　　　　　　　　　　　　　下一程序段）

M05；　　　　　　　　　　　　　　　　（主轴停止）

G91 G28 Z0；

G91 G28 Y0；

M30；

实例 8-2 程序 1 编程要点提示：

（1）程序 O8004 是采用"自下而上"加工方法和"单向往复循环"铣削模式铣削 1/4 圆弧轮廓的宏程序代码。

（2）此程序的编程思路：Z 轴进刀至铣削的深度，X 轴进给到加工的起始位置，Y 轴沿 Y0 点的位置向 Y 正方向铣削（直线插补），铣削直线完毕后，Z 轴先抬刀至安全平面，X 轴进给到下一个步距起始位置，Z 轴再次进刀至相应的高度，Y 向进给一次铣削，任意层 Z、X 轴进刀轨迹点的坐标值均符合圆方程函数关系。

（3）程序采用的是平底立铣刀进行铣削圆弧的加工，在实际加工中平底立铣刀一般用于毛坯的粗加工（精加工会和轮廓发生干涉）。本实例为了叙述方便，采用平底立铣刀进行圆弧的精加工，但该程序的编程方法可以应用于实际加工。

（4）语句 G01 X［#105 + #103］是指：采用刀心编程时需要将程序中所有的 X 值向右偏置一个刀具半径的值。

如果采用球刀进行铣削加工，#101、#105 号变量的表达式要相应发生改变，参见以下表达式：#101 =［30 + #103］* SIN［#100］、#105 =［30 + #103］* COS［#100］，而程序 Z 值也要发生相应的改变，修改为 G0 Z［#105 - #103］。编程时根据球刀的特点和加工轮廓的形状，结合数学模型来分析上述发生的变化。

（5）该程序应用于实际加工需要进行刀补处理或坐标系的 Z 向需要偏置圆弧半径值。

程序 2：采用"双向往复循环"铣削模式铣削 1/4 圆弧轮廓的宏程序代码

O8005；

G15 G17 G21 G40 G49 G54 G80 G90；

T2 M06；

G0 G90 G54 X0 Y0；

G0 Z100；

M03 S2000；

#100 = 0；	（设置#100 号变量,控制圆弧的起始角度）
#102 = 90；	（圆弧终止角度）
#103 = 5；	（设置#103 号变量,刀具半径值）
#104 = 30；	（设置#104 号变量,圆弧的半径）
#108 = 1；	（设置#108 号变量,角度步距）
G0 X35.5；	（X 轴移动至 X35.5mm 处）
Y - 5.5；	（Y 轴移动至加工起点）
N10 #101 = 30 * SIN[#100]；	（计算#101 号变量的值,刀位点的 Z 值）
#105 = [30 + #103] * COS[#100]；	（计算#105 号变量的值,刀位点的 X 值）
G0 Z[#101 - 30]；	（Z 轴移动相应的铣削深度）
G00 X[#105 + #103 + 1]；	（X 轴快速移动至距圆弧加工起点 1mm 处）
G01 X[#105 + #103] F200；	（X 轴进给至距圆弧加工起点）
G90 G01 Y[#103 + 0.5]；	（Y 轴进给圆弧加工起点）
G91；	（转换为增量方式编程）
M08；	（打开切削液）
G91 G01 Y[2 * #103 + 60.5] F100；	（X 轴进给到圆弧加工的起始位置）
G90；	（转换为绝对值方式编程）
#100 = #100 + #108；	（角度依次增加#108 号变量的值）
#101 = 30 * SIN[#100]；	（计算#101 号变量的值,刀位点 Z 的值）
#105 = [30 + #103] * COS[#100]；	（计算#105 号变量的值,刀位点 X 的值）
G90 G0 Z[#101 - 30]；	（Z 轴移动相应的铣削深度）
G90 G00 X[#105 + #103 + 1]；	（X 轴快速移动至距圆弧加工起点 1mm 处）
G90 G01 X[#105 + #103] F200；	（X 轴进给至距圆弧加工起点）
G91；	（转换为增量方式编程）
M08；	（打开切削液）
G91 G01 Y - [2 * #103 + 60.5] F800；	（Y 轴进给到圆弧加工的起始位置）
G90；	（转换为绝对值方式编程）
M09；	（关闭切削液）
#100 = #100 + #108；	（角度依次增加#108 号变量的值）
IF [#100 LE #102] GOTO 10；	（条件判断语句,若#100 号变量的值小于或等于#102,则跳转到标号为 10 的程序段处执行,否则执行下一程序段）
M05；	（主轴停止）
G91 G28 Z0；	
G91 G28 Y0；	

M30；

实例 8-2 程序 2 编程要点提示：

（1）程序 O8005 是采用"自下而上"加工方式和"双向往复循环"铣削模式铣削 1/4 圆弧轮廓的宏程序代码。

（2）程序 O8005 和程序 O8004 的区别在于：程序 O8004 是"单向往复循环"铣削模式铣削 1/4 圆弧宏程序代码，铣削一个循环后，X、Y、Z 轴都具有抬刀和快速移动的运动，会造成一定的"空切"现象；程序 O8005 是"双向往复循环"铣削模式铣削 1/4 圆弧宏程序代码，铣削一层后，Z 轴进给到下一层深度继续进行铣削，Z 轴没有抬刀至安全平面，X 轴也没有横跨运动，提高了加工效率。

8.2.4　本节小结

（1）本节通过铣削一个 1/4 圆弧轮廓的宏程序应用实例，详细分析了其编程的思路和方法。实例 8-2 程序的编程逻辑和实例 8-1 在本实质上是一致，但在具体的逻辑运算上又有不同之处。严格意义上说，实例 8-2 的程序更具有通用性，它的编程逻辑方法不但适用于圆弧加工，对于各类斜面、倒角以及各种不规则曲面的加工，都具有一定的参考和借鉴作用。

（2）实例 8-2 程序的编程方法不但适用于零件的精加工，也适用于毛坯的粗加工。在实际加工中，实例 8-2 程序所述的编程逻辑和思路用于毛坯的粗加工，而实例 8-1 程序编程的逻辑思路用于半精加工以及精加工，将两种方法结合起来，就能充分发挥宏程序在圆弧面、斜面以及各类不规则曲面加工编程中的应用水平。

8.2.5　本节习题

（1）仔细比较实例 8-1 和实例 8-2 这两个程序中的编程算法和编程思路的异同点。

（2）采用 WHILE（循环语句）改写实例 8-2 的宏程序代码。

（3）采用"自上而下"加工方法和铣削模式编写实例 8-2 的宏程序代码。

（4）编程题：

① 根据图 8-15 ~ 图 8-17 所示零件，材料为 45 钢，编写圆弧轮廓或者型面加工的宏程序代码。

② 合理选用刀具和切削用量，合理设计算法，画出程序设计流程框图，注意需要合理选择编程坐标系的原点。

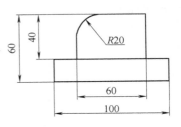

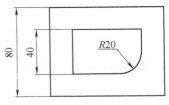

图 8-15　习题零件图
（加工 2 处 R20 圆弧轮廓）

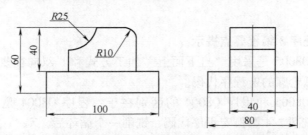

图 8-16　习题零件图（加工 1 处 R25 和 1 处 R10 圆弧轮廓）

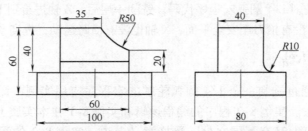

图 8-17　习题零件图（加工 1 处 R50 和 1 处 R10 圆弧轮廓）

8.3　实例 8-3：铣削 45°斜面的宏程序应用实例

8.3.1　零件图以及加工内容

加工图 8-18 所示的零件，在其凸台上铣削一个 45°斜面（斜角），斜面尺寸为 10mm×10mm，角度为 45°，材料为 45 钢。要求编写数控铣削 C10mm 斜面的宏程序代码。

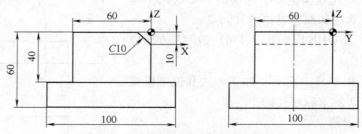

图 8-18　零件加工图（铣削 45°斜角）

8.3.2　零件图的分析

本实例毛坯尺寸为 100mm（长度，X 向）×100mm（宽度，Y 向）×60mm（高度，Z 向），其中铣削斜面宽度为 60mm，方向为 Y 向，加工和编程之前需要考虑以下方面内容：

（1）机床的选择：FANUC 系统数控铣床。

（2）装夹方式：采用机用虎钳方式或专用夹具方式装夹零件。

（3）刀具的选择：该零件在实际加工中可以先采用底面 R 角的圆鼻铣刀进行粗加工，然后用球刀进行精加工。本实例中为了叙述的方便，进行了简化，采用 ϕ10mm（2 号刀具）的立铣刀。

（4）安装寻边器，确定零件 Z 向零点为 45°斜面的顶面（毛坯的上表面），设置零点偏置。

（5）量具的选择：

① 0～150mm 游标卡尺。

② 0～150mm 游标深度卡尺。

③ 45°斜面样板（用来检验 45°斜面）。

④ 百分表。

（6）编程原点的选择：

1）X、Y 轴的编程原点选择：左侧斜面的端点或者右侧斜面的端点。

2）Z 轴编程原点选择在零件上表面。

3）存入 G54 零件坐标系。

本实例 X、Y 向编程原点选择斜面的右侧端点，Z 向编程原点选择零件的上表面处，如图 8-18 所示。

（7）转速和进给量的确定：

① 粗加工转速为 600r/min，进给量为 150mm/min。

② 精加工转速为 2000r/min，进给量为 800mm/min。

铣削 C10mm 斜面工序卡见表 8-3。

表 8-3　铣削 C10mm 斜面工序卡

工序	主要内容	设　备	刀　具	切 削 用 量		
				转速 /（r/min）	进给量 /（mm/min）	背吃刀量 /mm
1	精加工斜面轮廓	数控铣床	ϕ10mm 立铣刀	2000	800	0.1

8.3.3　算法以及程序流程框图的设计

1. 算法的设计

（1）本实例 8-3 和实例 8-2 只是加工型面的类型不同，其编程的算法和思路相似，同时本实例和第 7 章孔口倒角 45°实例也具有相似之处，可以将它们对照阅读。

（2）斜面可以看做无数条直线集合而成的斜面，其中任意两条直线均满足斜率为 45°的一次函数关系，根据加工图形和刀具之间关系可以建立图 8-19 所示的数学模型，采用数学表达式表示刀位点之间的关系。

（3）根据图 8-19 所示的数学模型可知，设#100
号变量控制斜面的角度，本实例中斜面斜角为 45°，
因此#100 号变量值为 45°；设置#102 号变量（Z 向）
为自变量，#101 号变量（X 向）为因变量，这样铣
削宽度随着铣削深度的变化而变化，它们之间的关系
可表达为#101 = #102 * TAN[#100]，深度作为铣削过
程循环结束的控制条件，即采用语句 IF［#102 LE
10］GOTO n 控制整个铣削的循环过程。

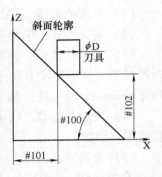

图 8-19　铣削 C10mm 斜面
数学模型示意图

（4）本实例斜面的斜率是 45°，其截面图形为等
腰直角三角形，显然铣削该斜面的深度变化和宽度变
化是一致的。下面根据这一特性介绍另外一种编程的思路：

铣削之前确定好总的铣削层数，设置#100 号变量控制铣削总的层数，设置
#102 号变量控制每层铣削深度（Z 向）的变化量，该方向的余量除以总铣削层数
的语句为#102 = 10/#100；设置#101 号变量控制宽度（X 向）变化量，该方向的
余量除以总铣削层数的语句为#101 = 10/#100。

该编程思路具有较强的通用性，不但适用于任意斜率的斜面加工，而且对于圆
弧面、斜面、圆弧和斜角过渡面以及圆弧与圆弧过渡面等铣削加工都具有借鉴作用。

2. 程序流程框图设计

根据以上算法设计和分析，规划"双向往复循环"铣削模式的铣削刀路轨迹
如图 8-20 所示，"单向往复循环"铣削模式的铣削刀路轨迹如图 8-21 所示（中间
的刀路轨迹不在图中表示），"双向往复循环"铣削模式的程序设计流程框图如
图 8-22所示，"单向往复循环"铣削模式的程序设计流程框图如图 8-23 所示。

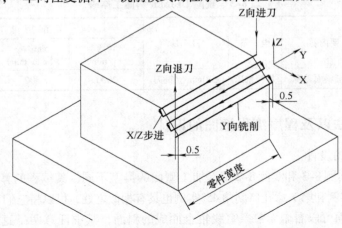

图 8-20　"双向往复循环"刀路轨迹示意图

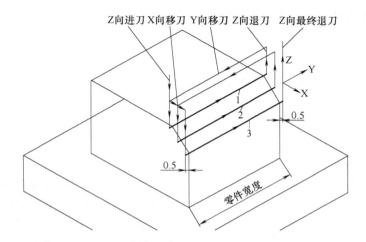

图 8-21　"单向往复循环"刀路轨迹示意图

1—第 1 条刀路轨迹　2—中间刀路轨迹　3—最终刀路轨迹

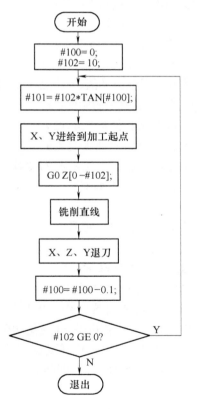

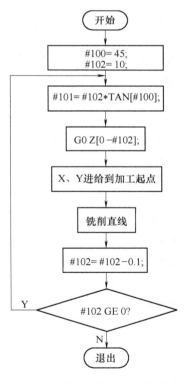

图 8-22　"双向往复循环"铣削程序
设计流程框图

图 8-23　"单向往复循环"铣削程序
设计流程框图

3. 根据算法以及流程框图编写加工的宏程序代码

程序 1：采用"单向往复循环"铣削模式铣削 *C*10mm 斜面的宏程序代码

```
O8006;
G15 G17 G21 G40 G49 G54 G80 G90;
T2 M06;
G0 G90 G54 X0 Y0;
G43 Z100 H02;
M03 S2000;
#100 = 45;                          （设置#100 号变量,控制斜面的角度）
#106 = 60;                          （设置#106 号变量,X 向距离）
#103 = 5;                           （设置#103 号变量,刀具半径值）
#107 = 0;                           （设置#107 号变量,斜面的长度）
#102 = 10;                          （设置#102 号变量,斜面的深度）
#108 = 0.1;                         （设置#108 号变量,Z 向步距）
G0 X6;                              （X 轴移动至 X6 处）
Y − 5.5;                            （Y 轴移动至 Y − 5.5 处）
M08;                               （打开切削液）
N10 #101 = #102 * TAN[#100];        （计算#101 号变量的值,刀位点 Y 的值）
G0 Z[#101 − 10];                    （Z 轴移动相应的铣削深度）
G01 X[0.5 + #103 − #102] F500;      （X 轴进给至斜面加工起点）
G90 G01 Y[− #103] F500;             （Y 轴进给至斜面加工起点）
G90 G01 Y[#103 − #102] F100;        （Y 轴进给到斜面加工的起始位置）
G91;                               （转换为增量方式编程）
G91 G01 Y[2 * #103 + #106 + 1] F800; （铣削斜面）
G90;                               （转换为绝对值方式编程）
M09;                               （关闭切削液）
G0 Z100;                            （Z 轴抬刀至安全高度）
G0 Y − 5.5;                         （Y 轴移动至 Y − 5.5 处）
#102 = #102 − #108;                 （#102 号变量依次减去#108 的值）
IF [#102 GE #107] GOTO 10;          （条件判断语句,若#102 号变量的值大
                                      于或等于#107,则跳转到标号为 10
                                      的程序段处执行,否则执行下一程
                                      序段）

M05;
M09;
```

G91 G28 Z0；

G91 G28 Y0；

M30；

实例 8-3 程序 1 编程要点提示：

（1）程序 O8006 采用"单向往复循环"铣削模式，铣削 C10mm 斜面的宏程序代码，该程序的编程思路：根据数学模型计算出刀位点值，然后由 Y0 向 + Y 方向进行直线插补，通过条件控制语句 IF［#102 GE #107］GOTO 10 实现整个斜面的铣削。

（2）编程的方式采用刀心编程和轮廓编程。

刀心编程直接计算轮廓上刀位点的坐标值；轮廓编程需要利用数控系统自带的 G41 或 G42 刀具半径补偿功能，使数控系统自动偏置一个刀具半径，实现实际轮廓和零件轮廓的一致。使用刀具半径补偿功能，提供两点建议：

1）在简单型面（铣削平面、直线（不包括斜线）、键槽等）编程中计算刀位点的坐标值，建议采用刀心编程。原因在于：刀具半径补偿功能使用不当，会导致机床的报警或导致零件的过切（或者欠切）。

2）复杂型面（铣削模具型芯/型腔、圆弧/非整圆、斜线轮廓、过渡变化较大的加工型面等）编程中计算刀位点的坐标值，建议使用刀具半径补偿功能。

本实例中，铣削刀路轨迹为直线，加工型面比较单一，因此采用刀心编程比采用刀具半径补偿功能编程相对简单，参见程序中的语句：G01 X［0.5 + #103 − #102］F500、G91 G01 Y［2 * #103 + #106 + 1］F800，其中#103 号变量控制刀具半径值。

程序 2：采用"双向往复循环"铣削模式铣削 C10mm 斜面的宏程序代码

O8007；

G15 G17 G21 G40 G49 G54 G80 G90；

T2 M06；

G0 G90 G54 X0 Y0；

G90 G43 G0 Z100 H02；

M03 S2000；

#100 = 45；	（设置#100 号变量,控制斜面的角度）
#106 = 60；	（设置#106 号变量,X 向距离）
#103 = 5；	（设置#103 号变量,刀具半径值）
#107 = 10；	（设置#107 号变量,斜面的宽度）
#102 = 0；	（设置#102 号变量,斜面的初始宽度）
#108 = 0.1；	（设置#108 号变量,Z 向步距）
#109 = 2 * #103 + #106 + 1；	（X 向铣削的距离）

G0 X6;	（X轴移动至X6处）
G0 Z5;	（Z轴移动至相应的Z5处）
Y－5;	（Y轴移动至Y－5处）
G01 X5.5 F800;	（X轴移动至X5.5处）
WHILE［#102 LE #107］DO 1;	（循环语句，若#102号变量的值小于或等于#107号变量的值，在WHILE和END 1之间循环，否则跳出循环，执行END 1下一个程序段）
#101 = #102 * TAN［#100］;	（计算#101号变量的值，刀位点的Y值）
G0 Z［#101－10］;	（Z轴移动相应的铣削深度）
G90 G01 X［#103－#102］F100;	（X轴进给至斜面加工起始点）
G91;	（转换为增量方式编程）
G91 G01 Y［#109］F800;	（铣削斜面）
G90;	（转换为绝对值方式编程）
#102 = #102 + #108;	（#102号变量依次加上#108的值）
#109 = －#109;	（#109号变量取负运算）
END 1;	
G90 G0 Z100;	（Z轴抬刀至安全高度）
M05;	
M09;	
G91 G28 Z0;	
G91 G28 Y0;	
M30;	

实例8-3 程序2编程要点提示：

（1）程序O8007是采用"双向往复循环"铣削模式和"自上而下"加工方式，铣削C10mm斜面的宏程序代码。该程序的编程思路：根据数学模型计算刀位点的坐标值，然后由Y0向＋Y方向进行直线插补，通过循环控制语句WHILE［#102 LE #107］DO 1…END 1实现整个斜面轮廓的铣削过程。

（2）其他编程要点提示请参考程序O8001、O8002、O80003、O8004、O8005、O8006编程要点提示部分中的内容。

8.3.4　本节小结

实例8-3通过铣削一个C10mm斜倒角轮廓的宏程序的应用，详细分析其编程的逻辑和思路。铣削C10mm斜面的编程思路和孔口倒45°的编程思路具有相似之处，两者都是将加工的型面看成是图形的集合，这些集合的图形满足一定的函数关系，编程时都是根据数学模型来计算刀位点的坐标值；两者不同的是：铣削斜面是直线插补而成的轮廓，孔口倒角是铣削出整圆形状的轮廓。

实例 8-3 编程的算法和思路不仅适用于斜面、倒角的加工，而且也适用于满足特定函数关系的加工型面。当然，此类零件编程的算法和思路不仅限于本书所介绍的方法，FANUC 数控系统还提供了"可输入编程参数指令（G10）"相关功能和指令，也是解决此类零件最有效的编程方法。

8.3.5　本节习题

（1）比较实例 8-1、实例 8-2 和实例 8-3 编程算法和编程思路的异同点。

（2）采用 WHILE（循环语句）改写实例 8-3 的宏程序代码。

（3）采用"自下而上"铣削模式编写实例 8-3 的宏程序代码。

（4）编程题：

① 根据图 8-24 ~ 图 8-26 所示零件，材料为 45 钢，编写加工各个倒斜角或斜面轮廓的宏程序代码。

② 合理设计算法，画出程序设计流程框图。

③ 合理选择编程原点。

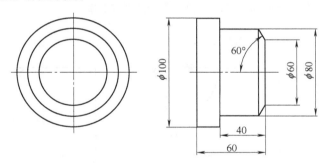

图 8-24　习题零件图（铣削 60°斜面）

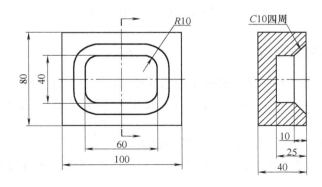

图 8-25　习题零件图（铣削四周 45°斜面）

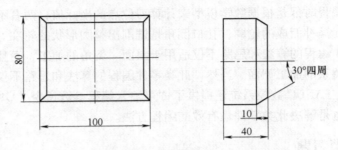

图 8-26　习题零件图（铣削四周的 30°斜面）

8.4　实例 8-4：铣削 1/4 椭圆面的宏程序应用实例

8.4.1　零件图以及加工内容

加工图 8-27 所示零件，铣削一个 1/4 椭圆面的轮廓，椭圆方程为 $X^2/18.9^2 + Z^2/29.9^2 = 1$，即长半轴（Z 轴）为 29.9mm，短半轴（X 轴）为 18.9mm，材料为 45 钢，要求编写数控铣削椭圆面轮廓的宏程序代码。

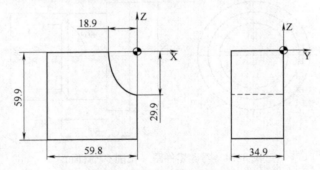

图 8-27　零件加工图（铣削椭圆面轮廓）

8.4.2　零件图的分析

本实例是在长方体一角上铣削出椭圆面轮廓，毛坯尺寸为 59.8mm（X 向）× 59.9mm（Z 方向）× 34.9mm（Y 向），加工和编程之前需要考虑以下方面内容：

（1）机床的选择：FANUC 系统数控铣床。

（2）装夹方式：从加工的零件来分析，可以采用机用虎钳或螺栓、压板方式装夹。

（3）刀具的选择：该零件在实际加工中应该先采用底面 R 角的圆鼻铣刀进行粗加工，然后用球刀进行精加工，而在本实例中为了叙述的方便，进行了简化，采用直径为 10mm（2 号刀具）的立铣刀。

（4）安装寻边器，确定零件 Z 向零点为零件毛坯的上表面，设置零点偏置。

（5）量具的选择：

① 0～150mm 游标卡尺。

② 0～150mm 游标深度卡尺。

③ 椭圆弧样板（用来检验 1/4 椭圆弧）。

④ 百分表。

（6）编程原点的选择：X 向选择在椭圆的中心，Y 向选择零件右上角的端点（椭圆的中心），Z 向选择在零件的上表面，存入 G54 零件坐标系。

（7）转速和进给量的确定：

① 粗加工转速为 600r/min，进给量为 150mm/min。

② 精加工转速为 2000r/min，进给量为 800mm/min。

铣削椭圆面轮廓工序卡见表 8-4。

表 8-4　铣削椭圆面轮廓工序卡

工序	主要内容	设　备	刀　具	切 削 用 量		
				转速 /(r/min)	进给量 /(mm/min)	背吃刀量 /mm
1	精铣椭圆面轮廓	数控铣床	φ10mm 立铣刀	2000	800	29.9 * SIN[1]

8.4.3　算法以及程序流程框图的设计

1. 算法的设计

（1）本实例要求铣削一个 1/4 长半轴为 29.9mm、短半轴为 18.9mm 的椭圆面轮廓，该实例和实例 8-2 在编程的算法和思路上有相似之处。

（2）椭圆面可以看成是由无数条直线组成的图形集合，组成图形集合的直线之间满足椭圆方程函数关系，可以根据加工图形和刀具之间关系建立图 8-28 所示的数学模型，并可以采用数学表达式表示刀位点之间的关系。

（3）根据图 8-28 所示建立的数学模型，设置#100 号变量控制椭圆的角度 θ；由图 8-27 零件图可知，椭圆角度的变化范围为 180°～270°，可见#100 号变量的初始值既可以是 180°，也可以是 270°（这点在后面会进行详细的分析）。

设置#101 号变量控制椭圆上任意一点对应长半轴的值，设置#102 号变量控

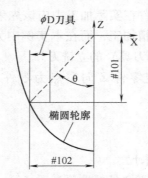

图 8-28　铣削椭圆面数学模型示意图

制椭圆任意一点对应短半轴的值。

（4）椭圆解析方程可以转换为椭圆参数方程，如其解析方程为 $X^2/A^2 + Z^2/B^2 = 1$，则以 θ 为变量的参数方程为 $X = A * COS[\theta]$、$Z = B * SIN[\theta]$。

在数控加工实际编程过程中，需要根据加工零件图建立数学模型，进一步去判断采用椭圆解析方程还是椭圆参数方程。

（5）在本实例中，根据加工零件图以及建立的数学模型，选择椭圆参数方程要比椭圆解析方程方便。

根据椭圆参数方程可知，在图 8-28 所示的数学模型中，可以建立表达式：#101 = [椭圆长半轴的值] * SIN[#100]、#102 = [椭圆短半轴的值] * COS [#100]。

（6）#100 号变量初始值的选择与加工方式有关。在前面的章节，已经阐述过此类零件加工的进刀方式："自下而上"铣削模式和"自上而下"铣削模式（在此仅叙述进刀类型），并进行了详细分析。

在本实例中，采用"自下而上"的进刀铣削模式，#100 号变量赋初始值为 270°；若采用"自上而下"的进刀铣削模式，#100 号变量赋初始值为 180°。

（7）在本实例中，椭圆的角度终止值作为循环结束的判断条件，显然采用不同的进刀铣削模式，循环结束的条件不相同：采用"自下而上"的进刀铣削模式判断语句用 IF [#100 GE 180] GOTO n 控制整个铣削的循环过程；采用"自上而下"的进刀铣削模式判断语句用 IF [#100 LE 270] GOTO n 控制整个铣削的循环过程。

2. 算法流程框图设计

根据以上算法设计和分析，规划"双向往复循环"铣削模式的铣削刀路轨迹如图 8-29 所示，"单向往复循环"铣削模式的铣削刀路轨迹如图 8-30 所示（中间的刀路轨迹不在图中表示），"单向往复循环"铣削模式的程序设计流程框图如图 8-31 所示。

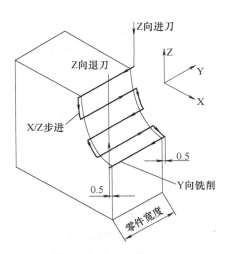

图 8-29　"双向往复循环"
刀路轨迹示意图

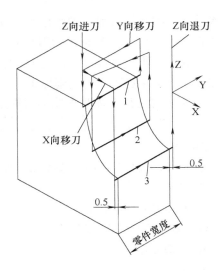

图 8-30　"单向往复循环"
刀路轨迹示意图
1—第 1 条刀路轨迹　2—中间刀路轨迹
3—最终刀路轨迹

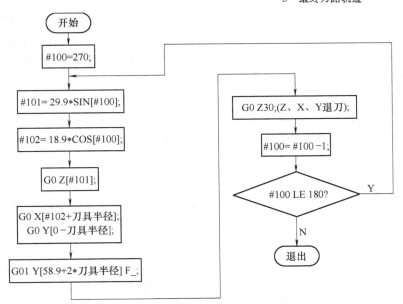

图 8-31　"单向往复循环"铣削模式程序设计流程框图

从以上"双向往复循环"铣削模式刀路轨迹图和"单向往复循环"铣削模式刀路轨迹图比较可知，它们的本质区别在于：双向式刀路铣削一条直线后，X 向再次进给一次步距，重新计算和#100 号变量对应的#101、#102 号变量的值，再次进行直线插补铣削,如此往复完成1/4椭圆面的铣削加工;单向式刀路铣削一条直线后,X、Z、Y轴都抬刀至直线铣削的起点位置(先Z轴抬刀至安全平面,后X、Y轴移动),然后X向再次进给一个步距的值,再铣削一条直线,如此往复完成1/4椭圆面的铣削加工。

3. 根据算法以及流程框图编写加工的宏程序代码

> **程序1:采用"双向往复循环"铣削模式铣削椭圆面的宏程序代码**

```
O8008;
G15 G17 G21 G40 G49 G54 G80 G90;
T2 M06;
G0 G90 G54 X0 Y0;
G43 G90 G0 Z100 H02;
M03 S2000;                          (主轴正转,转速为 2000r/min)
#100 = 270;                         (设置#100 号变量,控制椭圆的角度
                                     变化)
#106 = 34.9;                        (设置#106 号变量,零件宽度)
#103 = 5;                           (设置#103 号变量,刀具半径值)
#107 = 29.9;                        (设置#107 号变量,椭圆长半轴的值)
#105 = 18.9;                        (设置#105 号变量,椭圆短半轴的值)
#108 = 1;                           (设置#108 号变量,角度步距)
G0 X6;                              (X 轴移动至 X6 处)
Y - 5.5;                            (Y 轴移动至 Y - 5.5 处)
N10 #101 = #107 * SIN[#100];        (计算#101 号变量的值,刀位点 Z 的值)
#102 = #105 * COS[#100];            (计算#102 号变量的值,刀位点 X
                                     的值)
M08;                                (打开切削液)
G0 Z[#101];                         (Z 轴移动至相应的铣削深度)
G01 X[#102 + #103] F500;            (X 轴进给至加工的位置)
G90 G01 Y[#106 + 2 * #103 + 1] F150; (Y 轴进给)
#100 = #100 - #108;                 (#100 号变量依次减去#108 的值,角
                                     度减 1°)
#101 = #107 * SIN[#100];            (计算#101 号变量的值,刀位点 Z 的值)
#102 = #105 * COS[#100];            (计算#102 号变量的值,刀位点 X
                                     的值)
G0 Z[#101];                         (Z 轴移动至相应的铣削深度)
G01 X[#102 + #103];                 (X 轴进给至加工的位置,准备 Y 轴
```

　　　　　　　　　　　　　　　　　　　往回铣)

G90 G01 Y[-5.5] F800;　　　　　　　(Y 轴进给圆弧加工起点,Y 轴往回铣)

M09;　　　　　　　　　　　　　　　(关闭切削液)

#100 = #100 - #108;　　　　　　　　(#100 号变量依次减去#108 的值)

IF［#100 GE 180］GOTO 10;　　　　　(条件判断语句,若#100 号变量的值
　　　　　　　　　　　　　　　　　　大于或等于 180,则跳转到标号
　　　　　　　　　　　　　　　　　　为 10 的程序段处执行,否则执行
　　　　　　　　　　　　　　　　　　下一程序段)

M05;

M09;

G91 G28 Z0;

G91 G28 Y0;

M30;

实例 8-4 程序 1 编程要点提示:

(1) 程序 O8008 采用 "双向往复循环" 铣削模式进行铣削椭圆面的宏程序代码,该程序编程思路:通过建立数学模型计算刀位点的坐标值,采用 Y0 向 +Y 方向进行直线插补的铣削方式,通过循环控制语句 IF［#100 GE 180］GOTO 10 实现整个椭圆面的铣削过程。

(2) 实例 8-2 和实例 8-3 的加工型面满足曲线的一次方程,需要计算其中一个坐标轴的值即可;实例 8-4 的加工型面满足曲线的二次方程,需要计算刀位点 X 和 Z 两个坐标轴的值。

(3) 实例 8-4 采用的铣削方式与#100 号变量赋初始值以及条件判断语句有密切的关系。从图 8-27 可知,铣削椭圆面的角度变化范围为 180° ~ 270°,采用 "自下而上" 的进刀铣削方式,角度初始值应为#100 = 270;采用 "自上而下" 进刀铣削方式,角度初始值应为#100 = 180,在编程中应根据实际进刀方式的需要确定该角度的初始值。

程序 2:采用 "单向往复循环" 铣削模式铣削椭圆面的宏程序代码

O8009;

G15 G17 G21 G40 G49 G54 G80 G90;

T2 M06;

G0 G90 G54 X0 Y0;

G43 G90 G0 Z100 H02;

M03 S2000;

#100 = 180;　　　　　　　　　　　　(设置#100 号变量,控制椭圆的角度变化)

#106 = 34.9;　　　　　　　　　　　　(设置#106 号变量,零件宽度)

#103 = 5;	(设置#103 号变量,刀具半径值)
#107 = 29.9;	(设置#107 号变量,椭圆长半轴的值)
#105 = 18.9;	(设置#105 号变量,椭圆短半轴的值)
#108 = 1;	(设置#108 号变量,角度步距)
G0 X6;	(X 轴移动至 X6 处)
Y − 5.5;	(Y 轴移动至 Y − 5.5 处)
N10 #101 = #107 ∗ SIN[#100];	(计算#101 号变量的值,刀位点 Z 的值)
#102 = #105 ∗ COS[#100];	(计算#102 号变量的值,刀位点 X 的值)
M08;	(打开切削液)
G0 Z[#101];	(Z 轴移动至相应的铣削深度)
G01 X[#102 + #103] F500;	(X 轴进给至加工的位置)
G90 G01 Y[#106 + 2 ∗ #103 + 1] F800;	(Y 轴进给)
M09;	(关闭切削液)
G90 G0 Z50;	(Z 轴快速退刀至安全平面)
Y − 5.5;	(Y 轴移动至 Y − 5.5 处)
#100 = #100 + #108;	(#100 号变量依次加上#108 的值)
IF [#100 LE 270] GOTO 10;	(条件判断语句,若#100 号变量的值小于或等于270,则跳转到标号为 10 的程序段处执行,否则执行下一程序段)

```
M05;
M09;
G91 G28 Z0;
G91 G28 Y0;
M30;
```

实例 8-4 程序 2 编程要点提示:

(1) 程序 O8009 采用"单向往复循环"铣削模式和"自上而下"加工方法进行铣削椭圆面的宏程序代码,该程序编程思路:根据数学模型计算刀位点的坐标值,然后采用 Y0 向 + Y 方向直线插补的铣削方式,通过循环控制语句 IF [#100 LE 270] GOTO 10 实现整个椭圆面的铣削过程。

(2) 程序 O8009 与 O8008 的区别在于:程序 O8009 采用"单向往复循环"铣削模式和"自上而下"加工方法铣削椭圆面的宏程序代码;O8008 采用"双向往复循环"铣削模式和"自下而上"加工方法铣削椭圆面的宏程序代码。

(3) 程序 O8009 适用于已经去除大量余量的精加工,不适用于零件的粗加工。其他编程要点提示请参考程序 O8008 编程要点提示部分的内容。

8.4.4 本节小结

实例 8-4 通过铣削一个椭圆面的宏程序应用实例，详细分析其编程的逻辑和思路。铣削椭圆面的编程逻辑和铣削圆角、铣削斜面的编程思路具有相似之处，两者都是将加工的型面看成是简单图形的集合，这些集合图形满足一定的函数关系；两者都需要建立数学模型，计算刀位点的坐标值。唯一不同的是：铣削斜面等型面满足一次曲线的函数关系；而铣削圆弧面、椭圆面、双曲线、抛物线等加工型面满足二次曲线的函数关系。

实例 8-4 的编程算法和编程思路不仅适用于椭圆面轮廓的加工，而且对于双曲线、抛物线、正（余）弦函数线等都具有一定的参考价值，并且加工型面满足特定的函数关系都可以采用该程序的编程算法和编程思路。

8.4.5 本节习题

（1）比较实例 8-1、实例 8-2、实例 8-3、实例 8-4 编程算法和编程思路的异同点。

（2）采用 WHILE（循环语句）改写实例 8-4 的宏程序代码。

（3）编程题：

① 根据图 8-32 所示零件，材料为 45 钢，编写加工椭圆凸台顶部的 45°斜面的宏程序代码。

② 根据图 8-33 所示零件，材料为 45 钢，编写加工椭圆型腔顶部的 45°斜面的宏程序代码，其中椭圆方

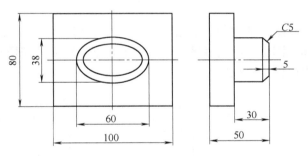

图 8-32　习题零件图（加工椭圆凸台 45°斜面）

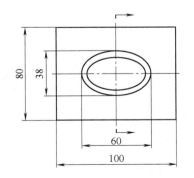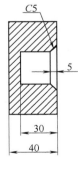

图 8-33　习题零件图（加工椭圆型腔 45°斜面）

程均为 $X^2/30^2 + Y^2/19^2 = 1$。

③ 合理设计算法，画出程序设计流程框图。

8.5 本章小结

实例 8-1 介绍铣削 G18 平面中圆柱面宏程序的应用实例，详细叙述加工平面为 G18（或者 G19）平面圆弧（对其他型面的加工具有借鉴作用）的加工方法以及宏程序编程的算法。

1）此类零件宏程序的编程思路：根据零件加工图和加工平面的需要，选用适合的铣削模式和进刀方法，建立合理的数学模型，选择有效的变量，利用方程表达式构建变量和变量之间的关系，计算出刀位点的坐标位置后进行程序的编制。

2）为了叙述的方便和降低数学计算的难度，本章所述的实例在加工刀具的选择上均采用平底立铣刀进行加工。在实际加工中，如果对加工表面质量有较高要求，可以采用平底立铣刀先进行粗加工，再采用圆角铣刀或者球刀进行精加工。

8.6 本章习题

综合编程题：根据图 8-34 所示的零件，材料为 45 钢，编写加工所有倒斜角和倒圆型面的宏程序代码，要求合理选用刀具和切削用量，合理设计算法，画出程序设计流程框图。

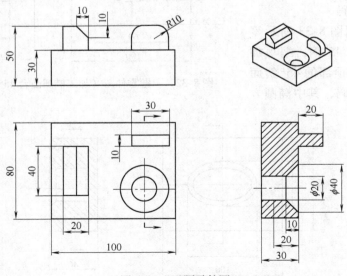

图 8-34　习题零件图

参 考 文 献

[1] 胡育辉，赵宏立，张宇. 数控宏编程手册 [M]. 北京：化学工业出版社，2010.

[2] 冯志刚. 数控宏程序编程方法、技巧与实例 [M]. 北京：机械工业出版社，2007.

[3] 李锋. 数控宏程序实例教程 [M]. 北京：化学工业出版社，2010.

[4] 陈海舟. 数控铣削加工宏程序及其应用实例 [M]. 北京：机械工业出版社，2006.

[5] Smid P. FANUC 数控系统用户宏程序与编程技巧 [M]. 罗学科，等译. 北京：化学工业出版社，2007.

[6] 孙德茂. 数控机床车削加工直接编程技术 [M]. 北京：机械工业出版社，2005.

[7] 张立新，何玉忠. 数控加工进阶教程 [M]. 西安：西安电子科技大学出版社，2008.

[8] 于万成. 数控加工工艺与编程基础 [M]. 北京：人民邮电出版社，2006.

[9] 顾雪艳，等. 数控加工编程操作技巧与禁忌 [M]. 北京：机械工业出版社，2008.

[10] 沈春根，徐晓翔，刘义. 数控车宏程序编程实例精讲 [M]. 北京：机械工业出版社，2012.

[11] 朱秀荣，于济群，张井彦. 宏程序在数控铣削加工中的应用 [J]. 吉林工程技术师范学院学报，2009 (2)：66-68.

[12] 邹峰. 利用宏命令编制数控加工铣圆形内腔通用程序 [J]. 机械工人（冷加工），2003 (5)：57.

[13] 王凯，师宁. 数控宏程序在圆角铣削加工中的应用 [J]. 制造业自动化，2012 (2)：135-137.

[14] 李林，马平. 宏程序在螺纹数控铣加工中的应用 [J]. 装备制造技术，2009 (11)：103-104.

[15] 张宁菊. 基于宏程序的内外螺纹的数控铣削加工 [J]. 机电工程技术，2013，2 (1)：25-27.

[16] 刘加孝. 数控铣削宏程序编制中的几个问题及解决办法 [J]. 机械工程师，2009 (7)：87-88.